中国矿业大学应用物理学专业"十三五"品牌专业建设项目资助

物理综合实验

主编 郝大鹏　寻之朋

中国矿业大学出版社

·徐州·

内 容 简 介

本教材主要是针对物理学专业本科生对专业实验学习的需要,根据物理学专业综合实验等实践类课程的教学要求编写而成的。主要内容以中国矿业大学物理学专业本科生开设的物理综合实验等实践类课程的教学大纲为基础,涉及光电检测、液晶及 LED 显示、CCD 信号采集与处理、激光原理与应用等综合实验项目。本教材旨在培养学生独立进行实验和分析解决问题的能力,同时注重培养学生的创新意识、创新热情和创新能力。

本教材可作为高等学校物理学专业的综合实验教材使用,也可供相关专业的师生作为参考书使用。

图书在版编目(C I P)数据

物理综合实验 / 郝大鹏,寻之朋主编. —徐州 :中国矿业
大学出版社,2020.1
ISBN 978 - 7 - 5646 - 1436 - 2

Ⅰ. ①物… Ⅱ. ①郝… ②寻… Ⅲ. ①物理学—实验—高等学
校—教材 Ⅳ. ①O4—33

中国版本图书馆 CIP 数据核字(2019)第 238530 号

书　　名	物理综合实验
主　　编	郝大鹏　寻之朋
责任编辑	褚建萍
出版发行	中国矿业大学出版社有限责任公司
	（江苏省徐州市解放南路　邮编 221008）
营销热线	(0516)83884103　83885105
出版服务	(0516)83995789　83884920
网　　址	http://www.cumtp.com　E-mail:cumtpvip@cumtp.com
印　　刷	江苏淮阴新华印务有限公司
开　　本	787 mm×1092 mm　1/16　**印张** 16.75　**字数** 320 千字
版次印次	2020 年 1 月第 1 版　2020 年 1 月第 1 次印刷
定　　价	38.50 元

（图书出现印装质量问题,本社负责调换）

前　言

物理综合实验是在学生学完物理学基础理论知识并掌握基本实验技能后开设的综合性实践类课程。通过对物理综合实验课程的学习,学生不仅能更好地理解已学的基础理论知识,同时也能接触到更多的专业应用知识。锻炼学生的独立实验能力及应用理论知识的实践能力是培养物理学专业本科生的最终目标。学生本科毕业后不论是直接就业还是继续深造都需要掌握一定的独立工作能力。作为本科高年级学生的实践类必修课,物理综合实验担负着训练学生独立思考和独立工作能力的重任。

物理综合实验是物理学专业学生进行综合训练的一个重要实践环节。其主要目的是结合有关专业知识的学习,特别是传感器原理及应用、单片机原理及应用、激光物理、光通信原理等课程基本理论知识的学习,提高学生综合运用已学课程的相关知识解决实际问题的实验技能。该课程要求学生在掌握各种测试方法的同时,学会测量仪器的选择、配置及应用,并掌握正确的数据处理方法;要求学生能够通过分析测量数据得到正确的结果与结论。

物理学专业传统的基础实验有相对固定的实验项目,实验仪器及其操作方法也相对固定。因此,对于基础物理实验,各高校都编写出版了相应的实验教材或印刷了规范的实验讲义。而对于物理学专业本科生的专业综合实验,由于涉及许多物理学应用领域,其理论知识和实验技术较新,实验仪器的更新换代较快,实验项目差异较大,各学校开设的实验项目和实验内容存在很大差异,加之学生人数有限,应用面较窄,而且物理综合实验不仅是实验项目和实验内容的综合,更是实验方法和知识结构的综合,因此教学方法和教学安排都有别于基础物理实验,出版的成熟教材很少。有必要结合课程的性质单独编写一本实验教材。

本书主要依托中国矿业大学物理专业实验室,根据物理学专业本科生的物理综合实验等实践类课程的教学要求而编写。本书的主要内容以中国矿业大学物理学专业本科生开设的物理综合实验等实践类课程的教学内容为基础,主要涉及光电检测、液晶及 LED 显示、CCD 信号采集与处理、激光原理与应用等综合实验项目。每一个实验项目分为实验要求、实验原理、实验仪器、实验内容、数据与结果处理、思考题等六个部分。其中,实验要求又分为实验目的和预习要求两项,旨在明确实验目的后引领学生阅读实验教材和查阅相关文献,预习该实验项目以达到预习要求。在每个实验后根据学生的理解能力和实验水平设计了思考题,希望学生能够带着问题完成实验的各个环节,从而培养学生分析问题的能力和勤于思考的习惯。每一章后罗列了若干参考文献,学生可以通过查阅这些文献对该章的实验有较深入的了解,并在此基础上查阅更多文献。

本教材在编写过程中参考和借鉴了多所兄弟院校的相关资料和许多仪器生产厂家的技术资料。同时,本书的编写和出版得到了中国矿业大学应用物理学专业"十三五"品牌专业建设项目的资助。中国矿业大学出版社的有关编辑和工作人员为本教材的出版付出了巨大努力。在此,一并表示衷心的感谢。

由于编者水平所限,书中疏漏和不足之处在所难免,望不吝指正!

编　者

2019 年 8 月

目　　录

第一章　光电特性测试综合实验 …………………………………………… 1

实验 1　光敏电阻基本特性测试实验 …………………………………… 1

实验 2　硅光电池基本特性测试实验 …………………………………… 6

实验 3　硅光电二极管和硅光电三极管特性测试实验 ……………… 12

实验 4　PIN 光电二极管特性测试实验 ……………………………… 18

实验 5　光电倍增管参数测试实验 …………………………………… 21

实验 6　雪崩光电二极管特性测试实验 ……………………………… 26

实验 7　发光二极管特性测试实验 …………………………………… 30

实验 8　激光二极管特性测试实验 …………………………………… 35

第二章　LED 参数测量综合实验 ………………………………………… 41

第三章　光电倍增管特性与微弱光信号探测 …………………………… 52

第四章　精密干涉仪综合实验 …………………………………………… 61

实验 1　迈克耳孙干涉仪实验 ………………………………………… 62

实验 2　迈克耳孙干涉仪测量实验 …………………………………… 67

实验 3　法布里-珀罗干涉仪实验 …………………………………… 71

实验 4　泰曼-格林干涉仪实验 ……………………………………… 74

第五章　变温霍尔效应实验 ……………………………………………… 79

第六章　激光原理与技术综合实验 ……………………………………… 88

实验 1　固体激光器原理与技术实验 ………………………………… 88

实验 2　气体激光器原理与技术实验 ………………………………… 96

实验 3　半导体激光器原理与技术实验 …………………………… 112

第七章　彩色面阵 CCD 综合实验 ……………………………………… 119

实验 1　面阵 CCD 数据采集与图像显示实验 …………………… 120

实验 2　尺寸测量实验 ……………………………………………… 124

实验 3　图像信息点运算实验 ……………………………………… 128

实验 4　图像空间变换实验 ………………………………………… 134

实验 5　图像增强和清晰处理实验 ………………………………… 137

实验 6　图像边缘检测及二值形态学操作实验 …………………… 144

实验 7　图像分割及图像处理实验 ………………………………… 150

实验 8　彩色摄像机色彩模式实验 ………………………………… 157

实验 9　图像采集程序及图像运算程序设计 ……………………… 163

第八章　LED 显示综合实验 ………………………………………… 197

实验 1　一位数码管驱动实验 ……………………………………… 197

实验 2　四位数码管驱动实验 ……………………………………… 204

实验 3　8×8 点阵驱动实验 ………………………………………… 211

实验 4　利用 8×8 点阵动态音频显示实验 ……………………… 214

实验 5　RGB 三基色 LED 调色实验 ……………………………… 217

实验 6　线阵 CCD 驱动系统设计实验 …………………………… 220

第九章　硅光电池及光敏电阻综合实验 …………………………… 237

实验 1　光敏电阻实验 ……………………………………………… 237

实验 2　硅光电池实验 ……………………………………………… 240

第十章　光敏传感器光电特性测试实验 …………………………… 243

实验 1　光敏电阻和硅光电池基本特性测试实验 ………………… 245

实验 2　光敏二极管和光敏三极管基本特性测试实验 …………… 252

第一章　光电特性测试综合实验

实验 1　光敏电阻基本特性测试实验

一、实验要求

1. 实验目的

（1）掌握测量光敏电阻的暗电流、暗电导以及在一定光照度下的亮电流、亮电导特性的方法。

（2）掌握在一定光照度下测量光敏电阻的光照特性和伏安特性的方法。

（3）掌握光敏电阻的三种典型偏置工作电路。

（4）了解光敏电阻的其他基本特性：光电灵敏度、前历效应、频率特性和温度特性。

2. 预习要求

（1）了解简单光路的调整原则和方法。

（2）了解光敏电阻的基本特性及其测量方法。

二、实验原理

半导体光电导器件是利用半导体材料的光电导效应制成的光电探测器件。所谓光电导效应是表示材料（或器件）受到光辐射后，材料（或器件）的电导率发生变化的现象，它属于内光电效应。光敏电阻是最典型的半导体光电导器件。

光敏电阻是在一块均质光电导体两端加上电极，贴在硬质玻璃、云母等绝缘材料基板上，两端接有电极引线，封装在带有窗口的金属或塑料外壳内而成的。当入射到光敏电阻光敏面的光照度为零时，光敏电阻的阻值很大；而当接收到光照时，光敏电阻的阻值急剧减小。光敏电阻工作时既可加直流电压，也可加交流电压，其工作原理和符号表示如图 1-1 所示。

光敏电阻的基本偏置电路如图 1-2 所示。

三、实验仪器

探测器及光源特性测试实验箱，光谱特性测试实验箱，二维可调半导体激光器，光源，凸透镜（$f = +60\ \text{mm}$、$f = +100\ \text{mm}$），2 个偏振片，光敏电阻探测器附件，数字万用表，白屏，WDG15-Z 光栅单色仪。

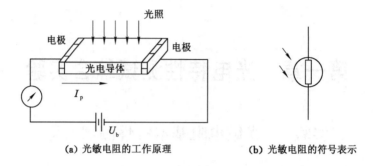

(a) 光敏电阻的工作原理 　　**(b) 光敏电阻的符号表示**

图 1-1　光敏电阻的工作原理和符号表示

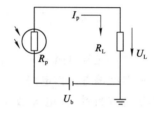

图 1-2　光敏电阻的基本偏置电路

四、实验内容

1. 调节各元件共轴等高

（1）粗调：在实验平台上依次放置光源、透镜 1 或透镜 2、偏振片 1、偏振片 2，白屏（放置于光敏电阻探测器位置），调节各光学元件、光源中心等高，并处在同一轴线，如图 1-3 所示。

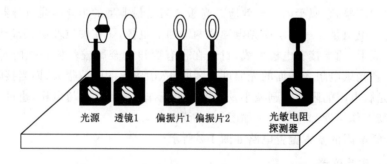

光源　　透镜1　　偏振片1　偏振片2　　光敏电阻探测器

图 1-3　实验仪器布置图

（2）细调：根据透镜共轭法成像的特点和光路，固定光源和白屏的位置，使 $L > 4f$，在光源和白屏之间插入透镜 1，在白屏上可获得放大和缩小的实像，调节至两次成像时像中心重合,则光源与像的中心均在主光轴上。

2. 实验系统操作面板的设置及光路调节

(1) 取出探测器及光源特性测试实验箱。实验前,请确认系统操作面板的所有按钮都处于"弹起"位置(所有指示灯为熄灭状态)。

(2) 实验系统操作面板(图 1-4)设置如下:逆时针旋转"Vcc 调节"旋钮,将其值调至最小;按下"Vcc"键,"Vcc"旁边的指示灯点亮;数字万用表的表笔接入"D＋"和"D－"端,可以显示此时"Vcc"的输出值。

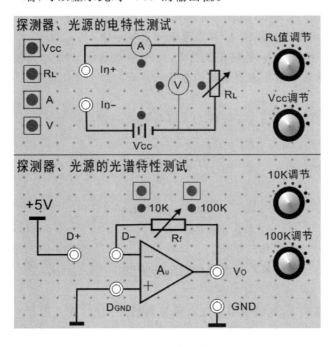

图 1-4　实验系统操作面板

(3) 将二维可调半导体激光器、偏振片 1 依次放置,使偏振片与光源共轴等高,转动偏振片 1,观察出射光光强的变化,光源和偏振片 1 尽可能靠近。

(4) 在偏振片 1 之后放置光敏电阻探测器,使输出激光入射到光敏电阻的光敏面,然后将光敏电阻探测器附件的两个信号线输出端子(红色表示"＋",白色表示"－")插入实验系统中信号输入端"In＋"和"In－",如图 1-4 所示。

(5) 顺时针旋转"R_L 值调节"旋钮,将其值调至最大,依次按下"Vcc""R_L""A""V"键,则对应的指示灯均点亮。此时,光敏电阻探测器接入如图 1-4 所示的回路,回路中的光电流及可调负载电阻上的电压可由直流电流表和直流电压表显示,回路工作电源由系统可调电源(Vcc 调节:0~45 V)提供。

（6）调节光敏电阻探测器位置，使出射光能均匀地照射到光敏电阻并使输出光电流最大。

（7）旋转偏振片 1，使直流电流表显示的光电流为最大值，在偏振片 1 和光敏电阻探测器之间放置偏振片 2，旋转偏振片 2，观察直流电流表值的变化。

3. 光敏电阻的暗电流、暗电导、亮电流和亮电导的测试

（1）顺时针旋转"R_L 值调节"旋钮一圈，在光敏电阻探测器和偏振片 2 之间放置挡光白板（挡光白板尽可能靠近光敏电阻探测器），使入射到光敏电阻探测器光敏面的光照度为零，将直流电流表和直流电压表量程选择开关置于合适挡位，记录直流电流表显示值 I_d 和直流电压表显示值 U_{R_L}。

（2）移开挡光白板，旋转偏振片 2，角度相对变化分别为 30°、60°、90°时，记录相应的电流表和电压表显示值分别为（I_{p1}，$U_{R_{L1}}$）、（I_{p2}，$U_{R_{L2}}$）、（I_{p3}，$U_{R_{L3}}$）。

因为：

$$g_d = I_d/U_R = I_d/(U_b - U_{R_L})$$
$$R_d = 1/g_d \tag{1.1}$$
$$g_p = I_p/U_R = I_p/(U_b - U_{R_L})$$

所以：

$$g_b = g_p - g_d$$
$$R_b = 1/g_b \tag{1.2}$$

式中，g_d、I_d 为暗电导和暗电流；g_b 为亮电导；g_p、I_p 为光电导和光电流；R_b、R_d 为亮电阻和暗电阻。若不考虑光敏电阻的暗电导，则 $g_b = g_p$。

4. 光敏电阻的光电特性测试

在一定电压下，光敏电阻的光电流与入射光照度（或光通量）的关系称为光敏电阻的光电特性，光电流与入射光照度（或光通量）之间的关系一般可表示为：

$$I_p(\lambda) = S_g U E^\gamma \tag{1.3}$$

或

$$I_p(\lambda) = S_g U \Phi^\gamma \tag{1.4}$$

式中，S_g 是光电导灵敏度，与光敏电阻材料有关；U 为外加电源电压；E 为入射光照度；Φ 为入射光通量；γ 为光照度指数，$\gamma = 1$ 称直线性光电导（弱光照时），$\gamma = 0.5$ 称非线性光电导或者抛物线性光电导（强光照时）。

（1）实验系统操作面板设置和光路调节同前。

（2）将光敏电阻的工作电压设置为 $U = 5$ V，旋转偏振片 2 至直流电流表中显示的光电流 $I_p = 0$，记录此时的偏振片相对角度为 $\alpha = 0°$，继续旋转偏振片 2，α 值分别为 5°、10°、…、90°，记录光电流 I_p 值，画出 $E_0 \cos \alpha$ I_p 曲线，其中 E_0 为 $\alpha = 90°$ 时的光照度。

（3）将光敏电阻的工作电压分别设定为 10 V、…、30 V，重复以上实验，绘制 $E_0\cos\alpha$-I_p 曲线，比较它们的异同点。

5．光敏电阻的伏安特性测试

在一定的光照下，测量光敏电阻的电压与光电流的关系，实验电路原理如图 1-5 所示。

（1）旋转偏振片 2 至 $\alpha=0°$，调节电源电压 U_b 为 2 V、4 V、6 V、8 V、10 V、12 V、14 V、…，记录 I_p 及负载电压值 U_L，$U_R=U_b-U_L$，画出 I_p-U_R 曲线，其中，I_p 和 U_L 分别由直流电流表和电压表读出。

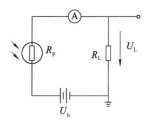

图 1-5　伏安特性测试原理图

（2）旋转偏振片 2 至 $\alpha=30°$、$\alpha=60°$、$\alpha=90°$，重复以上实验，分别记录在各个角度位置的 I_p-U_R 曲线上。

6．光敏电阻的偏置电路实验

光敏电阻的阻值随着入射光通量的变化而变化，在其偏置电路中，负载电阻 R_L 与光敏电阻 R_p 的相对大小，使得光敏电阻的偏置工作电路具有不同的输出特性，主要有三种典型偏置电路。

（1）恒流偏置电路：顺时针旋转"R_L 值调节"旋钮，将其值调至最大，旋转偏振片 2 至入射光照度比较大，使得 $R_L\gg R_p$，此时，$I_p=\dfrac{U_b}{R_L}$，负载电流与光敏电阻无关，即恒流偏置电路；

（2）恒压偏置电路：逆时针旋转"R_L 值调节"旋钮，将其值调至最小，旋转偏振片 2 至入射光照度比较小，使得 $R_L\ll R_p$，此时，光敏电阻上的电压近似等于回路工作电压，即恒压偏置电路；

（3）恒功率偏置电路：旋转"R_L 值调节"旋钮，旋转偏振片 2 至合适位置，使得 $R_L=R_p$，此时，$P=\dfrac{U_b^2}{4R_L}$，即恒功率偏置电路。

7．光敏电阻的光谱特性测试

（1）取出探测器及光源特性测试实验箱和光谱特性测试实验箱，实验前请仔细确认：系统操作面板的所有按钮都处于"弹起"位置；操作面板上光谱特性测试模块的所有反馈电阻旋钮逆时针旋转至零。

（2）将标准光源、透镜置于单色仪的入射狭缝前，调节透镜组的相对位置，使光源透过入射狭缝后变成点光源。

（3）将光敏电阻探测器放置在单色仪的出射狭缝处，使其对准出射光狭缝；将数字万用表的红表笔和黑表笔分别插入系统操作面板的"D＋"和"D－"插孔内。

（4）顺时针缓慢旋转"Vcc调节"旋钮，直至数字万用表显示值为 5 V，从插孔中取下数字万用表的红黑表笔。

（5）将光敏电阻探测器信号线的两个输出端子（红色表示"＋"，白色表示"－"）插入系统操作面板的"D＋"和"D－"插孔内；按下"10K"键，将数字万用表的红表笔和黑表笔分别插入"Vo"和"GND"插孔中。

（6）将白屏放在入射狭缝之间，挡住入射光，观察数字万用表的显示值是否随着入射光的变化而变化，并旋转"10K调节"旋钮，观察数字万用表的显示值是否随着旋钮的旋转而变化。如变化不明显，可以弹起"10K"键，按下"100K"键，并进行相应的调节。

（7）取下数字万用表的红黑表笔，将 AD 采集数据线端的两个端子（红色表示"＋"，白色表示"－"）插入系统操作面板的"Vo"和"GND"插孔中；AD 采集数据线的另一端分别插入光谱特性测试实验箱的"Vin"和"GND"端口。

注意：软件操作方法见本章附录。

五、数据与结果处理

（1）根据实验数据画出光电流随入射光强的变化曲线，分析光敏电阻的光电特性。

（2）在不同光强下，分别画出光敏电阻的伏安特性曲线，分析光强对伏安特性曲线的影响。

（3）观察光敏电阻的恒流偏置、恒压偏置和恒功率偏置三种偏置电路。

（4）记录并分析光敏电阻的光谱特性。

六、思考题

（1）确定光敏电阻的亮电阻和暗电阻大致阻值，并分析其影响因素。

（2）光敏电阻的恒流偏置、恒压偏置和恒功率偏置的条件是什么？

（3）在光敏电阻的光谱特性测试中，是否可以将光敏电阻的两个信号端子分别插入"D－"和"D$_{GND}$"中？为什么？

实验 2　硅光电池基本特性测试实验

一、实验要求

1. 实验目的

（1）掌握测量硅光电池的伏安特性、光照度-电流电压特性、光照度-负载特性、光谱特性等基本特性参数的方法。

（2）能够根据硅光电池的特性，设计一项具体的应用。

2．预习要求

（1）了解光电池工作的基本原理和硅光电池的性能参数。

（2）了解光电池的应用场景及性能要求。

二、实验原理

光电池是一种不需要加偏压即能把光能直接转换成电能的 PN 结光电器件。光电池按其用途可分为太阳能光电池和测量光电池两大类。光电池的材料有硒、锗、硅、砷化镓等，其中，最常用的是硅光电池。硅光电池具有性能稳定、光谱范围宽、频率特性好、转换效率高、耐高温辐射等优点，同时它的光谱灵敏度与人眼的灵敏度较为接近，在很多分析仪器和测量仪器中常用到它。

1．硅光电池的伏安特性

硅光电池的伏安特性是指输出电流和电压随负载电阻的变化关系。伏安特性曲线是在某一光照度下，取不同的负载电阻值，利用测得的输出电流和电压所画成的曲线。硅光电池接上负载后，主要工作模式有反向偏置电压和无偏置电压两种，其典型的伏安特性曲线如图 1-6 所示。

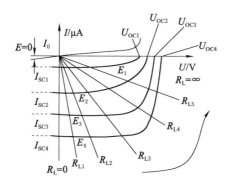

图 1-6　典型的硅光电池伏安特性曲线

在反向偏置电压工作模式下，光电流与偏压、负载电阻几乎无关（在很大的动态范围内），即伏安特性曲线的第三象限；而在无偏置电压工作模式下，光电流随负载电阻变化很大，即伏安特性曲线的第四象限。由图 1-6 可以看到，在一定的光照下，负载曲线在电流轴上的截距是短路电流 I_{SC}，在电压轴上的截距是开路电压 U_{OC}。

2．硅光电池的光照度特性

光照下 PN 结的电流方程为：$I_L = I_p - I_D = S_E E - I_0 [e^{qU/(kT)} - 1]$，其中，$I_p$ 为光电流，I_D 为无光照时 PN 结电流。

（1）硅光电池的短路电流与光照度的关系

当负载电阻为 0 时，流过硅光电池的电流称为短路电流，则 $I_L = I_{SC}$，而 $I_{SC} = I_p = S_E E$，短路电流与光照度或者光通量成正比，从而得到最大线性区，广泛应用于线性测量中。

（2）硅光电池的开路电压与光照度的关系

当负载电阻断开时，光电流为零，$I_L = S_E E - I_0 \left[e^{qU/(kT)} - 1 \right] = 0$，PN 结之间的电压称为开路电压，$U_{OC} = \dfrac{kT}{q} \ln \left(\dfrac{I_p}{I_0} + 1 \right) \xrightarrow{I_p \gg I_0} U_{OC} = \dfrac{kT}{q} \ln \left(\dfrac{I_p}{I_0} \right) = \dfrac{kT}{q} \ln \left(\dfrac{S_E E}{I_0} \right)$，即开路电压与光照度或者光通量的对数成正比。

短路电流及开路电压与光照度的关系如图 1-7 所示。

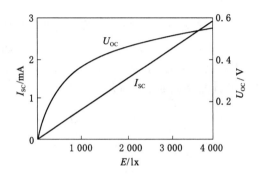

图 1-7　短路电流及开路电压与光照度的关系

三、实验仪器

探测器及光源特性测试实验箱，光谱特性测试实验箱，二维可调半导体激光器，光源，凸透镜（$f = +60$ mm、$f = +100$ mm），2 个偏振片，硅光电池探测器附件，数字万用表，白屏，WDG15-Z 光栅单色仪。

四、实验内容

1. 调节各元件共轴等高

同"光敏电阻基本特性的测试"实验内容 1。

2. 实验系统操作面板的设置及光路调节

（1）取出探测器及光源特性测试实验箱。实验前，请确认系统操作面板的所有按钮都处于"弹起"位置（所有指示灯为熄灭状态）。

（2）逆时针旋转"Vcc 调节"旋钮，将其值调至最小；按下"Vcc"键，"Vcc"旁边的指示灯点亮。

（3）数字万用表的表笔接入"D＋"和"D－"端，可以显示此时"Vcc"的输出值。

（4）将二维可调半导体激光器、偏振片1依次放置，使偏振片与光源共轴等高，转动偏振片1，观察出射光光强的变化，光源和偏振片1尽可能靠近。

（5）在偏振片1之后放置硅光电池探测器，使输出激光入射到硅光电池的光敏面，然后将硅光电池探测器附件的两个信号线输出端子（红色表示"＋"，白色表示"－"）插入实验系统中信号输入端"In＋"和"In－"。

（6）顺时针旋转"R_L值调节"旋钮，将其值调至最大，依次按下"Vcc""R_L""A""V"键，则对应的指示灯均点亮。此时，硅光电池探测器接入回路，回路中的光电流及可调负载电阻上的电压可由直流电流表和直流电压表显示，回路工作电源由系统可调电源（Vcc调节：0～45 V）提供。

（7）调节硅光电池探测器位置，使出射光能均匀照射硅光电池并使输出光电流最大。

（8）旋转偏振片1，使直流电流表显示的光电流为最大值，在偏振片1和硅光电池探测器之间放置偏振片2，旋转偏振片2，观察直流电流表显示值的变化。

3. 硅光电池的伏安特性测试

（1）按下"Vcc""R_L""A""V"键，则对应元件旁边的指示灯点亮，接线原理如图1-8所示，硅光电池处于反偏置工作状态，此时，在硅光电池的伏安特性曲线第三象限，即工作在光电导模式。

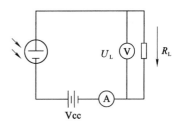

图1-8　伏安特性接线原理图

（2）旋转"R_L值调节"旋钮到某值，保持不变，旋转偏振片2，使入射到硅光电池的光照度为最弱，记录此时偏振片的相对角度为$\alpha=0°$。

（3）保持光照度不变，旋转"Vcc调节"旋钮，从数字万用表上可以读出"Vcc"值为U_b，操作面板的直流电压表显示出负载电阻两端的负载电压为U_L，硅光电池两端的偏压为U_b-U_L，使偏压分别为2 V、4 V、6 V、…，则得硅光电池在不同偏压下的光电流，画出光电流随硅光电池偏压变化的关系曲线。

（4）分别旋转偏振片2的相对角度为30°、60°、90°，从而改变入射到硅光电池上的光照度，然后保持不变，重复步骤（3），测量硅光电池在不同光照度下的光电流，画出光电流随不同偏压变化的关系曲线。

（5）将按钮"Vcc"弹起，指示灯熄灭，则接线原理如图1-9所示，此时，硅光电池处于零偏置工作状态，即工作在光伏工作模式。

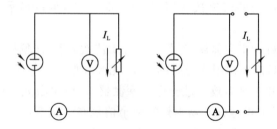

图 1-9　硅光电池的光伏工作模式原理图

（6）旋转偏振片 2，使入射到硅光电池的光照度为最弱，记录此时偏振片 2 的相对角度为 $\alpha=0°$，保持光照度不变，逆时针旋转"R_L 值调节"旋钮，将其值调至最小，记录直流电流表和直流电压表显示值，然后顺时针旋转"R_L 值调节"旋钮 1 圈、2 圈、…、10 圈，分别记录电流表和电压表显示值。在坐标系第四象限画出硅光电池在零偏置状态和一定光照下，取不同负载电阻值时，输出电流和电压的关系曲线。

（7）分别旋转偏振 2，相对角度为 30°、60°、90°，重复步骤（6），画出硅光电池在零偏置状态和不同光照下，取不同负载电阻值时，输出电流和电压的关系曲线。

4．硅光电池的光照度特性测试

（1）测量硅光电池短路电流与光照度间的变化关系

弹起"Vcc"键，按下"R_L""A""V"键，逆时针旋转"R_L 值调节"旋钮，将其值调至最小值，即回路短路，旋转偏振片 2 至入射到硅光电池上的光照度为零，记录此时偏振片 2 的相对偏转角度为 $\alpha=0°$，读出此时直流电流表上的显示值，即在此光照度下的短路电流；旋转偏振片 2，使其相对旋转角度为 $\alpha=5°$、10°、…、90°，分别记录直流电流表的显示值，在坐标系中画出 I_{SC}-E 变化关系曲线。

（2）测量硅光电池开路电压与光照度间的变化关系

弹起"Vcc""R_L"键，按下"A""V"键，旋转偏振片 2 至入射到硅光电池上的光照度为零，记录此时偏振片 2 的相对偏转角度为 $\alpha=0°$，读出此时直流电压表上的显示值，即光电池在此光照度下的开路电压；旋转偏振片 2，使其相对旋转角度为 $\alpha=5°$、10°、…、90°，分别记录直流电压表的显示值，在坐标系中画出 U_{OC}-$E_0\cos\alpha$ 变化关系曲线，E_0 为 $\alpha=90°$ 时的光照度。

5．测量硅光电池的光照度-负载特性

（1）按下"Vcc""R_L""A""V"键，顺时针旋转"R_L 值调节"旋钮 2 圈，此时负载电阻 $R_L=2$ kΩ，旋转偏振片 2，使入射到探测器上的光照度为零，记录此时的偏振片 2 的相对偏转角度为 $\alpha=0°$,记录直流电流表的显示值,旋转偏振片 2,使相对偏转角度为 $\alpha=5°$、$10°$、…、$90°$,分别记录对应的直流电流表显示值,在坐标系中画出光电流随光照度的变化关系曲线。

（2）旋转"R_L 值调节"旋钮 4、6、8、10 圈,此时负载电阻 $R_L=4$ kΩ、6 kΩ、8 kΩ、10 kΩ,重复步骤（1）,则得不同负载下光电流随光照度的变化关系。将以上测量数据在坐标系中画出,从而可得硅光电池光照度与负载特性曲线。

6. 硅光电池的光谱特性测试

（1）取出探测器及光源特性测试实验箱和光谱特性测试实验箱,实验前请仔细确认:系统操作面板的所有按钮都处于"弹起"位置;操作面板上光谱特性测试模块的所有反馈电阻逆时针旋转至零。

（2）将标准光源、透镜置于单色仪的入射狭缝前,调节透镜组的相对位置,使光源透过入射狭缝后变成点光源。

（3）将硅光电池探测器放置在单色仪的出射狭缝处,使其对准出射光狭缝。

（4）将数字万用表的红表笔和黑表笔分别插入系统操作面板的"D＋"和"D－"插孔内。顺时针缓慢旋转"Vcc 调节"旋钮,直至数字万用表显示值为 5 V,从插孔中取下数字万用表的红黑表笔。

（5）将硅光电池探测器信号线的两个输出端子（红色表示"＋",白色表示"－"）插入系统操作面板的"D_{GND}"和"D－"插孔中;按下"10K"键,将数字万用表的红表笔和黑表笔分别插入"Vo"和"GND"插孔中。

（6）将白屏放在入射狭缝之前,挡住入射光,观察数字万用表的显示值是否随着入射光的变化而变化,并旋转"10K 调节"旋钮,观察数字万用表的显示值是否随着旋钮的旋转而变化。如变化不明显,可以弹起"10K"键,按下"100K"键,并进行相应的调节。

（7）取下数字万用表的红黑表笔,将 AD 采集数据线端的两个端子（红色表示"＋",白色表示"－"）插入系统操作面板的"Vo"和"GND"插孔中;AD 采集数据线的另一端分别插入光谱特性测试实验箱的"Vin"和"GND"端口。

（8）软件操作方法详见本章附录。

* 7. 设计一项硅光电池的具体实际应用

五、数据与结果处理

（1）根据测量数据,画出硅光电池的伏安特性曲线,分析光照度对伏安特性的影响。

（2）根据测量数据,分别画出短路电流和开路电压随光照度的变化曲线,分析硅光电池的光照度特性。

（3）根据测量数据,分别画出不同负载电阻取值下光电流随光照度的变化曲线,分析硅光电池的光照度-负载特性。

六、思考题

(1) 硅光电池的输出和入射光照射瞬间是否有滞后现象? 可否用实验证明?

(2) 在硅光电池的光谱特性测试中,是否可以将硅光电池的红色和白色信号端子分别插入"D−"和"D_{GND}"中? 结果如何? 为什么?

实验 3　硅光电二极管和硅光电三极管特性测试实验

一、实验要求

1. 实验目的

(1) 掌握硅光电二极管和硅光电三极管的结构和工作原理。

(2) 研究硅光电二极管和硅光电三极管的光照特性和伏安特性。

(3) 研究硅光电二极管和硅光电三极管的光谱特性。

2. 预习要求

(1) 了解硅光电二极管和硅光电三极管的基本结构和工作原理。

(2) 了解硅光电二极管和硅光电三极管的性能参数及其测试方法。

(3) 了解硅光电二极管和硅光电三极管的应用及性能要求。

二、实验原理

硅光电二极管和硅光电三极管是现代光学测试和光通信中常用的器件。硅光电二极管和光电池一样,都是基于 PN 结的光电效应而工作的,它主要用于可见光及红外光谱区。硅光电三极管是在硅光电二极管的基础上发展起来的,它具有和普通三极管相似的电流放大作用,但其集电极电流不只是受基极电路的电流控制,还受光的控制。

硅光电二极管根据其衬底材料的不同可分为 2DU 型和 2CU 型。硅光电二极管通常在反偏置状态下工作,即光电导工作模式,适用于测量甚高频调制的光信号。硅光电二极管还可在零偏置状态下工作,即光伏工作模式,这种工作模式的后继线路采用电流电压变换电路,线性区范围扩大。硅光电二极管的结构、工作原理及符号如图 1-10 所示。

硅光电三极管分为 NPN 型(3DU 型)硅光电三极管和 PNP 型(3CU 型)硅光电三极管。硅光电三极管的工作原理:工作时各电极所加的电压与普通晶体管相同,即需要保证集电极反偏置,发射极正偏置。以 NPN(3DU)型硅光电三极管为例,其结构、工作原理及符号如图 1-11 所示。

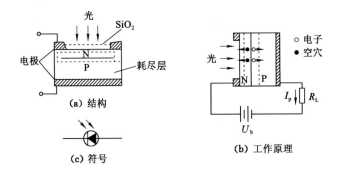

图 1-10　硅光电二极管的结构、工作原理及符号

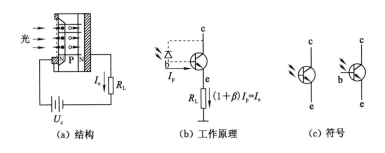

图 1-11　NPN 硅光电三极管的结构、工作原理及符号

　　由于集电极是反偏置的,在结区内有很强的内建电场,其方向是由 c 到 b,如果有光照到基极-集电极结上,能量大于禁带宽度的光子在结区内激发出光生载流子-电子空穴对,这些载流子在内建电场的作用下,电子流向集电极,空穴流向基极,相当于外界向基极注入一个控制电流 $I_b = I_p$。当基极没有引线时,集电极电流:$I_c = \beta I_b = \beta I_p = S_E E \beta$,其中,$\beta$ 为晶体管的电流增益系数,E 为入射光照度,S_E 为光电灵敏度。

　　所以,光电三极管的光电转换部分是在集-基结区内进行的,而集电极、基极、发射极又构成一个有放大作用的晶体管,因此原理上可以把它看成一个由硅光电二极管与普通晶体管结合而成的组合器件。

　　3CU 型硅光电三极管在原理上与 3DU 型的相同,只是它的基底材料是 P 型硅,工作时集电极加负电压,发射极加正电压。

三、实验仪器

　　探测器及光源特性测试实验箱,光谱特性测试实验箱,二维可调半导体激光器,光源,凸透镜($f=+60$ mm、$f=+100$ mm),2个偏振片,硅光电二极管探测器附件,硅光电三极管探测器附件,数字万用表,白屏,WDG15-Z 光栅单色仪。

四、实验内容

1. 调节各元件共轴等高

同"光敏电阻基本特性的测试"实验内容1。

2. 实验系统操作面板的设置及光路调节

(1) 取出探测器及光源特性测试实验箱。实验前,请确认系统操作面板的所有按钮都处于"弹起"位置(所有指示灯为熄灭状态)。

(2) 逆时针旋转"Vcc调节"旋钮,将其值调至最小;按下"Vcc"键,"Vcc"旁边的指示灯点亮。

(3) 数字万用表的表笔插入"D+"和"D−"端,可以显示此时"Vcc"的输出值。

(4) 将二维可调半导体激光器、偏振片1依次放置,使偏振片与光源共轴等高,转动偏振片1,观察出射光光强的变化,光源和偏振片1尽可能靠近。

(5) 在偏振片1之后放置硅光电二极管或硅光电三极管探测器,使输出激光入射到硅光电二极管或硅光电三极管的光敏面,然后将硅光电二极管或硅光电三极管探测器附件的两个信号线输出端子(红色表示"+",白色表示"−")插入实验系统中的信号输入端"In+"和"In−"。

(6) 顺时针旋转"R_L值调节"旋钮,将其值调至最大,依次按下"Vcc""R_L""A""V"键,则对应的指示灯均点亮。此时,硅光电二极管或硅光电三极管探测器接入回路,回路中的光电流及可调负载电阻上的电压可由直流电流表和直流电压表显示,回路工作电源由系统可调电源(Vcc调节:0~45 V)提供。

(7) 调节硅光电二极管或硅光电三极管探测器位置,使出射光能均匀照射到硅光电二极管或硅光电三极管并使输出光电流最大。

(8) 旋转偏振片1,使直流电流表显示的光电流为最大值,在偏振片1和硅光电二极管或硅光电三极管探测器之间放置偏振片2,旋转偏振片2,观察直流电流表值的变化情况。

3. 硅光电二极管和硅光电三极管的光照特性测试和比较

(1) 硅光电二极管的光照特性测试

① 首先将硅光电二极管探测器按"实验内容2"接入探测器特性测试回路,按下"Vcc""R_L""A""V"键,则接线原理如图1-12所示,硅光电二极管处于反偏置工作状态,此时工作在光电导模式。

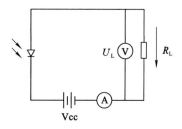

图 1-12 硅光电二极管光照特性接线原理图

② 旋转"R_L值调节"旋钮到某值固定,旋转"Vcc 调节"旋钮,从数字万用表上可以读出"Vcc"值为 U_b,使 U_b 值为 5 V 不变,旋转偏振片 2,使入射到硅光电二极管的光照度为零,记录此时偏振片的相对角度为 $\alpha=0°$,记录此时的直流电流表显示值。

③ 分别旋转偏振片 2 相对角度为 $\alpha=5°、10°、\cdots、90°$,分别记录对应的直流电流表显示值;在坐标系中画出硅光电二极管的光电流随光照度变化的特性曲线。

(2) 硅光电三极管的光照特性测试

① 将硅光电三极管探测器按"实验内容 2"接入探测器特性测试回路,按下"Vcc""R_L""A""V"键,则接线原理如图 1-13 所示。

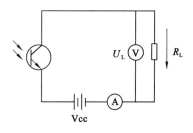

图 1-13 硅光电三极管光照特性接线原理图

② 旋转"R_L值调节"旋钮到某值固定,旋转"Vcc 调节"旋钮,从数字万用表上可以读出"Vcc"值为 U_b,使 U_b 值为 5 V 不变,旋转偏振片 2,使入射到硅光电三极管的光照度为零,记此时偏振片的相对角度为 $\alpha=0°$,记录此时的直流电流表显示值。

③ 分别旋转偏振片 2 相对角度为 $\alpha=5°、10°、\cdots、90°$,分别记录对应的直流电流表显示值;在坐标系中画出硅光电三极管的光电流随光照度变化的特性曲线。

4．硅光电二极管和硅光电三极管伏安特性测试和比较

（1）硅光电二极管的伏安特性测试

① 首先将硅光电二极管探测器按"实验内容 2"接入探测器特性测试回路，按下"Vcc""R_L""A""V"键，硅光电二极管处于反偏置工作状态，此时工作在光电导模式。

② 旋转"R_L值调节"旋钮到某值固定，旋转偏振片 2，使入射到硅光电二极管的光照度为零，记录此时偏振片的相对角度为 $\alpha=0°$，旋转"Vcc 调节"旋钮，从数字万用表上可以读出"Vcc"值为 U_b，使 U_b 值为 0 V，记录此时的直流电流表显示值。

③ 旋转"Vcc 调节"旋钮，使 U_b 值为 5 V、10 V、15 V、…、30 V，分别记录对应的直流电流表显示值；在坐标系中画出硅光电二极管的光电流随反向偏压变化的特性曲线。

④ 旋转偏振片 2，使相对旋转角度分别为 $\alpha=30°$、$\alpha=60°$、$\alpha=90°$，重复①、②、③，测得光电二极管在不同光照下，光电流随反向偏压变化的特性曲线。

（2）硅光电三极管的伏安特性测试

① 首先将硅光电三极管探测器按"实验内容 2"接入探测器特性测试回路，按下"Vcc""R_L""A""V"键，硅光电三极管发射极正偏置，集电极反偏置。

② 旋转"R_L值调节"旋钮到某值固定，旋转偏振片 2，使入射到硅光电三极管的光照度为零，记录此时偏振片的相对角度为 $\alpha=0°$，旋转"Vcc 调节"旋钮，从数字万用表上可以读出"Vcc"值为 U_b，使 U_b 值为 0 V，记录此时的直流电流表显示值。

③ 旋转"Vcc 调节"旋钮，使 U_b 值为 5 V、10 V、15 V、…、30 V，分别记录对应的直流电流表显示值；在坐标系中画出硅光电三极管的光电流随集-射极电压变化的特性曲线。

④ 旋转偏振片 2，使相对旋转角度分别为 $\alpha=30°$、$\alpha=60°$、$\alpha=90°$，重复步骤①、②、③，测得光电三极管在不同光照下，光电流随集-射极电压变化的特性曲线。

5．硅光电二极管和硅光电三极管的光谱特性测试

（1）取出探测器及光源特性测试实验箱和光谱特性测试实验箱，实验前请仔细确认：系统操作面板的所有按钮都处于"弹起"位置；操作面板上光谱特性测试模块的所有反馈电阻旋钮逆时针旋转至零。

（2）硅光电三极管的光谱特性测试。

① 将光源、透镜置于单色仪的入射狭缝前，调节透镜组的相对位置，使光源透过入射狭缝后变成点光源；将硅光电三极管探测器放置在单色仪的出射狭缝

处,使其对准出射光狭缝;将数字万用表的红表笔和黑表笔分别插入系统操作面板的"D+"和"D-"插孔内;顺时针缓慢旋转"Vcc调节"旋钮,直至数字万用表显示值为5 V,从插孔中取下数字万用表的红黑表笔。

② 将硅光电三极管探测器信号线的两个输出端子(红色表示"+",白色表示"-")插入系统操作面板的"D$_{GND}$"和"D-"插孔中;按下"10K"键,将数字万用表的红表笔和黑表笔分别插入"Vo"和"GND"插孔中。

③ 将白屏放在入射狭缝之前,挡住入射光,观察数字万用表的显示值是否随着入射光的变化而变化,并旋转"10K调节"旋钮,观察数字万用表的显示值是否随着旋钮的旋转而变化。如变化不明显,可以弹起"10K"键,按下"100K"键,并进行相应的调节。

④ 取下数字万用表的红黑表笔,将AD采集数据线端的两个端子(红色表示"+",白色表示"-")插入系统操作面板的"Vo"和"GND"插孔中;AD采集数据线的另一端分别插入光谱特性测试实验箱的"Vin"和"GND"端口。软件操作方法详见本章附录。

(3) 硅光电二极管的光谱特性测试。

① 将光源、透镜置于单色仪的入射狭缝前,调节透镜组的相对位置,使光源透过入射狭缝后变成点光源;将硅光电二极管探测器放置在单色仪的出射狭缝处,使其对准出射光狭缝;将数字万用表的红表笔和黑表笔分别插入系统操作面板的"D+"和"D-"插孔内;顺时针缓慢旋转"Vcc调节"旋钮,直至数字万用表显示值为5 V,从插孔中取下数字万用表的红黑表笔。

② 将硅光电二极管信号线的两个输出端子(红色表示"+",白色表示"-")插入系统操作面板的"D$_{GND}$"和"D-";按下"10K"键,将数字万用表的红表笔和黑表笔分别插入"Vo"和"GND"插孔中。

③ 将白屏放在入射狭缝之前,挡住入射光,观察数字万用表的显示值是否随着入射光的变化而变化,并旋转"10K调节"旋钮,观察数字万用表的显示值是否随着旋钮的旋转而变化。如变化不明显,可以弹起"10K"键,按下"100K"键,并进行相应的调节。

④ 取下数字万用表的红黑表笔,将AD采集数据线端的两个端子(红色表示"+",白色表示"-")插入系统操作面板的"Vo"和"GND"插孔中;AD采集数据线的另一端分别插入光谱特性测试实验箱的"Vin"和"GND"端口。软件操作方法详见本章附录。

五、数据与结果处理

(1) 根据实验数据,画出硅光电二极管和硅光电三极管的光电流随着光照度变化的曲线,比较分析硅光电二极管和硅光电三极管的光照特性。

（2）根据实验数据,画出硅光电二极管和硅光电三极管在不同光照度下的伏安特性曲线,比较分析硅光电二极管和硅光电三极管的伏安特性与光照度的关系。

（3）根据测量数据,分别画出硅光电二极管和硅光电三极管的光谱特性曲线,比较分析两者的异同。

六、思考题

（1）在硅光电三极管的光谱特性测试中,是否可以将硅光电三极管探测器的两个红色和白色信号端子分别插入"D−"和"D$_{GND}$"中？结果如何？为什么？

（2）在硅光电二极管的光谱特性测试中,是否可以将硅光电二极管探测器的两个红色和白色信号端子分别插入"D−"和"D＋"中？结果如何？为什么？

（3）硅光电三极管能否作为硅光电二极管使用？原因是什么？

实验 4　PIN 光电二极管特性测试实验

一、实验要求

1. 实验目的

（1）掌握 PIN 光电二极管的结构和工作原理。

（2）掌握 PIN 光电二极管的暗电流特性、伏安特性、光照特性和光谱特性等主要性能参数及其测量方法。

2. 预习要求

（1）了解 PIN 光电二极管的基本结构和工作原理。

（2）了解 PIN 光电二极管的暗电流特性、伏安特性、光照特性和光谱特性等主要性能参数。

二、实验原理

PIN 光电二极管又称快速光电二极管,在原理上和普通光电二极管一样,都是基于 PN 结的光电效应工作的。PIN 光电二极管和普通的光电二极管主要在结构上有所不同。PIN 光电二极管是在 P 型半导体和 N 型半导体之间夹着一层较厚的本征半导体,用高阻 N 型硅片做 I 层,然后将它的两面抛光,再在两面分别作 N$^+$ 和 P$^+$ 杂质扩散,在两面制成欧姆接触而得到的。

PIN 光电二极管因有较厚的 I 层,因此 PN 结的内电场基本上全集中于 I 层中,使 PN 结的结间距离拉大,结电容变小,由于工作在反偏状态,随着反偏电压的增大,结电容变得更小,从而提高了 PIN 光电二极管的频率响应。目前,PIN 光电二极管的结电容一般为零点几到几个皮法,响应时间 t_r 一般为 $1\sim3$ ns,最短可达 0.1 ns。

由于 I 层较厚,又工作在反偏状态,这使结区耗尽层厚度增加,提高了对光的吸收,扩大了光电变换区域,使量子效率提高。与此同时,还增加了对长波的吸收,提高了对长波的灵敏度,其响应波长范围为 0.4～1.1 μm。此外,由于 I 层较厚,在反偏状态下工作可承受较高的反向偏压,这使线性输出范围变宽。总的来说,PIN 光电二极管具有响应速度快、灵敏度高、长波响应率大的特点。

三、实验仪器

探测器及光源特性测试实验箱,光谱特性测试实验箱,二维可调半导体激光器,光源,凸透镜($f=+60$ mm,$f=+100$ mm),2 个偏振片,PIN 光电二极管探测器附件,白屏,数字万用表,WDG15-Z 光栅单色仪。

四、实验内容

1. 调节各元件共轴等高

同"光敏电阻基本特性的测试"实验内容 1。

2. 实验系统操作面板的设置及光路调节

(1) 取出探测器及光源特性测试实验箱。实验前,请确认系统操作面板的所有按钮都处于"弹起"位置(所有指示灯为熄灭状态)。

(2) 逆时针旋转"Vcc 调节"旋钮,将其值调至最小;按下"Vcc"键,"Vcc"旁边的指示灯点亮;数字万用表的表笔插入"D＋"和"D－"端,可以显示此时"Vcc"的输出值。

(3) 将二维可调半导体激光器、偏振片 1 依次放置,使偏振片与光源共轴等高,转动偏振片 1,观察出射光光强的变化,光源和偏振片 1 尽可能靠近;在偏振片 1 之后放置 PIN 光电二极管探测器,使输出激光入射到 PIN 光电二极管的光敏面,然后将 PIN 光电二极管探测器附件的两个信号线输出端子(红色表示"＋",白色表示"－")插入实验系统中信号输入端"In＋"和"In－"。

(4) 顺时针旋转"R_L 值调节"旋钮,将其值调至最大,依次按下"Vcc""R_L""A""V"键,则对应的指示灯均点亮。此时,PIN 光电二极管探测器接入如图 1-4 所示的回路,回路中的光电流及可调负载电阻上的电压可由直流电流表和直流电压表显示,回路工作电源由系统可调电源(Vcc 调节:0～45 V)提供。

(5) 调节 PIN 光电二极管探测器,使出射光能均匀照射 PIN 光电二极管并使输出光电流最大;旋转偏振片 1,使直流电流表显示的光电流为最大值,在偏振片 1 和 PIN 光电二极管探测器之间放置偏振片 2,旋转偏振片 2,观察直流电流表值的变化情况。

3. PIN 光电二极管光照特性测试

（1）首先将 PIN 光电二极管按"实验内容 2"接入探测器特性测试回路，按下"Vcc""R$_L$""A""V"键，接线原理和硅光电二极管相应测试相似，PIN 光电二极管处于反偏置工作状态，此时工作在光电导模式。

（2）旋转"R$_L$值调节"旋钮到某值固定，旋转"Vcc 调节"旋钮，从数字万用表上可以读出"Vcc"值为 U_b，使 U_b 值为 5 V 不变，旋转偏振片 2，使入射到 PIN 光电二极管的光照度为零，记录此时偏振片的相对角度为 $\alpha=0°$，记录此时的直流电流表显示值。

（3）分别旋转偏振片 2 相对角度为 $\alpha=5°$、$10°$、$\cdots$、$90°$，分别记录对应的直流电流表显示值；在坐标系中画出 PIN 光电二极管的光电流随光照度变化的特性曲线。

4. PIN 光电二极管伏安特性测试

（1）首先将 PIN 光电二极管按"实验内容 2"接入探测器特性测试回路，按下"Vcc""R$_L$""A""V"键，则接线原理和图 1-12 相似，PIN 光电二极管处于反偏置工作状态，此时工作在光电导模式。

（2）旋转"R$_L$值调节"旋钮到某值固定，旋转偏振片 2，使入射到 PIN 光电二极管的光照度为零，记录此时偏振片的相对角度为 $\alpha=0°$，旋转"Vcc 调节"旋钮，从数字万用表上可以读出"Vcc"值为 U_b，使 U_b 值为 0 V，记录此时的直流电流表显示值。

（3）旋转"Vcc 调节"旋钮，使 U_b 值为 5 V、10 V、15 V、$\cdots$、30 V，分别记录对应的直流电流表显示值。在坐标系中画出 PIN 光电二极管的光电流随反向偏压变化的特性曲线。

（4）旋转偏振片 2，使相对旋转角度分别为 $\alpha=30°$、$\alpha=60°$、$\alpha=90°$，重复（2）、（3）。

5. PIN 光电二极管的光谱特性测试

（1）取出探测器及光源特性测试实验箱和光谱特性测试实验箱。实验前请仔细确认：系统操作面板的所有按钮都处于"弹起"位置；操作面板上光谱特性测试模块的所有反馈电阻旋钮逆时针旋转至零。

（2）将光源、透镜置于单色仪的入射狭缝前，调节透镜组的相对位置，使光源透过入射狭缝后变成点光源；将 PIN 光电二极管探测器放置在单色仪的出射狭缝处，使其对准出射光狭缝。

（3）将数字万用表的红表笔和黑表笔分别插入系统操作面板的"D＋"和"D－"插孔内；顺时针缓慢旋转"Vcc 调节"旋钮，直至数字万用表显示值为 5 V，从插孔中取下数字万用表的红黑表笔；将 PIN 光电二极管信号线的两个输出端子(红色表示"＋",白色表示"－")插入系统操作面板的"D~GND~"和"D－";按下"10K"键,将数字万用表的红表笔和黑表笔分别插入"Vo"和"GND"插孔中。

（4）将白屏放在入射狭缝之前,挡住入射光,观察数字万用表的显示值是否随着入射光的变化而变化,并旋转"10K调节"旋钮,观察数字万用表的显示值是否随着旋钮的旋转而变化。如变化不明显,可以弹起"10K"键,按下"100K"键,并进行相应的调节。

（5）取下数字万用表的红黑表笔,将 AD 采集数据线端的两个端子(红色表示"＋",白色表示"－")插入系统操作面板的"Vo"和"GND"插孔中;AD 采集数据线的另一端分别插入光谱特性测试实验箱的"Vin"和"GND"端口。软件操作方法详见本章附录。

五、数据与结果处理

（1）根据测量数据,在坐标系中画出 PIN 光电二极管的光电流随光照度变化的曲线,分析 PIN 光电二极管的光照特性。

（2）根据测量数据,在不同的光照度下,画出 PIN 光电二极管的光电流随反向偏压变化的特性曲线,比较分析 PIN 光电二极管伏安特性曲线和普通硅光电二极管的异同。

（3）根据测量数据,画出 PIN 光电二极管的光谱特性曲线,比较分析 PIN 光电二极管的光谱特性曲线和普通硅光电二极管的异同。

六、思考题

（1）在 PIN 光电二极管的光谱特性测试中,是否可以将 PIN 光电二极管探测器的两个红色和白色信号端子分别插入"D－"和"D＋"中?结果如何?为什么?

（2）PIN 光电二极管与普通硅光电二极管在结构和性能参数上有何异同?

（3）PIN 光电二极管和普通硅光电二极管相比,有什么特殊的应用?

实验 5　光电倍增管参数测试实验

一、实验要求

1. 实验目的

（1）掌握光电倍增管的结构和工作原理。

（2）了解光电倍增管的主要特性参数及其测试方法。

（3）掌握光电倍增管的供电电路和信号输出电路。

2. 预习要求

(1) 了解光电倍增管的基本结构和工作原理。

(2) 了解光电倍增管各主要特性参数的测量方法。

(3) 了解光电倍增管的应用场景和安全注意事项。

二、实验原理

光电倍增管(photo multiplier tube,PMT)是在光电管的基础上研制出来的一种真空光电器件。由于在结构上增加了电子光学系统和电子倍增极,因此,它是一种具有极高灵敏度和超快响应速度的真空电子管类光探测器件,可用于各种微弱光的测量,主要应用方面有:光谱学、环境监测、生物技术、医疗应用、射线测定、资源调查、工业计测、摄影印刷、高能物理-加速器实验、激光等。

1. 结构和工作原理

光电倍增管如图 1-14 所示,光电倍增管由光窗、光电阴极、电子光学系统、电子倍增系统和阳极 5 个主要部分组成。

图 1-14 光电倍增管

光电倍增管的光窗是入射光的通道,光窗材料对光的吸收与波长有关,波长越短吸收越多,所以光电倍增管光谱特性的短波阈值决定于光窗材料。光窗通常有侧窗和端窗两种类型,常用的光窗材料有硼硅玻璃、透紫外玻璃、熔融石英、蓝宝石和 MgF_2。电子光学系统是指光电阴极到电子倍增系统第一倍增极之间的电极空间,其中包括光电阴极、聚焦极、加速极及第一倍增极。电子倍增系统是由许多倍增极组成的综合体,每个倍增极都是由二次电子倍增材料构成的,具有使一次电子倍增的能力,因此是决定整管灵敏度最关键的部分。电子倍增系统的结构主要有鼠笼式、盒栅式、直线聚焦式、百叶窗式、近贴栅网式和微通道板式。阳极的作用是收集从末极倍增极发射出的二次电子。

如图 1-15 所示,光电倍增管的工作原理:① 光子透过光窗入射到光电阴极 K 上;② 光电阴极受到光照激发,表面发射光子;③ 光电子被电子光学系统加速和聚焦后入射到第一倍增极 D_{y1} 上,倍增极将发射出比入射电子数目更多的二次电子,入射电子经 n 级倍增后,光电子数就放大 n 次;④ 经过倍增后的二次电子由阳极 A 收集起来,形成阳极光电流 I_p,在负载 R_L 上产生信号电压 U_0。

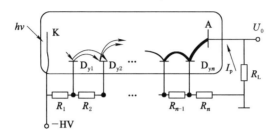

图 1-15　光电倍增管的工作原理图

2. 光电倍增管的主要特性参数

（1）灵敏度

光电倍增管的灵敏度包括阴极光照灵敏度和阳极光照灵敏度。阴极光照灵敏度为光电阴极产生的光电流与入射到它上面的光通量之比,即 $S_k = \dfrac{I_k}{\Phi}$。阳极光照灵敏度为阳极输出信号电流与入射到光电阴极上的光通量之比,即 $S_p = \dfrac{I_p}{\Phi}$。测试所用的光源为色温 2 856 K 的钨丝白炽灯。

（2）暗电流

光电倍增管的暗电流是指在施加规定的电压后,在无光照情况下测定的阳极电流。暗电流决定光电倍增管的极限灵敏度。

（3）光谱特性

阴极的光谱灵敏度取决于光电阴极和窗口的材质。阳极的光谱灵敏度等于阴极的光谱灵敏度与光电倍增管放大系数的乘积,其光谱特性曲线基本上与阴极相同。

（4）伏安特性

光电倍增管的伏安特性包括阴极伏安特性和阳极伏安特性。当入射光通量一定时,阴极光电流与阴极和第一倍增极之间电压的关系称为阴极伏安特性;当入射光通量一定时,阳极光电流与阳极和末级倍增极之间电压的关系称为阳极伏安特性。

三、实验仪器

光电倍增管特性测试实验箱,光谱特性测试实验箱,光源,凸透镜（$f = +60$ mm、$f = +100$ mm）,2 个偏振片,光电倍增管探测器附件,数字万用表,白屏,WDG15-Z 光栅单色仪。

四、实验内容

1. 调节各元件共轴等高

同"光敏电阻基本特性的测试"实验内容1。

2. 实验系统操作面板的设置及光路调节

(1) 取出光电倍增管特性测试实验箱。实验前,请确认系统操作面板的所有按钮都处于"弹起"位置(所有指示灯为熄灭状态)。

(2) 实验系统操作面板如图1-16所示。

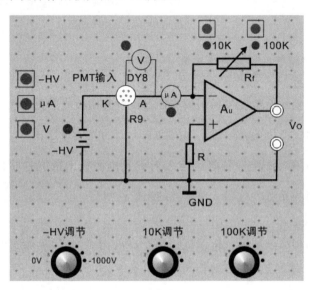

图1-16 实验系统操作面板

(3) 逆时针旋转"-HV调节"旋钮至左边,此时,-HV输出处于最小值状态;将"-HV"键按下,此时,系统电源中负高压模块输出高压。

(4) 将光电倍增管探测器附件的插头接入系统操作面板上的"PMT输入"插座;将"μA"和"V"键依次按下,此时,直流微安表显示值为光电倍增管的阳极电流,直流电压表显示值为光电倍增管的最后一级倍增极和阳极之间的电压。

3. 光电倍增管性能测试光路调节

(1) 将光源、凸透镜1或凸透镜2、偏振片1、2依次放置,使凸透镜、偏振片与光源共轴等高,调整凸透镜与光源的相对位置,使光源经凸透镜后成为平行光束,紧靠凸透镜放置偏振片1,转动偏振片1,观察出射光光强的变化。

(2) 在偏振片1之后放置偏振片2、光电倍增管探测器,旋开光电倍增管探测器的保护罩,调整光源的输出光,使其入射到光电倍增管的光电阴极上。

4．光电倍增管暗电流测试

（1）将光电倍增管的保护罩旋上，此时，入射到其光电阴极的光照度为零。

（2）顺时针旋转"－HV调节"旋钮1/2圈，此时，－HV值输出约为50 V，直流微安表显示值为暗电流，记录其值；依次顺时针旋转"－HV调节"旋钮1圈、3/2圈、…、10圈，则－HV值输出分别约为100 V、150 V、…、1 000 V，记录直流微安表显示的暗电流值。

（3）在坐标系中画出光电倍增管的暗电流随电源电压变化的关系曲线。

（4）复位光电倍增管"－HV调节"旋钮，使负高压输出为极小值，即逆时针旋转"－HV调节"旋钮至最小值。

5．光电倍增管阳极伏安特性测试

（1）将光电倍增管的保护罩旋下，调整光源的输出光，使其入射到光电倍增管的光电阴极上。

（2）在光源后面放上偏振片1，旋转偏振片1，观察直流微安表显示值，使其值为最大，在偏振片1和光电倍增管探测器之间放上偏振片2，旋转偏振片2，使输出到光电阴极的光照度最弱，记录此时偏振片2的相对角度为 $\alpha=0°$，顺时针旋转"－HV调节"旋钮，使－HV值从小到大变化，直流电压表显示值为最后一级倍增极和阳极之间的电压，记录光电流随电压的变化关系。

（3）旋转偏振片2的相对角度分别为 $\alpha=30°$、$\alpha=60°$、$\alpha=90°$，在不同光照度下，重复（2），分别记录光电流随电压的变化关系。

6．光电倍增管的光谱特性测试

（1）取出光电倍增管特性测试实验箱、光谱特性测试实验箱。实验前请仔细确认：系统操作面板的所有按钮都处于"弹起"位置；操作面板上光谱特性测试模块的所有反馈电阻旋钮逆时针旋转至零。

（2）将光源、透镜置于单色仪的入射狭缝前，调节透镜组的相对位置，使光源透过入射狭缝后变成点光源。

（3）将光电倍增管探测器放置在单色仪的出射狭缝处，使其对准出射光狭缝，光电倍增管探测器引线插入"PMT输入"；按下"10K"键，将数字万用表的红表笔和黑表笔分别插入系统操作面板的"Vo"和"GND"插孔内。

（4）将白屏放在入射狭缝之前，挡住入射光，观察数字万用表的显示值是否随着入射光的变化而变化，并旋转"10K调节"旋钮，观察数字万用表的显示值是否随着旋钮的旋转而变化。如变化不明显，可以弹起"10K"键，按下"100K"键，并进行相应的调节。

（5）取下数字万用表的红黑表笔，将 AD 采集数据线端的两个端子（红色表示"＋"，白色表示"－"）插入系统操作面板的"Vo"和"GND"插孔中；AD采集数据线的另一端分别插入光谱特性测试实验箱的"Vin"和"GND"端口。软件操作方法详见本章附录。

五、数据与结果处理

（1）根据测量数据,画出光电倍增管的暗电流随电源电压变化的关系曲线,分析电压对暗电流的影响。

（2）根据测量数据,画出在不同光照度下光电流随最后一级倍增极和阳极之间电压的变化关系曲线,分析光照度对阳极伏安特性的影响。

（3）根据测量数据,画出光电倍增管的光谱特性曲线,并比较分析光电倍增管的光谱特性曲线和光电三极管的异同。

六、思考题

（1）光电倍增管相比光敏三极管在光灵敏度上有何不同?

（2）光电倍增管暗电流的大小对光电倍增管的应用有何影响?

实验 6 雪崩光电二极管特性测试实验

一、实验要求

1. 实验目的

（1）掌握雪崩光电二极管的结构和工作原理。

（2）掌握雪崩光电二极管的特性参数及其测试方法。

（3）了解雪崩光电二极管的倍增因子随反向偏压变化的关系。

2. 预习要求

（1）了解雪崩光电二极管的基本结构和工作原理。

（2）了解雪崩光电二极管的特性参数及其测试方法。

（3）了解雪崩光电二极管和普通硅光电二极管的异同。

二、实验原理

雪崩光电二极管(avalanche photo diode,APD)是利用雪崩倍增效应而具有内增益的光电二极管。在光电二极管的 PN 结上加一相当高的反向偏压,使结区产生一个很强的电场,当光激发的载流子或热激发的载流子进入结区后,在强电场的加速下获得很大的能量,与晶格原子碰撞而使晶格原子发生电离,产生新的电子-空穴对。新产生的电子-空穴对在向电极运动过程中又获得足够能量,再次与晶格原子碰撞,又产生新的电子-空穴对。这一过程不断重复,使 PN 结内电流急剧倍增,这种现象称为雪崩倍增。雪崩光电二极管就是利用这种效应而产生光电流的放大作用的。雪崩光电二极管以其体积小、工作电压低、测量波段范围宽以及在近红外波段有较高灵敏度等一系列的优点,在弱光场测量、光子计数、光纤通信等相关领域有广泛的应用。

图 1-17 表示出了几种典型雪崩光电二极管的结构,图 1-17(a)是 P 型 N 结构,它是以 P 型硅材料做基片,扩散五价元素磷而形成重掺杂 N 型层,并在 P 与 N 区间通过扩散形成轻掺杂高阻 N 型硅,作为保护环,使 PN 结区变宽,呈现高阻。图 1-17(b)是 N 型 P 结构。图 1-17(c)为 PIN 结构,N$^+$ 为高阻 N 型硅,作为保护环,同样用来防止表面漏电和边缘过早击穿。

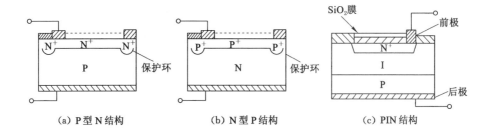

(a) P 型 N 结构　　　　(b) N 型 P 结构　　　　(c) PIN 结构

图 1-17　几种典型雪崩二极管的结构示意图

雪崩光电二极管的电流增益用倍增因子 M 表示,通常定义为倍增的光电流 I_1 与不发生倍增(雪崩)效应时的光电流 I_{lo} 之比。据推导,倍增因子与 PN 结上所加的反向偏压 U、PN 结的材料有关,即:

$$M = \frac{I_1}{I_{lo}} = \frac{1}{1 - \left(\frac{U}{U_B}\right)^n} \tag{1.5}$$

式中,U_B 为击穿电压;U 为外加反向偏压;n 等于 $1\sim3$,取决于半导体材料、掺杂分布以及辐射波长。

由上式可知,当外加反向偏压 U 增加到接近 U_B 时,M 将趋近于无穷大,此时 PN 结将发生击穿。在偏压较小时,雪崩光电二极管能产生光电激发,但无雪崩倍增效应。随着偏压的继续增加,偏压将引起雪崩效应,使光电流具有较大增益。而当偏压超过一定阈值 U_B 后,雪崩光电二极管易发生雪崩击穿,同时暗电流也越来越大,因此最佳工作电压不宜过大,否则将进入不稳定的、易击穿的工作区。

雪崩光电二极管的击穿电压 U_B 与器件的工作温度有关,当温度升高时,击穿电压会增大,因此为得到同样的增益系数,不同的工作温度就要加不同的反向偏压。一般雪崩光电二极管的反向击穿电压在几十伏到几百伏之间,相应的倍增因子为 $10^2 \sim 10^3$。

三、实验仪器

雪崩光电二极管特性测试实验箱,光谱特性测试实验箱,光源,凸透镜($f=$ $+60$ mm、$f=+100$ mm),2个偏振片,雪崩光电二极管探测器附件,数字万用表,白屏,WDG15-Z光栅单色仪。

四、实验内容

1. 调节各元件共轴等高

同"光敏电阻基本特性的测试"实验内容1。

2. 实验系统操作面板的设置及光路调节

(1) 取出雪崩光电二极管特性测试实验箱。实验前,请确认系统操作面板的所有按钮都处于"弹起"位置(所有指示灯为熄灭状态)。

(2) 实验系统操作面板如图1-18所示。

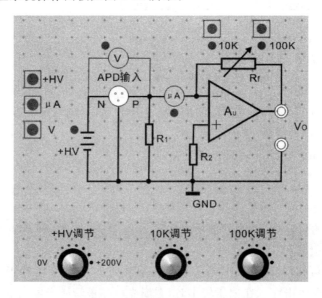

图 1-18　实验操作系统面板

(3) 逆时针旋转"＋HV调节"旋钮至左边,此时,＋HV输出处于最小值状态;将"＋HV"键按下,此时,系统电源中高压模块输出高压。

(4) 将雪崩光电二极管探测器附件的插头接入系统操作面板上的"APD输入"插座;将"μA"和"V"键依次按下,此时,直流微安表显示值为雪崩光电二极管电流,直流电压表显示值为PN结上的反向偏压。

(5) 将光源,凸透镜1或凸透镜2,偏振片1、2依次放置,使凸透镜、偏振片与光源共轴等高,调整凸透镜与光源的相对位置,使光源经凸透镜后成为平行光束,紧靠凸透镜放置偏振片 1,转动偏振片 1,观察出射光光强的变化。

(6)在偏振片 1 之后放置偏振片 2、雪崩光电二极管探测器,调整光源的输出光,使其入射到雪崩光电二极管的光敏面上。

3. 雪崩光电二极管暗电流测试

(1)在偏振片 1 和雪崩光电二极管探测器之间放置白光板,使入射到雪崩光电二极管光敏面上的光照度为零。

(2)顺时针旋转"+HV 调节"旋钮 1 圈、3/2 圈、…、10 圈,分别对应记录直流微安表和直流电压表上的显示值,直流微安表显示值为雪崩光电二极管暗电流,直流电压表显示值为加载在雪崩光电二极管 PN 结上的反向偏压,记录一组暗电流和反向偏压的变化数据。

(3)在坐标系中画出雪崩光电二极管的暗电流随 PN 结反向偏压变化的关系曲线。

(4)复位雪崩光电二极管探测器的"+HV 调节"旋钮使正高压输出为极小值,即逆时针旋转"+HV 调节"旋钮至最小值。

4. 倍增因子 M 和反向偏压的关系特性测试

(1)在凸透镜后面放上偏振片 1,旋转偏振片 1,观察直流微安表显示值,使其值为最大,在偏振片 1 和雪崩光电二极管探测器之间放上偏振片 2,旋转偏振片 2,使输出到光电阴极的光照度为某值。

(2)顺时针旋转"+HV 调节"旋钮 1 圈、3/2 圈、…、10 圈,分别对应记录直流微安表和直流电压表上的显示值,直流微安表显示值为雪崩光电二极管光电流,直流电压表显示值为加载在雪崩光电二极管 PN 结上的反向偏压。

(3)根据测量数据,计算倍增因子 M,在坐标系中画出雪崩光电二极管在一定光照下倍增因子 M 随反向偏压的变化关系曲线。

(4)复位雪崩光电二极管探测器"+HV 调节"旋钮到极小值。

5. 雪崩光电二极管的光谱特性测试

(1)取出雪崩光电二极管特性测试实验箱、光谱特性测试实验箱。实验前请仔细确认:系统操作面板的所有按钮都处于"弹起"位置;操作面板上光谱特性测试模块的所有反馈电阻逆时针旋转至零。

(2)将光源、凸透镜置于单色仪的入射狭缝前,调节透镜组的相对位置,使光源透过入射狭缝后变成点光源;将雪崩光电二极管探测器放置在单色仪的出射狭缝处,使其对准出射光狭缝,雪崩光电二极管探测器引线插入"APD 输入"。按下"10K"键,将数字万用表的红表笔和黑表笔分别插入系统操作面板的"Vo"和"GND"插孔内。

(3)将白屏放在入射狭缝之前,挡住入射光,观察数字万用表的显示值是否随着入射光的变化而变化,并旋转"10K 调节"旋钮,观察数字万用表的显示值是否随着旋钮的旋转而变化。如变化不明显,可以弹起"10K"键,按下"100K"键,并进行相应的调节。

(4) 取下数字万用表的红黑表笔,将 AD 采集数据线端的两个端子(红色表示"＋",白色表示"－")插入系统操作面板的"Vo"和"GND"插孔中;AD 采集数据线的另一端分别插入光谱特性测试实验箱的"Vin"和"GND"端口。软件操作方法详见本章附录。

五、数据与结果处理

(1) 在坐标系中画出雪崩光电二极管的暗电流随 PN 结反向偏压变化的关系曲线,分析反向偏压对暗电流的影响。

(2) 根据测量数据,计算倍增因子 M,在坐标系中画出雪崩光电二极管在一定光照度下倍增因子 M 随反向偏压的变化关系曲线。

(3) 根据测量数据,画出雪崩光电二极管的光谱特性曲线,并比较分析雪崩光电二极管光谱特性曲线和普通硅光电二极管的异同。

六、思考题

(1) 雪崩光电二极管在结构和工作原理上与普通硅光电二极管有何不同?

(2) 雪崩光电二极管能否工作在非雪崩区? 为什么?

实验 7　发光二极管特性测试实验

一、实验要求

1. 实验目的

(1) 掌握发光二极管的内部结构和工作原理。

(2) 掌握发光二极管的特性参数,如正向电压、正向电流、反向电压、反向电流、发光强度空间分布、峰值波长、峰值波长半宽度、相对光谱功率分布。

(3) 掌握发光二极管特性参数的测量方法。

2. 预习要求

(1) 了解发光二极管的内部结构和工作原理。

(2) 了解发光二极管的特性参数及其测量方法。

(3) 了解发光二极管的种类和各自的应用。

二、实验原理

发光二极管(light emitting diode,LED)是一种重要的光电子器件,它在科学研究和工农业生产中均有非常广泛的应用。发光二极管是少数载流子在 PN

结区的注入与复合而产生光的一种结型发光器件,也称为注入式场致发光光源。

发光二极管是一个由 P 型和 N 型半导体组合成的二极管,图 1-19 所示为砷化镓(GaAs)发光二极管。如果把一种受主材料掺杂到 GaAs 中,就可形成一个 P 型半导体区域,把一种施主材料掺杂到 GaAs 中,就可形成一个 N 型半导体区域;当它们结合在一起时,P 型和 N 型区域间就形成 PN 结。如果在 P 区加正偏置电压,在 N 区加负偏置电压,电子就被迫进入 N 型区域,并在 P 型区域里形成空穴。当它们超过势垒能量时,电子就能够横越结区进入 P 区域。在 P 型和 N 型区域间的耗尽层里,电子能够自发地与空穴复合而放出能量——产生光子,光子朝着各个方向运动,就形成了结型发光,这就是发光二极管。在发光二极管中,向各个方向发出的光是自发发射的。

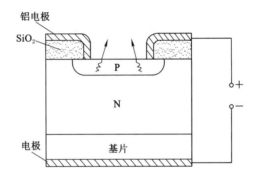

图 1-19 砷化镓发光二极管

三、实验仪器

二维可调半导体激光器,光源,2 个偏振片,硅光电池探测器附件,可旋转底座发光二极管附件,探测器及光源特性测试实验箱,光谱特性测试实验箱,积分球,数字万用表,白屏,WDG15-Z 光栅单色仪。

四、实验内容

1. 调节各元件共轴等高

同"光敏电阻基本特性的测试"实验内容 1。

2. 实验系统操作面板的设置及光路调节

(1) 取出探测器及光源特性测试实验箱。实验前,请确认系统操作面板的所有按钮都处于"弹起"位置(所有指示灯为熄灭状态)。

(2) 实验系统操作面板如图 1-4 所示;逆时针旋转"Vcc 调节"旋钮,将其值调至最小;按下"Vcc"键,"Vcc"旁边的指示灯点亮。

3. 发光二极管电特性(包括正向电压、正向电流、反向电压以及反向电流)测试

(1) 按照发光二极管旋转插座所标识的"+""−"极性,将发光二极管的长短脚插入对应的插孔里,将发光二极管的两个信号线输出端子(红色表示"+",白色表示"−")插入实验系统中的信号输入端"In+"和"In−",按下"Vcc""R$_L$""A""V"键,如图 1-4 所示。

(2) 将数字万用表的红表笔插入"D+"插孔,黑表笔插入"D$_{GND}$"插孔,数字万用表的显示值即"Vcc可调"电压输出值;将"R$_L$值调节"旋钮逆时针旋转到最小值。

(3) 缓慢顺时针旋转"Vcc调节"旋钮,从数字万用表的显示值读出加载到发光二极管回路中的正向偏置电压 U_{cc},从直流电流表的显示值读出流过发光二极管的正向电流 I_F,直流电压表显示值为回路负载电压 U_L,由负载电压和回路电源电压可求出加载到发光二极管的正向电压 $U_F = U_{cc} - U_L$;记录发光二极管在规定的工作电流 $I_F = 20$ mA 时的正向电压值。

(4) 将"Vcc调节"旋钮逆时针旋转到最小输出值;将发光二极管的两个信号线输出端子(红色表示"+",白色表示"−")插入实验系统中的信号输入端"In−"和"In+";缓慢顺时针旋转"Vcc调节"旋钮,从数字万用表的显示值读出加载到发光二极管回路中的反向偏置电压 U'_{cc},从直流电流表的显示值读出流过发光二极管的反向电流,从直流电压表的显示值读出回路中负载电压 U_L,从而可以求出发光二极管的反向电压。

(5) 在坐标系中画出发光二极管的反向电流随反向电压变化的关系曲线,即可得到伏安特性曲线。

4. 发光二极管光特性(包括发光强度分布、半最大强度角和偏差角)测试

(1) 将发光二极管的两个信号线输出端子(红色表示"+",白色表示"−")插入实验系统中的信号输入端"In+"和"In−",按下"Vcc""R$_L$""A""V"键;旋转"Vcc调节"旋钮,使发光二极管的正向电流为 20 mA。

(2) 将硅光电池探测器附件的红色和白色信号输出端子分别插入实验系统中的信号输入端"D$_{GND}$"和"D−",将数字万用表的红表笔和黑表笔分别插入实验系统中的信号输出端"Vo"和"GND";调整发光二极管插座和硅光电池探测器附件之间的距离和高度,使两者共轴等高。

(3) 选择反馈电阻和阻值调节旋钮到合适位置,旋转发光二极管插座的刻度盘,此时,数字万用表的显示电压值大小即可近似认为正比于被测发光二极管在对应刻度位置的发光强度。

(4) 旋转发光二极管插座的刻度盘到零刻度位置,读出数字万用表的显示

值,记录其值;然后分别顺时针和逆时针旋转刻度盘角度 5°、10°、…、90°,从数字万用表读出其对应的显示值,在发光二极管空间光强分布图中画出发光强度随角度的变化关系,如图 1-20 所示。

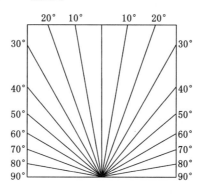

图 1-20　发光二极管空间光强分布图

（5）从图 1-20 中可以得出半最大强度角 $\theta_{1/2}$ 及偏差角 $\Delta\theta$。半最大强度角 $\theta_{1/2}$ 是发光强度大于等于最大强度一半时构成的角度;偏差角 $\Delta\theta$ 是最大强度方向（光轴）与机械轴 Z 之间的夹角。

5.测量发光二极管在规定条件下的光通量

（1）被测发光二极管器件发射的光辐射经积分球壁的多次反射,将产生一个均匀的与光通量成比例的面出射度,用一个位于积分球壁的探测器测量这个面出射度。测量时还要用一个漫射屏挡住光线,使探测器不直接照射到被测器件的光辐射。被测器件放在积分球入口处,不要使光线直接到达探测器。给被测器件施加规定的正向电流 I_F,用光度探测系统测量出光通量。

（2）将发光二极管引脚插入积分球附件的发光二极管插座孔中,再将发光二极管插座上两个信号输出端子（红色和白色）分别插入信号输入端“In－”和“In＋”;将积分球附件探测器的红色和白色信号输出端子分别插入信号输入端“D_{GND}”和“D－”,再将数字万用表的红表笔和黑表笔分别插入信号输出端“Vo”和“GND”。

（3）顺时针缓慢旋转“Vcc 调节”旋钮,直流电流表的显示值即发光二极管的光电流,直流电压表的显示值即发光二极管回路中负载上所加的电压。

（4）将发光二极管的直流电流值调节为 $I_F＝20\ mA$,选择和调节反馈阻值,观察数字万用表的显示值变化。

6.发光二极管光谱特性测试

（1）取出探测器、光源特性测试实验箱、光谱特性测试实验箱。实验前请仔细确认:系统操作面板的所有按钮都处于"弹起"位置;操作面板上光谱特性测试模块的所有反馈电阻逆时针旋转至零。

(2) 将待测发光二极管按照发光二极管插座所标识的极性插入对应的插孔中,并将发光二极管插座置于单色仪的入射狭缝前;将发光二极管插座附件的两个红色和白色信号端子分别插入实验系统中的信号输入端"In+"和"In−",按下"Vcc""R_L""A""V"键。

(3) 将数字万用表的红表笔和黑表笔分别插入系统操作面板的"D+"和"D−"插孔内;按下"Vcc(光源)"键,顺时针缓慢旋转"Vcc调节"旋钮,观察数字万用表显示值的变化,调节"R_L值调节"旋钮,观察发光二极管的变化,直至发光二极管被点亮,且保证直流电流表显示值在 20~40 mA 之间的某值。

(4) 将硅光电池探测器信号线的白色和红色端子(红色表示"+",白色表示"−")分别插入系统操作面板的"D−"和"D_{GND}"插孔中;将硅光电池探测器放置在单色仪的出射狭缝处,使其对准出射光狭缝。

(5) 选择反馈电阻及调整其大小,将数字万用表的红表笔和黑表笔分别插入"Vo"和"GND"插孔中;将白屏放在入射狭缝之前,挡住入射光,观察数字万用表的显示值是否随着入射光的变化而变化,旋转量程选择旋钮,并调节对应挡位的反馈电阻阻值,调节旋钮至数字万用表的显示值在−5~+5 V 之间。

(6) 取下数字万用表的红黑表笔,将 AD 采集数据线两个端子(红色表示"+",白色表示"−")插入系统操作面板的"Vo"和"GND"插孔中;AD 采集数据线另一端分别接入光谱特性测试实验箱的"Vin"和"GND"端口。软件操作方法详见本章附录。

(7) 如果要测量其他的发光二极管的光谱特性,请先将"Vcc调节"旋钮逆时针旋转到最小值,将待测发光二极管插入发光二极管插座的插孔内,然后,步骤同上。

五、数据与结果处理

(1) 根据测量数据,画出发光二极管的伏安特性曲线,分析曲线不同区域所代表的工作状态。

(2) 根据测量数据,在发光二极管空间光强分布图中画出发光强度随角度的变化关系,分析发光二极管光强的空间分布。

(3) 根据测量数据,画出发光二极管的光谱特性曲线。

六、思考题

(1) 发光二极管的光谱特性和普通的热光源有何不同?

(2) 发光二极管的输入电流对出射光的性质有何影响?

实验 8　激光二极管特性测试实验

一、实验要求

1. 实验目的

（1）掌握激光二极管的结构和工作原理。

（2）掌握激光二极管伏安特性、发光强度空间分布及半值角、阈值电流、峰值波长、峰值波长半宽度、相对光谱功率分布等主要特性参数。

（3）了解各性能参数的测量方法。

2. 预习要求

（1）了解激光二极管的基本结构和工作原理。

（2）了解激光二极管的性能参数及其测量方法。

（3）了解激光二极管的应用。

二、实验原理

激光二极管（LD）本质上是一个半导体二极管。按照 PN 结材料是否相同，可以把激光二极管分为同质结激光二极管、单异质结（SH）激光二极管、双异质结（DH）激光二极管和量子阱（QW）激光二极管。

激光二极管的核心部分是 PN 结，PN 结的两个端面是按晶体的两个端面剖切开的，称为解理面，其表面极为光滑，可以直接做平行反射镜面，构成法布里-珀罗谐振腔。其余两侧面则相对粗糙，用以消除主方向外其他方向的激光作用。上下电极施加正向电压，使结区产生双简并的能带结构及激光工作电流。

半导体中的光发射通常源于载流子的复合。当半导体的 PN 结加有正向电压时，会削弱 PN 结势垒，迫使电子从 N 区经 PN 结注入 P 区，空穴从 P 区经 PN 结注入 N 区，这些注入 PN 结附近的非平衡电子和空穴将会发生复合，从而发射出波长为 λ 的光子，其公式如下：

$$\lambda = hc/Eg \tag{1.6}$$

式中　h——普朗克常量；

　　　c——光速；

　　　Eg——半导体的禁带宽度。

上述由于电子与空穴的自发复合而发光的现象称为自发辐射。当自发辐射所产生的光子通过半导体时，一旦经过已发射的电子-空穴对附近，就能激励二者复合，产生新光子，这种光子诱使已激发的载流子复合而发出新光子的现象称为受激辐射。如果注入电流足够大，则会形成和热平衡状态相反的载流子分布，即粒子数反转。当有源层内的载流子在大量反转情况下,少量自发辐射产生的光子由于谐振腔两端面往复反射而产生感应辐射,造成选频谐振正反馈,或者说对某一频率具有增益。当增益大于吸收损耗时,PN 结就可以发出具有良好谱线的相干光——激光,这就是激光二极管的简单原理。

三、实验仪器

二维可调半导体激光器,光源,2 个偏振片,硅光电池探测器附件,探测器及光源特性测试实验箱,光谱特性测试实验箱,激光二极管附件,数字万用表,白光板,WDG15-Z 光栅单色仪。

四、实验内容

1. 调节各元件共轴等高

同"光敏电阻基本特性的测试"实验内容 1。

2. 实验系统操作面板的设置及光路调节

(1) 取出探测器及光源特性测试实验箱。实验前,请确认系统操作面板的所有按钮都处于"弹起"位置(所有指示灯为熄灭状态)。

(2) 逆时针旋转"Vcc 调节"旋钮,将其值调至最小;按下"Vcc"键,"Vcc"旁边的指示灯点亮;数字万用表的表笔接入"D+"和"D-"端,可以显示此时"Vcc"的输出值。

3. 激光二极管伏安特性测试

(1) 将激光二极管附件的两个信号线输出端子(红色表示"+",白色表示"-")插入实验系统中的信号输入端"In+"和"In-",按下"Vcc""R_L""A""V"键,如图 1-4 所示。

(2) 数字万用表的红表笔接入"D+"插孔,黑表笔接入"D_{GND}"插孔,数字万用表的显示值即"Vcc"的输出值;将"R_L值调节"旋钮逆时针旋转到最小值。

(3) 缓慢顺时针旋转"Vcc 调节"旋钮,从数字万用表的显示值读出加载到激光二极管回路中的正向偏置电压,从直流电流表的显示值读出流过激光二极管的正向电流,从直流电压表的显示值读出回路中负载电压,从而可以求出激光二极管的正向电压,记录激光二极管的正向电流随正向电压变化的数值。在激光二极管的正向电压和正向电流测试过程中,当激光二极管有光输出的时候对应的电流即阈值电流。

(4) 将"Vcc 调节"旋钮逆时针旋转到最小输出值;将激光二极管的两个信号线输出端子(红色表示"+",白色表示"-")插入实验系统中的信号输入端"In-"和"In+"。

(5) 缓慢顺时针旋转"Vcc 调节"旋钮,从数字万用表的显示值读出加载到激光二极管回路中的反向偏置电压,从直流电流表的显示值读出流过激光二极管的反向电流,从直流电压表的显示值读出回路中负载电压,从而可以求出激光二极管的反向电压,记录激光二极管的反向电压随反向电流变化的数值。

（6）在坐标系中画出激光二极管的电流随电压变化的伏安特性曲线。

4. 激光二极管光特性(强度分布、半强度角和偏差角)测试

（1）将激光二极管的两个信号线输出端子(红色表示"＋",白色表示"－")插入实验系统中的信号输入端"In＋"和"In－",按下"Vcc""R_L""A""V"键;旋转"Vcc调节"旋钮,使激光二极管正常发光。

（2）将硅光电池探测器附件的红色和白色信号输出端子分别插入实验系统中的信号输入端"D_{GND}"和"D－",将数字万用表的红表笔和黑表笔分别插入实验系统中的信号输出端"Vo"和"GND";调整激光二极管插座和硅光电池探测器附件之间的距离和高度,使二者同轴等高。

（3）选择反馈电阻和阻值调节旋钮到合适位置,旋转激光二极管插座的刻度盘,此时,数字万用表的显示值即可近似认为正比于被测激光二极管在对应刻度位置的激光二极管强度;旋转激光二极管插座的刻度盘到零刻度位置,读出数字万用表的显示值,记录其值。

（4）分别顺时针和逆时针旋转刻度盘角度 5°、10°、…、90°,从数字万用表读出其对应的显示值,在激光二极管空间光强分布图中画出激光二极管发光强度随角度的变化关系,如图 1-20 所示。

（5）从图 1-20 中可以得出半最大强度角 $\theta_{1/2}$ 及偏差角 $\Delta\theta$。半最大强度角 $\theta_{1/2}$ 是激光二极管强度大于等于最大强度一半构成的角度;偏差角 $\Delta\theta$ 是最大强度方向(光轴)与机械轴 Z 之间的夹角。

5. 激光二极管光谱特性测试

（1）取出探测器及光源特性测试实验箱、光谱特性测试实验箱。实验前请仔细确认:系统操作面板的所有按钮都处于"弹起"位置;操作面板上光谱特性测试模块的所有反馈电阻逆时针旋转至零。

（2）将待测激光二极管置于单色仪的入射狭缝前;将激光二极管的两个红色和白色信号端子分别插入实验系统中的信号输入端"In＋"和"In－",按下"Vcc""R_L""A""V"键;将数字万用表的红表笔和黑表笔分别插入系统操作面板的"D＋"和"D－"插孔内。

（3）顺时针缓慢旋转"Vcc调节"旋钮,观察数字万用表显示值的变化,调节"R_L值调节"旋钮,观察激光二极管的变化,直至激光二极管被点亮。

（4）将硅光电池探测器信号线的白色和红色端子(红色表示"＋",白色表示"－")分别插入系统操作面板的"D－"和"D_{GND}"插孔中;将硅光电池探测器放置

在单色仪的出射狭缝处,使其对准出射光;将数字万用表的红表笔和黑表笔分别插入"Vo"和"GND"插孔中。

(5) 选择反馈电阻并调整其大小,将白屏放在入射狭缝之前,挡住入射光,观察数字万用表的显示值是否随着入射光的变化而变化,旋转量程选择旋钮,并调节对应挡位的反馈电阻阻值,调节旋钮至数字万用表的显示值在$-5\sim+5$ V之间。

(6) 取下数字万用表的红黑表笔,将 AD 采集数据线两个端子(红色表示"+",白色表示"-")插入系统操作面板的"Vo"和"GND"插孔中;AD 采集数据线另一端分别接入光谱特性测试实验箱的"Vin"和"GND"端口。软件操作方法详见本章附录。

五、数据与结果处理

(1) 根据测量数据,画出激光二极管的伏安特性曲线,确定其阈值电流。

(2) 画出激光二极管发光强度随角度的变化关系,分析该激光输出的指向性。

(3) 根据测量数据,画出发光二极管的光谱特性曲线。

六、思考题

(1) 激光二极管和半导体激光器在结构和原理上有何异同?

(2) 激光二极管工作时为什么具有最小阈值电流?

(3) 激光二极管的光谱特性和普通激光器有何异同?

附录 软件说明

1. 串口控件的安装

(1) 打开计算机电源,进入 Windows 系统,待启动完成后,将串口线的一头连接到电脑后面的对应接口上,另外一头连接到主机箱的串口线接口上,并分别将两个接头的螺丝拧紧。

(2) 将光盘放入光驱,把光盘目录下"\\串口控件安装\\Mscomm32.ocx,Mscomm32.dep"这两个文件拷贝到"Windows"的"system"目录下(注意WinNT 下是"System32")。

(3) 单击电脑主界面左下角的"开始",找到"运行"后点击,在后面的输入框里面输入"Regsvr32 c:\windows\system\ Mscomm32.ocx",然后点击"确定",出现安装成功提示后点击"确认"。

2. 程序的安装

此程序是绿色程序,无须安装,只要点击安装盘中的"单色仪程序"文件即可看到"FOE-603 光电测试程序.exe"文件,然后双击即可运行。

3. 程序的使用

(1) 主机刚一通电,主机箱上的就绪灯亮起(说明一切运行正常),接着才可以做"调零"和"测试"工作。

(2) 选择所测试的元器件对象(在"探测器"或在"光源"的下拉框中选择)——开始测试(此时测试灯会亮,并会有提示"测试中,请等待"的字样)——停止灯先亮起(并会有"测试结束"的字样),一会儿停止灯熄灭,就绪灯亮,测试完全结束,可以按"显示"来显示测试曲线。

(3) 通过测试曲线找出相应的探测器或光源的特征值,并把读出的数据输入图形右侧相应的框内,再输入文件名后保存数据(数据保存在"C:\数据保存"中)。

(4) 当需要查询时,可点击"查询"按钮在上述路径中查询,调出相应的曲线和特征参数。

4. 注意事项

(1) "调零"按钮一般在整个测试过程中不用。该按钮主要用于由于电机的前后运转而造成测试中有大的误差产生时(此时电机测试的初始位置已经有略微变化了),或者用于突然停电、运行中出现程序问题而不能回到测试原点时。调零基本要用 10 min 时间,请耐心等待。调零结束,就绪灯亮起。

(2) 当正确连接串口设备后,如果主机箱上的就绪灯也亮了,单色仪没有任何反应,则有可能串口出现了问题。请进入系统"控制面板"窗口,双击"系统"图标,弹出"系统特性"对话框,在对话框中单击"硬件"标签页,然后单击"设备管理器"按钮,进入"设备管理器"窗口,检查是否是串口驱动出现了问题,请试着安装串口驱动程序,或向硬件供应商求助。

本章参考文献

[1] 周秀云,张涛,严伯彪,等.光电检测技术及应用[M].2 版.北京:电子工业出版社,2009.

[2] 雷玉堂.光电检测技术[M].2 版.北京:中国计量出版社,2009.

[3] 张志伟,曾光宇,张存林.光电检测技术[M].4 版.北京:清华大学出版社,2018.

[4] 刘福浩,许金通,王玲,等.GaN 基雪崩光电二极管及其研究进展[J].红外与激光工程,2014,43(4):1215-1221.

［5］王悦,李泽深,刘维.LED 发光二极管特性测试[J].物理实验,2013,33(2)：
21-24,28.

［6］钟丽云.光电检测技术的发展及应用[J].激光杂志,2000,21(3):1.

［7］杨东,轩克辉,董雪峰.光敏电阻的特性及应用研究[J].山东轻工业学院学
报(自然科学版),2013,27(2):49-52.

［8］刘栋,谢泉,房迪.光敏电阻的特性研究[J].电子技术与软件工程,2016
(20):149-150.

［9］张玮,杨景发,闫其庚.硅光电池特性的实验研究[J].实验技术与管理,
2009,26(9):42-46.

［10］周朕,卢佃清,史林兴.硅光电池特性研究[J].实验室研究与探索,2011,30
(11):36-39.

［11］段文群,杨建峰.激光二极管正向电特性的检测与分析研究[J].激光杂志,
2017,38(7):208-211.

［12］王丽君.浅析光电二极管与光电三极管特性的异同[J].湖北广播电视大学
学报,2012,32(8):159-160.

第二章　LED 参数测量综合实验

一、实验要求

1. 实验目的

(1) 测量 LED 的 U-I 曲线,掌握电压随电流的变化曲线(电学特性)。

(2) 测量 LED 的 E-I 曲线,了解光照度随电流的变化曲线(电学、光学特性)。

(3) 测量 LED 的光谱,并记录中心波长及半高宽(光学特性)。

(4) 测量 LED 的发散角(光学特性)。

(5) 测量 LED 不同温度(T)下的光照度变化(热学特性)。

(6) (选做)探讨不同温度对中心波长的影响(热学特性)。

2. 预习要求

(1) 阅读实验原理,了解 LED 发光的基本原理及其电学、光学和热学特性。

(2) 了解 LED 各电学、光学、热学特性的测量原理和方法。

(3) 查阅相关文献,了解 LED 的发展历史和应用。

二、实验原理

1. LED 工作原理

LED 大多由 Ⅲ～Ⅳ 族化合物,如 GaAs(砷化镓)、GaP(磷化镓)、GaAsP(磷砷化镓)等半导体制成,其核心是 PN 结。因此它具有一般 PN 结的 U-I 特性,即正向导通,反向截止、击穿特性。此外,在一定条件下,它还具有发光特性。在正向电压下,电子由 N 区注入 P 区,空穴由 P 区注入 N 区。进入对方区域的少数载流子(少子)一部分与多数载流子(多子)复合而发光。由于复合是在少子扩散区内发光的,所以光仅在靠近 PN 结面数微米以内产生。

假设发光是在 P 区中发生的,那么注入的电子与价带空穴直接复合而发光,或者先被发光中心捕获后,再与空穴复合发光。除了这种发光复合外,还有些电子被非发光中心(这个中心介于导带、介带中间附近)捕获,而后再与空穴复合,每次释放的能量不大,不能形成可见光。我们把发光的复合量与总复合量的比值称为内量子效率,其计算公式如下:

$$\eta_{qi} = \frac{N_r}{G} \tag{2.1}$$

式中,N_r 为产生的光子数;G 为注入的电子-空穴对数。但是,产生的光子又有一部分会被 LED 材料本身吸收,而不能全部射出器件之外。作为一种发光器件,我们更感兴趣的是它能发出多少光子,表征这一性能的参数就是外量子效率,其计算公式如下:

$$\eta_{qe} = \frac{N_T}{G} \tag{2.2}$$

式中,N_T 为器件射出的光子数。

LED 所发之光并非单一波长,如图 2-1 所示。由图可见,该发光管所发之光中某一波长 λ 的光强最大,该波长为峰值波长。理论和实践证明,光的峰值波长 λ 与发光区域的半导体材料禁带宽度 Eg 有关,即 $\lambda \approx 1\,240/Eg$(nm),其中 Eg 的单位为电子伏特(eV)。若能产生可见光[波长在 380 nm(紫光)~780 nm(红光)],半导体材料的 Eg 应在 3.26~1.63 eV 之间。

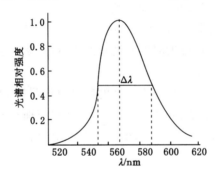

图 2-1　LED 光谱图

2. LED/LD 的伏安特性

LD 和 LED 都是半导体光电子器件,其核心部分都是 PN 结。因此其具有与普通二极管相类似的伏安特性曲线。当正向电压小于某一值时,电流极小,不发光;当正向电压超过某一值后,正向电流随电压迅速增加,发光。将这一电压称为阈值电压或开门电压。

3. LED 的 E-I 特性

在结构上,由于 LED 与 LD 相比没有光学谐振腔,因此,LED 和 LD 的光照度与电流的 E-I 关系特性曲线有很大的差别,如图 2-2 所示。LED 的 E-I 曲线基本上是一条近似的线性直线,只有当电流过大时,由于 PN 结发热产生饱和现象,E-I 曲线的斜率减小。

对于半导体激光器来说,当正向注入电流较低时,增益小于 0,此时半导体激光器只能发射荧光;随着电流的增大,注入的非平衡载流子增多,使增益大于

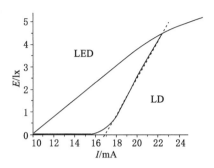

图 2-2　LED/LD 的 E-I 特性曲线

0,但尚未克服损耗,在腔内无法建立起一定模式的振荡,这种情况被称为**超辐射**;当注入电流增大到某一数值时,增益大于损耗,半导体激光器输出激光,**此时的注入电流值定义为阈值电流 I_{th}。**

由图 2-2 可以看出,注入电流较低时,LD 只发射微弱的荧光;当注入电流达到并超出阈值电流后,输出光照度陡峭上升。把陡峭部分外延,将延长线和电流轴的交点定义为阈值电流 I_{th}。

三、实验仪器

GCS-LED 型 LED 参数测量综合实验仪。

四、实验内容

1. 测量 LED 的 U-I 和 E-I 曲线,掌握电压和光照度随电流变化曲线

(1) 在打开“测试电源”之前需要将前面板“恒流档位”拨到红色 500 mA 处;“电流调节”旋转至最左端,即最小位置;“TEC”和“风扇”均拨到“关”,如图 2-3 所示。

图 2-3　测试电源前面板

(2) 打开“电源开关”之前用专用线(一端四芯航插,一端 DC 输出口)的四

芯航插与后面板上"电流输出 0～500 mA"相连,DC 输出口与 LED 相连。

（3）搭建普通 LED 测试光路,左边为待测 LED,右边为照度计,先将"DC 输出口"连到 LED 的电源输入,然后再打开"测试电源"开关,适当旋转"电流调节"旋钮,如旋至 2 mA,观察 LED 是否出光。测试 LED 时,LED 头上开关需要打开,同时电位器需要旋到最大,LED 输出最强,以免电位器自身带来压降(如果测试电源电流显示一直为零,那是 LED 头上的开关没有打开;如果电流示数变化较小同时 LED 出光较弱,那是 LED 头上的自带电位器没有旋到最大)。

（4）调整测试电源的电流,使 LED 发出适当强度的光,调整 LED 和照度计的相对高度,让 LED 的光入射到照度计的中心,测试距离 100 mm。

（5）将测试电源的"电流调节"旋钮逆时针旋到最小,即电流输出为 0,开始测试光照度和电压随电流的变化曲线,测试原理如图 2-4 所示。

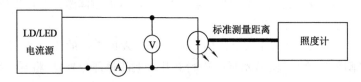

图 2-4　LED 的 U-I 和 E-I 测试原理图

（6）缓慢调节"电流调节"旋钮逐渐增加工作电流,通过电流显示记录电流值,通过电压显示记录电压值,通过照度计显示记录光照度值(根据显示选择不同的量程),同时将采集的数据填到表 2-1 中。根据电流和电压变化可以完成 U-I 变化曲线,根据电流和光照度的变化绘制 E-I 曲线(记录数据时 20 mA 之前可以每 1 mA 或 2 mA 记录一个点,之后可以每 10 mA 或 20 mA 记录一个点)。

表 2-1　GCI-060401 红光 LED 的 I-U-E 数据表

I/mA	0	2	4	6	8	10	12	14	16	18	20	30	40	50
U/V														
E/lx														
I/mA	60	80	100	120	140	160	180	200	220	240	⋯	⋯	⋯	480
U/V														
E/lx														

（7）更换其他 LED 完成测试,放置 LED 时注意照度计位置保持不变,并调整 LED 的高度与照度计中心高度相同,完成表 2-2,表 2-3,表 2-4。

表 2-2 GCI-060403 绿光 LED 的 *I-U-E* 数据表

I/mA	0	2	4	6	8	10	12	14	16	18	20	30	40	50
U/V														
E/lx														
I/mA	60	80	100	120	140	160	180	200	220	240	⋯	⋯	⋯	480
U/V														
E/lx														

表 2-3 GCI-060404 蓝光 LED 的 *I-U-E* 数据表

I/mA	0	2	4	6	8	10	12	14	16	18	20	30	40	50
U/V														
E/lx														
I/mA	60	80	100	120	140	160	180	200	220	240	⋯	⋯	⋯	480
U/V														
E/lx														

表 2-4 GCI-060411 白光 LED 的 *I-U-E* 数据表

I/mA	0	2	4	6	8	10	12	14	16	18	20	30	40	50
U/V														
E/lx														
I/mA	60	80	100	120	140	160	180	200	220	240	⋯	⋯	⋯	480
U/V														
E/lx														

2. 测量 LED 的光谱,并记录中心波长及半高宽(光学特性)

(1) LED 的电路连接参照"实验内容1"。

(2) 搭建光路,左边为 LED,右边为光纤架,光纤一端固定在光纤架上,另外一端固定在数字光谱仪的入光口处,调整电流大小让 LED 发射适当强度的光。

(3) 调整 LED 的高度,尽量保证 LED 的出光口与光纤架中心同高。

(4) 用数字光谱仪的 USB 线连接电脑和数字光谱仪,此时电脑会提示发现新硬件。

(5) 运行桌面上"SpectraSmart"即可打开数字光谱仪采集界面,如图 2-5 所示。

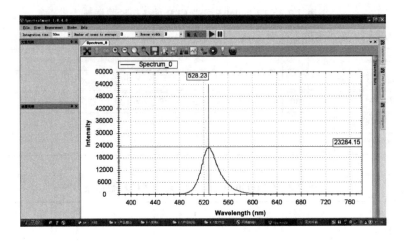

图 2-5　数字光谱仪采集界面

（6）光谱仪正常采集如图 2-5 所示,适当调整 LED 亮度和曝光时间使采集光谱图像不能饱和(不出现平顶),图像横坐标为波长,纵坐标为强度,采集过程移动鼠标可以实时显示波长和强度坐标,点击采集区域左上角"X"按钮,软件可以自动调整坐标,使图像充满整个采集区域。

（7）通过采集界面选取三个点:一是(光谱值 1、A_{max}),这个光谱值对应的是 LED 的中心波长;二是最大值左边(光谱值 2、$A_{max}/2$),这个光谱值对应的是半高宽的左边界;三是最大值右边(光谱值 3、$A_{max}/2$),这个光谱值对应的是半高宽的右边界。将测量数据记录在表 2-5 中,然后可以获取中心波长和计算半高全宽(光谱值 3 减去光谱值 2 即可)。

表 2-5　不同 LED 的中心波长和半高全宽

波长/nm	光谱值 1(中心波长)	光谱值 2	光谱值 3	半高全宽
红光 LED				
绿光 LED				
蓝光 LED				

3. LED 的发散角/散射角测量(光学特性)

（1）LED 的电路连接参照"实验内容 1"。

（2）搭建光路,左边为 LED,右边为光纤架,LED 固定在 V 形槽上,调整 LED 位置使 LED 发光点在 V 形槽固定孔正上方(尽量保证 LED 在转动时基本不偏离旋转中心),光纤一端固定在光纤架上,另一端固定在数字光谱仪的入光口处,调节电流大小使 LED 发射适当强度的光。

（3）调整 LED 的高度,尽量保证 LED 的出光口与光纤架中心同高。

（4）用数字光谱仪的 USB 线连接电脑和数字光谱仪,此时电脑会提示发现新硬件。

（5）光谱仪正常采集如图 2-5 所示,适当调整 LED 亮度和曝光时间使采集光谱图像不能饱和(不出现平顶),图像横坐标为波长,纵坐标为强度,采集过程移动鼠标可以实时显示波长和强度坐标,点击采集区域左上角"X"按钮,软件可以自动调整坐标,使图像充满整个采集区域。

（6）为方便读数,旋转转台使主尺与副尺 0 刻线对齐,然后再适当调整 LED位置,使光垂直入射到接收光纤端面,光谱采集位置可以出现最大值。

（7）在测量的整个过程中不需要调整 LED 的强度,转台可以每隔 10 度记录一个光谱强度(同一个 LED 光谱中心波长不会变化),一般来讲,正对时光纤光谱强度最大,转动过程中示数会逐渐减小。将数据记录到表 2-6。

表 2-6　LED 发散角测量光谱强度

旋转角度/(°)	−90	−80	−70	−60	−50	−40	−30	−20	−10	0
光谱强度										
旋转角度/(°)	10	20	30	40	50	60	70	80	90	
光谱强度										

（8）两次消光读数之差近似为 LED 的发散角。

4. 测量不同 LED 的色坐标

（1）LED 的电路连接参照"实验内容 1"。

（2）搭建光路,左边为 LED,右边为积分球,光纤一端固定在积分球的输出口上,另一端固定在数字光谱仪的入光口处,调整电流大小让 LED 发射适当强度的光。

（3）调整 LED 的高度,尽量保证 LED 的出光口与积分球中心同高。

（4）双击"SpectraSmart"打开采集软件,先从程序主选单中选择"量测",再进一步选择"色彩量测",即打开"量测选择界面",选择"光源色彩测量—绝对测量"之后点击"下一步"。

（5）打开"设定色彩量测参数"界面,观测角度和参考光源可选择默认的"2 度"和"A 光源";然后点击"下一步"进入"参数设定"界面,为得到最佳量测效果,先选择"自动设置",程序会自动将曝光时间调整为最佳曝光时间。

（6）点击"下一步"进入参考光谱采集界面,选择将当前测量到的光源储存为参考光谱。

（7）点击"下一步"进入"暗光谱获取"系统，可以选择"使用预设暗光谱"。

（8）点击"下一步"进入"光源光谱测量"界面，如图 2-6 所示，整个采集界面有三个显示区域：一是光源光谱信息，二是色彩信息，三是 CIE 色度图。在色彩信息里面我们可以获取的参数有光谱分布、主波长、色坐标、三刺激值、色纯度。

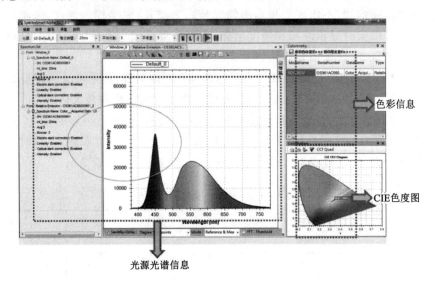

图 2-6　LED 色度测量界面

（9）数据测试

不同 LED 的色度如表 2-7 所示。

表 2-7　不同 LED 的色度表

参数	白光 LED	红光 LED	绿光 LED	蓝光 LED
CIEx				
CIEy				
CIEz				

5. 不同温度下测量 LED 发光照度

（1）在打开"测试电源"之前需要将前面板"恒流档位"拨到红色 500 mA 处；"电流调节"旋转至最左，即最小位置；"TEC"和"风扇"均拨到"关"。

（2）打开"电源开关"之前用专用线连接电路，用五芯航插将电源后面板"温度控制"与温控 LED 的"温控"连接起来；用四芯航插将电源后面板"电流输出"

与温控 LED 的"供电"连接起来。

（3）搭建温控 LED 测试光路，左边为待测 LED，右边为照度计，打开"测试电源"开关，适当旋转"电流调节"旋钮，如旋至 2 mA，观察 LED 是否出光。

（4）调节测试电源的电流，使 LED 发出适当强度的光，调节 LED 和照度计的相对高度，使 LED 的光入射到照度计的中心，测试距离 100 mm。

（5）把"TEC"打到"开"，"风扇"也打到"开"，如果温控没有与 LED 连接，"温度显示"为"EE. E"；如果温度与 LED 正常连接，温度即可正常显示，如图 2-7 所示。

图 2-7 温控 LED 的温度显示

（6）温度设置方法：第一步长按"温度显示"中"S"，直到看到"F1"，然后再次轻按"S"，会显示当前设置温度，比方说"20"；第二步选择"∧"按钮，直到显示设置温度"30"；第三步长按"S"，回到当前温度显示。

（7）在设置 30 ℃后，温度会缓慢降（或者升）到 30 ℃，缓慢调节电流旋钮逐渐增加工作电流，通过电流显示记录电流值，通过照度计显示记录光照度值（根据显示选择不同的量程），同时将采集的数据填到表 2-8 中。根据电流和光照度的变化绘制 E-I 曲线（备注：记录数据时 20 mA 之前可以每 1 mA 或 2 mA 记录一个点，之后可以每 10 mA 或 20 mA 记录一个点）。

表 2-8 30 ℃下光照度随电流的变化关系表

I/mA	0	2	4	6	8	10	12	14	16	18	20	30	40	50
E/lx														
I/mA	60	80	100	120	140	160	180	200	220	240	…	…	…	480
E/lx														

（8）设置温度 35 ℃，测试光照度随电流的变化关系。

35 ℃下光照度随电流的变化关系如表 2-9 所示。

表 2-9　35 ℃下光照度随电流的变化关系表

I/mA	0	2	4	6	8	10	12	14	16	18	20	30	40	50
E/lx														
I/mA	60	80	100	120	140	160	180	200	220	240	…	…	…	480
E/lx														

（9）设置温度 40 ℃，测试光照度随电流的变化关系。

40 ℃下光照度随电流的变化关系如表 2-10 所示。

表 2-10　40 ℃下光照度随电流的变化关系表

I/mA	0	2	4	6	8	10	12	14	16	18	20	30	40	50
E/lx														
I/mA	60	80	100	120	140	160	180	200	220	240	…	…	…	480
E/lx														

（10）根据不同温度下记录的数据，描绘不同温度下光照度与电流的变化关系，并分析原因。

五、数据与结果处理

（1）根据电流和电压变化的数据，对不同型号 LED 完成 $U\text{-}I$ 变化曲线和 $E\text{-}I$ 变化曲线的绘制。

（2）计算各 LED 光源光谱的半高全宽和发散角。

（3）在不同温度下，根据电流和光照度的变化绘制 $E\text{-}I$ 曲线，分析温度对 $E\text{-}I$ 曲线的影响。

六、思考题

（1）LED 灯泡能否调节亮度？为什么？

（2）LED 和 LD 有何区别？

（3）LED 发光的光谱是连续谱还是分立谱？试从微观机理上进行解释。

附录　数字光谱仪的软件安装

（1）双击文件夹 SpectraSmart 2.0 中的"SpectraSmart Installer"，正常安装完成之后在桌面生成快捷方式 SpectraSmart。

（2）安装驱动程序，右击"计算机"选择"管理"，在"管理"中双击"设备管理器",找到"SCAN"(驱动没有正常安装一般为黄色叹号或者问号),选择"SCAN",右击选择"更新驱动程序软件",选择"浏览计算机查找驱动软件",再选择"从计算机的列表中选取",进入选择界面,点击"从磁盘安装",之后再点击"浏览",浏览安装文件目录下"\Driver\USB2.0",根据电脑是32位还是64位选择驱动程序,然后点击"确定",安装之后,"设备管理器"中"SCAN"消失,然后显示"TAURUS",即安装成功。

本章参考文献

［1］郭浩中,赖芳仪,郭守义. LED 原理与应用［M］. 北京:化学工业出版社,2013.

［2］谭巧,等. LED 封装与检测技术［M］. 北京:电子工业出版社,2012.

［3］林卫国. LED 参数测量及其质量控制的研究与应用［D］. 武汉:武汉理工大学,2012.

［4］卢飞. LED 参数测试装置的研究和设计［D］. 西安:西安工业大学,2013.

［5］童敏,邵嘉平. 照明用 LED 芯片与封装器件发展概述［J］. 照明工程学报,2017,28(4):130-133.

［6］龙兴明,周静. 多功能 LED 参数测试系统的研制［J］. 半导体光电,2007(2):179-182.

第三章　光电倍增管特性与微弱光信号探测

光电倍增管是一种将微弱光信号转换成电信号的真空电子器件，主要用在光学测量仪器和光谱分析仪器中。它能在低能级光度学和光谱学方面测量波长200～1 200 nm 的极微弱辐射功率。目前已经被广泛地应用在冶金、电子、机械、化工、地质、医疗、核工业、天文和宇宙空间研究等领域。

一、实验要求

1. 实验目的

(1) 熟悉光电倍增管的基本构成和工作原理。

(2) 掌握光电倍增管基本参数的测量方法。

(3) 学会正确使用光电倍增管。

2. 预习要求

(1) 阅读实验讲义，了解光电倍增管的结构、工作原理和主要参数。

(2) 了解光电倍增管各主要参数的测量方法。

(3) 了解光电倍增管的应用。

二、实验原理

1. 光电倍增管结构及工作原理

光电倍增管是一种真空管，它由光窗、光电阴极、电子光学系统、电子倍增系统和阳极五个主要部分组成。

为使光电倍增管正常工作，光电倍增管中阴极（K）和阳极（A）之间分布有多个电子倍增极 D_n。如图 3-1 所示，在管外的阴极（K）和各个倍增极及阳极（A）引脚之间串联多个电阻 R_n，由 R_n 形成的分压电阻使各个倍增极相对阴极而言加上了逐步升高的正电压，要在阴极（K）和阳极（A）之间加上 500～3 000 V 左右的高电压，目的是吸引并加速从阴极飞出的光电子，并使它们飞向阳极。

图 3-1 中回路电流 I_b 是流过分压器回路的电流，被叫作分压器电流，它和后面叙述的输出线性有很大的关系。I_b 可近似用工作电压 U 除以分压电阻之和的值来表示。

光电倍增管的输出电流主要来自最后几级，为了在探测脉冲光时，不使阳极脉动电流引起极间电压发生大的变化，常在最后几级的分压电阻上并联电容。图中和电阻并联的电容 C_{n-3}、C_{n-2}、C_{n-1}、C_n 就是因此而设计的。

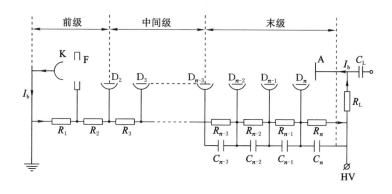

图 3-1　光电倍增管工作原理图

本实验系统使用的光电倍增系统为环形聚焦型。由光阴极发射出来的光电子被第一倍增极电压加速撞击到第一倍增极,以致发生二次电子发射,产生多于入射光电子数目的电子流。这些二次电子发射的电子流又被下一个倍增极电压加速撞击到下一个倍增极,结果产生又一次的二次电子发射,连续地重复这一过程,直到最末倍增极的二次电子发射被阳极收集。光电子经过从第 1 极到最多 19 极的倍增电极系统,可获得 10 倍到 10^8 倍的电流倍增之后到达阳极。这时可以观测到,光电倍增管的阴极产生的很小的光电子电流,已经被放大成较大的阳极输出电流。通常在阳极回路接入测量阳极电流的仪表,为了安全起见,一般使阳极通过 R_L 接地,阴极接负高压。

总之,当入射光经过下述过程后,光电倍增管才能输出电流。

（1）入射光透过玻璃光窗;

（2）激励光电阴极的电子向真空中放出光电子(外光电效应);

（3）光电子经聚焦极汇集到第一倍增极上,进行二次电子倍增后,相继经各倍增极发射二次电子;

（4）由末级倍增极发射的二次电子经阳极输出。

2. 光电倍增管的特性与主要参数

（1）光谱特性

光电倍增管的阴极将入射光的能量转换为光电子,其转换效率(阴极灵敏度)随入射光的波长而变。这种光阴极灵敏度与入射光波长之间的关系叫作光谱特性。图 3-2 给出了多碱光电倍增管的典型光谱特性曲线。光谱特性的长波端取决于光阴极材料,短波端则取决于入射窗材料。对应于该光谱特性曲线,本实验系统采用 3 种不同中心波长的 LED 发光二极管做光源来观察实际响应特性,并跟光电倍增管的光谱特性曲线进行比较,其中光谱特性曲线中的长波端的截止波长定义为峰值灵敏度的 0.1%。对于每一支光电倍增管来讲,真实的数据可能会略有差异。

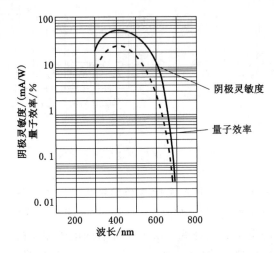

图 3-2　多碱光电倍增管的典型光谱特性曲线

（2）光电特性

光电倍增管的阳极输出电流与入射于光电阴极的光通量之间的函数关系,称为倍增管的光电特性。一般光电倍增管的光电特性曲线线性（直线性）是很好的,也就是说具有宽的动态范围。但是在接收较强的光入射时,会产生偏离理想线性的情况,其主要原因是阳极的线性特性影响。具有透过型的光电阴极的光电倍增管,工作在低电压、大电流场合,也可能出现阴极线性特性的影响。阴极、阳极两者的线性特性在工作电压一定时,与入射光波长无关,而取决于电流值大小。因此对于模拟量测量,必须选取能保证阳极电流与光照在大范围内保持线性关系的那些型号的光电倍增管（工程上一般取特性偏离于直线 3% 作为线性区的界限）。

（3）伏安特性

光电倍增管的伏安特性是指在改变阳极-阴极间的工作电压时,引起阳极输出电流的变化。光电倍增管的输出电流对工作电压非常敏感,因此必须使用高稳定性的高压电源。本测试仪采用的高压电源的漂移、纹波、温度变化、输出变化、负载变化等的综合稳定度优于该光电倍增管稳定度 1 个数量级,并连续可调。

（4）灵敏度

　　由于测量光电倍增管的光谱特性需要精密测试系统和很长的时间,且提供每一支光电倍增管的光谱特性不现实,所以一般用光照灵敏度来评价光电倍增管的灵敏度,即对应于 1 流明光的输出电流称之为光照灵敏度,用 SA 表示,单位为 A/lm(安培/流明)。光照灵敏度有表示阴极特性的阴极灵敏度和表示光电倍增管整体特性的阳极灵敏度两种。阳极灵敏度表示的是对光电面上入射一定光束时,阳极输出电流的大小。

　　(5) 阳极暗电流

　　光电倍增管在完全黑暗的环境中仍会有微小的电流输出,这个微小的电流叫作阳极暗电流。作为微小电流、微弱光使用的光电倍增管,希望暗电流尽可能小。

　　阳极暗电流是决定光电倍增管对微弱光信号检出能力的重要因素,其产生的主要原因有以下几种:由光电表面及倍增极表面的热电子发射引起的电流;管内阳极和其他电极之间,以及芯柱阳极管脚和其他管脚之间的漏电电流;因玻璃及电极支持材料发光产生的光电流;场致发射电流;因残留气体电离产生的电流(离子反射);因宇宙射线、玻璃中的放射性同位素发出放射线、环境 γ 射线等导致玻璃发光引起的噪声电流。阳极暗电流也受阳极电压的影响,随着工作电压增加而增加,但增加率并非一样。

　　(6) 电流放大(增益)

　　由一个具有初动能 E_p 的一次电子,从倍增极发射出 δ 个二次电子(称 δ 为二次发射系数),在低噪声的条件下得到倍增,从而达到了电流放大的目的。

　　电流放大(增益)就是光电倍增管的阳极输出电流与阴极光电子电流的比值。在理想情况下,具有 n 个倍增极,每个倍增极的平均二次电子发射率为 δ 的光电倍增管的电流放大(增益)为 δ^n。二次电子发射率 δ 由下式给出:

$$\delta = A \cdot U^\alpha \tag{3.1}$$

式中,A 为常数;U 为极间电压;α 为由倍增极材料及其几何结构决定的系数,α 的数值一般介于 0.7 和 0.8 之间。具有 n 个倍增极的光电倍增管,其电流放大(增益)μ 可表示为:

$$\mu = Ia/Ik = Sa/Sk \quad \text{或} \quad \mu = \delta^n \tag{3.2}$$

　　3. 光电倍增管输出的电流、电压转换

　　(1) 用负载电阻进行电流、电压转换

　　光电倍增管输出的是一个电流信号,而与其相连的后续电路一般是基于电压信号而设计的,因此,常用一个负载电阻来完成电流、电压的转换。由于光电倍增管小电流输出时可看成一个具有很高特性阻抗的理想恒流源,因此,理论上负载电阻可以选取任意大的阻值,实现从一个很小的电流信号得到一个很大的电压信号的目的。但实际上,较大的负载电阻会导致频率响应和输出线性的恶化。

如图 3-3 所示,考虑到上述因素,本测试仪采用温度系数小的金属膜无电感负载电阻,并选取适当阻值的电阻来完成光电倍增管特性的测试。

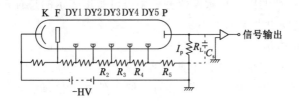

图 3-3　光电倍增管的输出回路

(2) 运算放大器电流、电压转换

使用运算放大器进行电流、电压转换的电路,在和数字电压表组合起来用时,就不需要使用昂贵的微小电流计,也可精确测试光电倍增管的输出电流。

用运算放大器进行电流、电压转换的基本电路如图 3-4 所示,因为运算放大器的输入阻抗非常高,光电倍增管的输出电流不能在图 3-4 中的 A 点流入运算放大器的反相端子(一),因此,绝大部分的电流流经反馈电阻 R_f,然后流出前置放大器的输出端。一般运算放大器有非常高的放大倍数,如 10^5,通常保持在反相输入端子(A 点)的电位与同相输入端子(B 点)的电位(接地电位)相同的情况下工作(把这称作并接地或假接地)。所以运算放大器输出电压和 R_f 两端产生的电压 U_o 相同,理论上,可以得到开路放大倍数倒数大小的高精度,实现电流、电压变换。这种情况下,输出电压 U_o 可用下面的公式来计算:

$$U_o = - I_p R_f \tag{3.3}$$

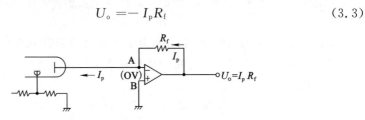

图 3-4　用运算放大器进行电流、电压转换的基本电路

限制输出电压 U_o 的因素主要有:光电倍增管的阳极电流 I_p、反馈电阻 R_f 以及运算放大器的工作电压等。

三、实验仪器

GCS-BZG 光电倍增管特性与微弱光信号探测实验仪(图 3-5)。

图 3-5 实验仪面板图

四、实验内容

光电倍增管在探测微弱信号方面应该广泛,本实验中照射到倍增管上的光照度很弱,以绿光为例,LED 输出 5 lx,其中 99% 反射到照度计上,1% 透射到倍增管上,约为 0.05 lx(参考普通教室光照度约为 200～300 lx)。

1. 暗电流检测

(1) 打开 220 V 电源开关,预热 5～10 min。

(2) 分别逆时针旋转"光源亮度"和"高压调节"旋钮至最左使之处于关闭状态;调节"暗电流测量"旋钮至"暗电流"挡;旋转"检流计调零"旋钮进行调零。

(3) 顺时针旋转"高压调节"旋钮,逐渐增加高压,记录整个过程中检流计示数与高压数值,如表 3-1 所示。

(4) 最后逆时针旋转"高压调节"旋钮逐渐降低高压至零,调节"暗电流测量"旋钮至"正常工作"挡。

表 3-1 暗电流检测数据表

U/V								
$I_{暗}/nA$								

2. 阳极电流与光照度的关系

(1) 调节"特性测量"旋钮至"I/V 变换"挡。

(2) 顺时针旋转"高压调节"旋钮,找到合适的电压值(顺时针旋转"光源亮度"旋钮到最大,顺时针旋转"高压调节"旋钮并观察电流表示数直至电流接近饱和,此时电压值比较合适,再将"光源亮度"旋钮左旋关闭。)。

(3) 顺时针旋转"光源亮度"旋钮,记录一组电流值 I 和光照度 E。

(4) 逆时针旋转"光源亮度"和"高压调节"旋钮至关闭状态。

(5) 旋转"光源颜色"旋钮,测量不同波长光源下光照度与阳极电流的关系(表 3-2)。(选作)

表 3-2　阳极电流与光照度关系表

E/lx							
$I/\mu\mathrm{A}$							

3. 阳极电流与高压的关系

(1) 顺时针旋转"光源亮度"旋钮,找到合适光照度值。(顺时针旋转"高压调节"旋钮到 1 000 V 左右,顺时针旋转"光源亮度"旋钮并观察电流表示数值至电流接近饱和,此时光照度值比较合适,再将"高压调节"旋钮左旋关闭。)

(2) 顺时针旋转"高压调节"旋钮,记录一组电流值 I 和高压值 U。

(3) 逆时针旋转"光源亮度"和"高压调节"旋钮至关闭状态。

(4) 旋转"光源颜色"旋钮,测量不同波长光源下阳极电流与高压的关系(表 3-3)。(选作)

表 3-3　阳极电流与高压关系表

U/V							
$I/\mu\mathrm{A}$							

4. 倍增管的阳极灵敏度

(1) 阳极灵敏度定义为阳极输出电流 I_A 除以入射光通量 Φ 所得的商,即

$$S_\mathrm{A} = \frac{I_\mathrm{A}}{\Phi} \qquad\qquad (3.4)$$

(2) 本实验仪上光电倍增管的光阴极尺寸为 8 mm×24 mm;阳极电流可以通过实验内容 2 读出,比如在高压 800 V 时阳极电流为 200 μA;光通量 $\Phi = EA$,E 为实际接收光照度,A 为通光面积;其中倍增管实际接收光照度一般是显

示值的 99%。

（3）在不同高压和光照度下测量倍增管的光照灵敏度，尝试分析高压大小和光照度对光照灵敏度的影响。

5. 光电倍增管输出测试——倍增管作为非理想电流源的研究

（1）调节"特性测量"旋钮至"电阻变换"挡；调节"电阻调节"旋钮至"100"挡。

（2）顺时针旋转"光源亮度"旋钮，找到合适光照度值。

（3）顺时针旋转"高压调节"旋钮，记录电流值 I 和高压值 U，绘制 I-U 曲线。

（4）逆时针旋转"高压调节"旋钮至关闭状态。

（5）调节"电阻调节"旋钮，测量不同阻值下 I、U 值（表 3-4），绘制 I-U 曲线。

表 3-4　光电倍增管输出测试数据表

U/V				
I/μA				

6. 脉冲光现象演示及倍增管响应时间

（1）用信号线将倍增管的"波形输出"端口连接到示波器的有效通道上。

（2）调节"光源亮度"旋钮到适当的亮度，可根据照度计上示数进行选择。

（3）顺时针旋转"调制频率"旋钮增加光源的调制频率。

（4）顺时针依次旋转"高压调节""光源亮度"和"调制频率"旋钮，观察示波器输出波形。

（5）通过测量方波的上升沿计算倍增管的响应时间。具体算法是在示波器上分别读取振幅为 10% 和 90% 对应的时间，将两示数相减即可得到响应时间。

7. 注意事项

（1）光电倍增管对光的响应度很高，因此在没有完全隔离外界干扰光的情况下切勿对光电倍增管施加工作电压，否则会导致管内倍增极的损坏。

（2）即使光电倍增管处在非工作状态，也要尽可能减少光阴极和倍增极的不必要的曝光，以免对光电倍增管造成不良影响。

（3）光电阴极的端面是一块很光亮的玻璃片，要妥善保护。

（4）使用时先开机预热 5 min，要保持清洁干燥，同时要满足规定的环境条件，切勿超过 1 000 V 工作电压。

五、数据与结果处理

(1) 根据实验数据，描绘出暗电流随高压变化的 $I_{暗}$-U 曲线，分析高压对暗电流的影响。

(2) 根据实验数据描绘 I-E_v 曲线，分析阳极电流和光照度之间的关系。

(3) 根据实验数据画出 I-U 曲线，分析阳极电流随高压变化的关系。

(4) 根据实验数据，在不同变换电阻下，画出电流随高压的变化关系，并分析变换电阻的影响。

(5) 当倍增管作为非理想电流源时，在不同阻值下画出 I-U 曲线，分析光电倍增管的输出特性。

六、思考题

(1) 光电倍增管的暗电流对信号检测有何影响？在使用时如何减少暗电流？

(2) 光电倍增管阳极电流的大小都与什么因素有关？

本章参考文献

[1] 雷玉堂.光电检测技术[M].2版.北京:中国计量出版社,2009.

[2] 张志伟,曾光宇,张存林.光电检测技术[M].4版.北京:清华大学出版社,2018.

[3] 王海科,吕云鹏.光电倍增管特性及应用[J].仪器仪表与分析监测,2005(1):1-4.

[4] 陈超.光电倍增管特性及应用研究[J].数字通信世界,2018(7):136-137.

[5] 江华,周媛媛.光电倍增管的结构与性能研究[J].舰船电子工程,2009,29(1):193-196.

[6] 武兴建,吴金宏.光电倍增管原理、特性与应用[J].国外电子元器件,2001(8):13-17.

[7] 赵文锦.光电倍增管的技术发展状态[J].光电子技术,2011,31(3):145-148.

[8] 陈鹏,祝凤荣,闵振,等.光电倍增管的性能研究[J].电子科学技术,2016,3(3):212-216.

[9] 陈森,张师平,吴疆,等.光电倍增管光谱特性实验设计[J].大学物理实验,2013.26(1):27-29.

第四章 精密干涉仪综合实验

本实验使用的精密干涉仪可以实现多种干涉模式:在迈克耳孙模式下可以观察干涉现象(如等倾干涉,等厚干涉,白光干涉等),精细波长对比,确定零光程差,测量空气及薄片的折射率;在法布里-珀罗模式下可以观察多光束干涉,测量光谱的精细结构(如钠双线波长差);在泰曼-格林模式下可以演示透镜、棱镜、窗片等光学元件的缺陷。

SGM-3 型精密干涉仪的主要构造如图 4-1 所示。

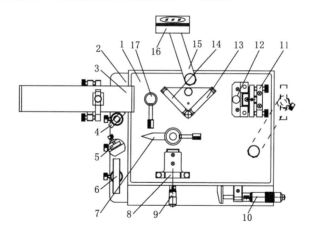

1—底座;2—侧板;3—光源(激光器或钠钨双灯);4—扩束器;5—薄膜夹持架;

6—毛玻璃屏;7—旋转指针;8—定镜(也是 F-P 干涉仪反射镜);9—预置测微头;

10—精密测微头;11—动镜;12—安装毛玻璃屏和 F-P 镜的小台;13—补偿板;

14—分束器;15—延伸架;16—二合一观察屏;17—扩束器安装孔(孔位 2,SOCKET 2)。

图 4-1 SGM-3 型精密干涉仪

干涉仪主要技术参数:

分束器及补偿板的平面度	优于 1/10λ
测微螺旋最小分度对应动镜行程	0.000 25 mm
动镜行程	0.625 mm
法布里-珀罗反射镜	95%反,5%透,直径 30 mm
He-Ne 激光器	(0.7~1)mW@632.8 nm
钠钨双灯功率	钠灯 20 W,溴钨灯 15 W

实验1 迈克耳孙干涉仪实验

一、实验要求

1. 实验目的

(1) 掌握迈克耳孙干涉仪的光路和产生干涉现象的基本原理。

(2) 掌握迈克耳孙干涉仪的调节方法,能够根据需要调节出不同光源的等倾干涉和等厚干涉条纹。

(3) 加深对光的干涉现象的理解。

2. 预习要求

(1) 掌握迈克耳孙干涉仪的基本构成、光路和干涉原理。

(2) 了解使用激光和钠黄光光源的安全注意事项。

二、实验原理

光振动可以看作变化的电磁波,其中电矢量和磁矢量可以用来描述光的波动特性。根据波的叠加原理,当两束或更多束光在空间相遇时,光波也将发生叠加。由于微观上原子跃迁发光具有随机性,一般情况下来自不同光源或同一光源的不同部分的两束光不具有相干性,相遇时发生非相干叠加,总光强满足线性叠加。如果各光束来自同一光源的同一部分,则可能存在一定程度的关联,相遇时产生相干叠加。在相位完全相同的点出现明纹,而在相位完全相反的点出现暗纹。

1801年,托马斯·杨设计了一种可以得到干涉图样的方法。他让一束很窄的光通过两个靠得很近的狭缝,并将观察屏放在狭缝的对面。光透过狭缝在屏上产生叠加,可以看到明暗相间的条纹。1881年,根据类似的原理,迈克耳孙设计制造了一台双光束干涉仪。起初迈克耳孙设计这一干涉仪是为了测量以太(一种假设的光传播介质)是否存在,后来经过大量的实验,以太被证明是不存在的。此后,迈克耳孙干涉仪被广泛地用于测量光的波长,或已知光源波长测量微小位移以及研究光学介质等。

图4-2是迈克耳孙干涉仪的原理示意图。来自光源的一束光照到分束器BS上,50%的入射光被反射,50%的光透射,因此光束被均分为两束:一束反射到定镜 M_1,一束透射后射向 M_2。两个反射镜都将光反射回分束器,来自 M_1 的光透过分束器 BS 到达观察者的眼睛 E;来自 M_2 的光通过补偿板,再通过分束器反射到观察者的眼睛 E。

由于两束光来自同一个光源,它们的相位高度相关。将扩束器放到光源与

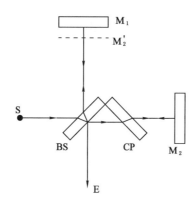

图 4-2　迈克耳孙干涉仪原理示意图

分束器之间时,就可以观察到明暗相间的条纹,即干涉条纹。在图 4-2 中 M'_2 是 M_2 的虚像。迈克耳孙干涉仪光程差可以看作 M_1 与 M'_2 之间的气隙。补偿板与分束器的厚度及折射率相同。两束光在分束器与补偿板中所经过的光程是相等的,不同波长的光有相同的光程差,所以很容易观察到白光干涉。

图 4-3 是干涉圆环产生原理图。M'_2 是 M_2 的虚像,平行于 M_1。简单地说,光源 L 在观察者的位置,L_1 与 L_2 是由 M_1 及 M'_2 产生的光源 L 的虚像,是相干的。设 d 是 M_1 与 M'_2 之间的距离,所以 L_1 与 L_2 之间的距离为 $2d$。如果 $d = m\lambda/2$(m 为整数),来自法线方向 L_1 与 L_2 的光束的相位是相同的,但其他方向的相位就不同了。从点 P' 和点 P'' 到观察者之间的光束有个光程差 $2d\cos\theta$。如果 M_1 平行于 M'_2,两光束有相同的角度 θ,并且互相平行。所以,当 $2d\cos\theta = n\lambda$(n

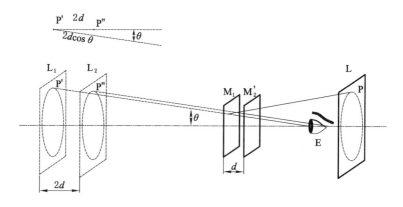

图 4-3　迈克耳孙干涉仪干涉圆环产生原理图

为整数)时,双光束叠加到最强值。对于一定的 n、λ 和 d,角度 θ 也是不变的,叠加最大值的点组成了干涉圆环。圆环的中心位于镜面的垂线与地面的交点上。

三、实验仪器

SGM-3 型精密干涉仪 1 台。

四、实验内容

1. 使用激光器获得干涉条纹

(1)如图 4-4 所示,将激光器装入光源安装孔中,调节激光器架上的手钮,使激光束平行于底座台面。

图 4-4 迈克耳孙干涉仪激光干涉实验装置图

(2)先将扩束器放在孔位 2(SOCKET 2)中,调节激光器的高度,使激光打在扩束器的中心。移走扩束器并调节氦氖激光器支架的偏转手钮,使激光束打在动镜的中心。

(3)调节动镜后面的手钮,使反射光束返回到激光器的出口。

(4)先将延伸架装在孔位 1(SOCKET 1)中,再将二合一观察屏装在延伸架上,确保白屏面向操作者。可以在屏上看到两组亮点:一组来自定镜,一组来自动镜。这两组亮点中较暗的光点是多次反射的结果。

(5)仔细调节动镜后面的偏转手钮,使两组亮点中最亮的两个重合。转动延伸架使光斑打在白屏的中心。

(6)将扩束器放在孔位 2(SOCKET 2)中,调节激光器支架的偏转手钮使扩束后的激光照亮整个定镜和动镜,这时可以在屏上看到干涉图。观察条纹的走向,仔细体会要使条纹在水平、竖直走向移动,各需要调节哪个手钮。调节动镜使条纹向变粗、变弯曲的方向移动。通过上述调节,可以使白屏中心出现激光束的干涉圆环。

2. 使用钠灯获得干涉条纹

（1）如图 4-4 所示，关掉激光器电源，取下激光器支架（连同激光器），换上钠钨双灯，移走扩束器。

（2）转动二合一观察屏 180 度，使当前观察屏为反射镜。调节钠灯的高度使钠光束照亮整个观察屏。此时一般可以从反射镜中看到钠的干涉条纹。如果看不见干涉条纹的话，就很可能是换光源时振动太大，光路有了变化，这就需要进行下一步的调节。

（3）用一针孔屏置于钠灯前（针孔屏可以自己做，用大头针在名片上刺个小孔即可），这时可以从反射屏中看见两个针孔的像，调节动镜的手钮使它们重合，则此时钠光已经干涉。

（4）移开针孔屏，即可观察到干涉条纹，调节动镜的偏转手钮使干涉环的中心出现在反射镜中。把毛玻璃屏安装在孔位 2（SOCKET 2）中可以使干涉图案变得更清楚。

（5）转动精密测微头，观察干涉条纹的变化，并比较其与激光的异同。

3. 观察等倾干涉条纹

（1）使用激光器作为光源调出干涉条纹。具体步骤见实验内容 1。

（2）转动精密测微头至读数中间部位。同时调节预置测微头，使干涉条纹变得比较大（屏上只有 2～3 个环即可）并使干涉环的圆心在屏的中央，该圆的干涉环即等倾干涉图。

（3）转动精密测微头，调节范围在 0～25 mm，观察干涉环的变化。

4. 观察等厚干涉条纹

在出现等倾干涉条纹的基础上，如果 M_1 与 M'_2 之间夹角很小，调节 M_2 后面的偏转手钮，就可以看到等厚干涉条纹。

（1）装好激光器，将精密测微头旋转至读数中间位置（10～15 mm 之间）。

（2）调节激光器与动镜，在白屏上得到干涉图样。

（3）调节预置测微头，使干涉环消失于其中心。环会变粗，当只剩很少的环时，停止调节。

（4）调节精密测微头，使环消失于其中心，调至白屏中央为一个大亮斑时，停止调节。

（5）调节动镜后面的偏转手钮，使动镜稍许倾斜，则动镜 M_2 的像 M'_2 相对于 M_1 是倾斜的，可观察到一些干涉条纹。

（6）继续转动精密测微头，使弯曲的干涉条纹移向中心，逐渐得到一些干涉直条纹，这就是等厚干涉。

5. 观察白光干涉现象

（1）使用激光器调出等厚干涉产生直条纹。具体步骤请参考实验内容4。将扩束器移出光路，取下激光器，换上钠钨双灯光源，转动观察屏，使当前观察屏为反射镜。

（2）调节光源的高度，使钠黄光和白光分别照亮视场的上下两半。确保看到的钠光干涉环对比清晰，条纹间距大，找到钠光的干涉条纹有助于找到零光程点。如果看不见干涉条纹的话，很可能是换光源时振动太大，光路跑了，这就需要下一步调节。

（3）用一针孔屏置于钠灯前（针孔屏可以自己做，用大头针在名片上刺个小孔即可），这时可以从反射屏中看见两个针孔的像，调节动镜后面的手钮使它们重合。此时可以得到干涉图样。

（4）以极慢的速度旋转精密测微头，并保证在旋转过程中始终能在视场中看到钠的干涉条纹。这样可以快速接近零光程，且不会错过白光干涉。如果没有钠光灯，就很容易错过白光干涉。

（5）当彩色条纹逐渐出现，可以看到中央暗条纹，这就是零光程处的干涉。

（6）关闭钠灯，只开钨灯，在孔位2（SOCKET 2）中插入毛玻璃，可以看到更清晰的白光干涉环。

6. 注意事项

（1）激光对人眼有害，应避免激光直射入眼睛，观察激光干涉条纹时严禁使用反射镜作为观察屏。

（2）通常情况下，钠灯在接通电源 10 min 后才能达到其亮度的最大值。不过我们只要把钠灯预热 5 min 就足以做这个实验了。另外钠钨双灯在工作过程中会释放出大量的热，请不要用手触碰灯罩上部以防烫伤，移动钠钨双灯时要手持双灯插杆部分。

（3）调出白光干涉的难度较大，如果条纹抖动，可能是桌面不稳，请不要把手臂放在桌面上，不要来回走动，以免振动。空气的流动也会影响到条纹。

五、数据与结果处理

观察迈克耳孙干涉仪的激光、钠黄光、白光干涉现象，对比不同光源下干涉现象调节的难易程度并分析原因。

六、思考题

（1）为什么很难观察到白光的干涉现象？

（2）迈克耳孙干涉仪能否产生等厚干涉条纹？

实验 2　迈克耳孙干涉仪测量实验

一、实验要求

1. 实验目的

（1）掌握用迈克耳孙干涉仪测量空气折射率的方法，了解空气折射率和压强的关系。

（2）了解用迈克耳孙干涉仪测量透明介质薄膜折射率的方法。

（3）掌握用迈克耳孙干涉仪测量入射光波长的方法。

2. 预习要求

（1）阅读实验原理，掌握用迈克耳孙干涉仪测量光波波长、空气折射率和透明介质薄膜的原理。

（2）查阅相关资料，了解迈克耳孙干涉仪在测量光波波长上的应用。

二、实验原理

1. 测量空气折射率

在迈克耳孙模式下，如果我们在其中一个光路中放一个气室，然后通过充气改变空气的密度，这束光的光程会改变，干涉环的数目也会发生变化。光程差 $\delta = 2\Delta n l = N\lambda$，因此 $\Delta n = N\lambda/2l$。其中 l 是气室的长度，λ 是光源的波长，N 是变化的干涉环数。

空气折射率和空气的温度、压强有关，对于理想气体有：

$$\frac{\rho}{\rho_0} = \frac{n-1}{n_0-1}, \quad \frac{\rho}{\rho_0} = \frac{pT_0}{p_0 T} \tag{4.1}$$

式中，T 是绝对温度；p 为气压；ρ 为空气密度，所以有：

$$\frac{pT_0}{p_0 T} = \frac{n-1}{n_0-1} \tag{4.2}$$

温度恒定时，将 T_0 和 T 看作常量，将 $\Delta p = p - p_0$ 看作变量，化简上式可得：

$$\Delta n = \frac{(n_0-1)T_0}{p_0 T}\Delta p$$

因为 $\Delta n = N\lambda/2l$，所以：

$$\frac{(n_0-1)T_0}{p_0 T}\Delta p = N\lambda/2l \tag{4.3}$$

再令 $p = p_0$，$T = T_0$，$n = n_0$ 化简可得：

$$n = 1 + \frac{N\lambda}{2l} \times \frac{p}{\Delta p} \tag{4.4}$$

2. 测量透明介质折射率

当将一透明薄膜垂直插入迈克耳孙干涉光路时，随着透明薄膜在光路中旋转，光程将发生改变。光程的改变可通过记录涌出或消失的等倾圆环来得到。光程的变化与旋转角度 θ、薄膜厚度 d 及折射率 n 有一定的关系。

如果透明薄膜的初始位置垂直于入射光路，经过旋转一定的角度 θ，干涉圆环变化数为 N，则透明薄膜的折射率 n 可以由以下公式得到：

$$n = \frac{n_0^2 d \sin^2 \theta}{2n_0 d(1 - \cos \theta) - N\lambda} \tag{4.5}$$

式中，λ 为光源的波长（本实验中为 He-Ne 激光的波长）；n_0 为空气的折射率。如果已知透明薄膜的折射率，也可以用该方法求得其厚度。

三、实验仪器

SGM-3 型精密干涉仪 1 台。

四、实验内容

1. 测量 He-Ne 激光的波长

波长的测量是迈克尔孙干涉仪的基本应用。当转动精密测微头时，动镜每移动半个波长，干涉环就涌出或消失一个干涉环。即 $\Delta d = \Delta N \lambda / 2$，其中 Δd 是动镜移动的距离，ΔN 是干涉环变化的个数。因此我们只要知道 Δd 和 ΔN 就可以计算出波长 λ。

（1）将激光器安装在底座旁边的侧板上，使用白屏作为观察屏。

（2）调出干涉圆环（等倾干涉），具体步骤参考本章实验 1。

（3）把精密测微头调到中间读数附近（10～15 mm），调节粗调测微头和动镜后面的手钮，使屏上的干涉环不太密（5～6 个环左右），记下此时的微调测微头的读数 d_0。

（4）缓慢旋转测微螺旋，并数干涉环消失或涌出的数目。数到 50 个环时，记下测微螺旋的读数 d_1。

（5）计算动镜的实际改变量 Δd，考虑到杠杆的放大倍数 40，动镜移动距离为：

$$\Delta d = \left| \frac{d_1 - d_0}{40} \right| \tag{4.6}$$

根据 $\lambda = \dfrac{2\Delta d}{\Delta N}$，就可以计算出激光的波长。

（6）重复五次取平均值。

2. 测量钠光的波长

（1）将钠灯装在底座旁边的侧板上，预热 5 min，使用反射镜作为观察屏。

（2）调出干涉圆环，参考本章实验 1 中的实验内容 2。

（3）调出钠光的等倾干涉图样，记下微调测微头的读数 d_0。

（4）缓慢旋转测微螺旋，并数环消失或涌出的数目。数到 50 个环时，记下测微螺旋的读数 d_1。

（5）考虑到杠杆的放大倍数为 40，动镜的实际移动量 Δd 为：

$$\Delta d = \left| \frac{d_1 - d_0}{40} \right| \tag{4.7}$$

钠光的波长为：

$$\lambda = \frac{2\Delta d}{\Delta N} \tag{4.8}$$

（6）重复五次取平均值。注意，旋转测微螺旋时，保证方向一致。

3. 测钠黄双线的波长差

迈克耳孙干涉仪也可用于测量钠黄光双线的波长差，钠黄光中含有两个波长相近的单色光：589.0 nm、589.6 nm，因此在干涉仪动镜的移动过程中，两种黄光产生的干涉条纹叠加的干涉图样会出现清晰—模糊—清晰的周期性变化。钠黄双线的波长差为：

$$\Delta\lambda = \frac{\bar{\lambda}^2}{2\Delta d} \tag{4.9}$$

式中，$\bar{\lambda}$ 是两波长的平均值，可以取实验内容 1 的测量结果；Δd 是干涉图样出现一个清晰—模糊—清晰的变化周期时，平面镜和另一个平面镜的虚像之间空气膜厚度的改变量。

（1）调节干涉仪，得到清晰、间距大的钠黄光双线干涉条纹。慢慢旋转精密测微头，直到所有的环都消失，记下此时读数 d_0。

注意选择适当的测量区域、测量方向：钠黄光双线的存在，导致当光程差改变时，将交替出现对比度时大时小的现象。因而需慢慢转动预置测微头，选定对比度较高而且干涉圆环疏密合适的区域作为测量区域；选择的测量方向（顺时针或逆时针）应保证对比度较高，在此区域内能将所有数据测完。

（2）继续沿同一方向旋转，直到产生新的干涉图样，并在条纹消失的地方再记下读数 d_1。

（3）计算 $\Delta d = \left| \dfrac{d_1 - d_0}{40} \right|$，在零光程位置附近不同位置测量几次，获取其平均值，根据公式计算钠黄双线的波长差。

4. 测量空气折射率

（1）将干涉仪调至迈克耳孙模式，使用激光器作为光源。调节干涉仪动镜，并在观察屏上得到清晰的等倾干涉图样。

（2）如图 4-5 所示，将已知长度的气室插入孔位 3（SOCKET 3），并使它两端的玻璃壁垂直于入射光。

图 4-5　测量空气折射率装置图

（3）拧紧气囊上边的气阀，并缓慢向气室充入空气，待读数稳定后记下气压表读数 Δp［压力过大会损坏气压表，充气压力请不要超过 40 kPa（300 mmHg）］。

（4）慢慢松开气阀，同时数干涉环变化的条数，直到气压表指针指向零。记下变化的环数。本实验应多次测量取平均值，以提高精确度。

5．测透明介质的折射率

（1）装好激光器、白屏将干涉仪调整至迈克耳孙模式，并将薄膜夹装在指针的位置（SOCKET 3）替换如图 4-5 所示的气室。调节动镜后的手钮，在白屏上获得清晰的等倾干涉条纹。

（2）将一已知厚度的透明薄片（可以自己选择材料，但厚度要小于 1 mm）安装在薄片夹上，旋转薄片及指针，使薄片大致垂直于光路。

（3）慢慢旋转指针，同时观察白屏上的干涉图样。在某一位置，条纹变化很缓慢，不消失也不涌出，说明此处透明薄片与光路垂直。

（4）调节动镜后的手钮，得到一组清晰的干涉条纹，慢慢旋转指针（至少 10 度），数环在旋转过程中变化的数目。记录旋转角度为 θ 和出现/消失的环数为 N，重复几次测量，以方便取平均值。

6．注意事项

（1）旋转测微螺旋时，应保证方向一致。

（2）测量时使测微螺旋处于读数的中间区域，这时测微头的读数与动镜的移动量之间的关系最接近线性。

（3）回程间隙是改变机械仪器运动方向时发生的细微滑动。在开始计数之前先将测微计转一圈，随后继续按同样方向旋转测微计并计数，这样可以大大消除测微计的回程间隙所引起的误差。

五、数据与结果处理

（1）将测量空气折射率得到的两组读数代入公式 $n = 1 + \dfrac{N\lambda}{2l} \times \dfrac{p}{\Delta p}$，即可求得不同气压下相应的空气折射率。尝试画出空气折射率随气压的变化关系图。

（2）将旋转角度 θ 和出现/消失的环数 N 代入公式可计算得出折射率 n。

六、思考题

（1）空气折射率除了和压强有关外，还和什么因素有关？

（2）钠黄光的两条谱线是如何产生的？

实验 3　法布里-珀罗干涉仪实验

一、实验要求

1. 实验目的

（1）掌握法布里-珀罗干涉仪的光路和干涉原理。

（2）了解法布里-珀罗干涉仪在测量光波波长等方面的应用。

2. 预习要求

（1）阅读实验原理，掌握法布里-珀罗干涉仪的光学原理。

（2）查阅相关资料，了解法布里-珀罗干涉仪的应用。

二、实验原理

当一束光通过由两个平行平面组成的平板时，在两个平行平面之间发生多次反射，使得干涉条纹细锐明亮，这就是法布里-珀罗干涉仪的基本原理。

如图 4-6 所示，高反射镜面 G_1 和 G_2 互相平行，构成了一个反射腔。当单色光以角度 θ 入射到这个反射腔时，透射出这个反射腔的许多组平行光束的光程差有如下关系：

$$\delta = 2nd\cos\theta \tag{4.10}$$

因此，透射光的强度为：

$$I' = I_0 \frac{1}{1 + \dfrac{4R}{(1-R)^2}\sin^2\dfrac{\pi\delta}{\lambda}} \tag{4.11}$$

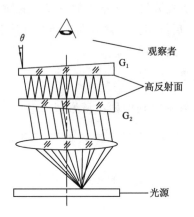

图 4-6   法布里-珀罗干涉仪原理图

式中,R 是反射率;I' 随 δ 变化,当 $\delta=m\lambda(m=0,1,2,\cdots)$ 时,I' 有最大值,当 $\delta=(2m'+1)\lambda/2(m'=0,1,2,\cdots)$ 时,I' 有最小值。

三、实验仪器

SGM-3 型精密干涉仪 1 台。

四、实验内容

1. 观察多光束干涉现象

(1) 将干涉仪底座旋转 90 度,如图 4-7 所示,使操作者面对动镜。将定镜取下,移到动镜前的安装孔上。注意安装时要使两镜片镀膜面相对(手指不要碰到镜面,以免弄脏镜片)。

(2) 调节动镜后面的三个手钮,使动镜和定镜近似平行,镜片之间的距离约为 2 mm。

(3) 将分束器和补偿板移开,可以安装在粗调测微头控制的定镜的位置。

(4) 装好激光器,调节激光架,使光束打在动镜的中心。调节动镜后面的三个手钮,使光点重合,此时两个镜片近似平行。

(5) 将扩束器放入光路中,可以得到面光源。将毛玻璃屏放入光路(放在 F-P 镜的前

图 4-7   法布里-珀罗干涉装置

方），如图 4-8 所示。此时可以看到一系列明亮细锐的多光束干涉环。

图 4-8　多光束干涉光路 1

（6）经过更细致的调节，可以做到干涉环不随眼睛的移动发生直径大小的变化，这就表明两个镜面是严格平行了。

（7）也可以将延伸架安装在孔位 4（SOCKET 4）中，并将毛玻璃屏装在其上，同样可以观察到多光束干涉环（图 4-9）。

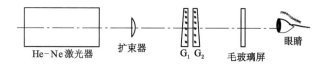

图 4-9　多光束干涉光路 2

2. 测量 He-Ne 激光的波长

法布里-珀罗干涉仪的干涉环比迈克尔孙干涉仪的干涉环更细锐。使用法布里-珀罗模式测量 He-Ne 激光的波长比使用迈克尔孙模式要精确得多。

（1）先将干涉仪调至法布里-珀罗模式。

（2）调节动镜后的三个螺丝，使两个镜片距离很近（2 mm 左右）并在毛玻璃屏上得到清晰的干涉环。

（3）记下此时精密测微头的读数。

（4）旋转测微头，可以看到环涌出或消失。数 50 个涌出或消失的环，记录此时测微头的读数。

（5）计算出 Δd。动镜的实际运动量 d 等于 $\Delta N\lambda/2$，其中 λ 是光源的波长，ΔN 是移动的环数，在这里 $\Delta N=50$。

移动距离为：$\Delta d=\dfrac{\Delta N\lambda}{2}$，所以，$\lambda=\dfrac{2\Delta d}{\Delta N}$。

（6）重复步骤（3）至（5）三次，求得平均数，可以减小误差。

3. 观察钠黄光双线的干涉

（1）在 F-P 模式下，使用钠灯作为光源，打开电源。

（2）仔细转动反射镜后面的旋钮，移动动镜，使其非常靠近 F-P 镜，两者间距为 1～2 mm。注意不能使两镜面接触。

（3）灯前放一个针孔屏（用大头针在名片或硬纸板上扎孔就可以制作针孔屏），因两个反射镜之间的多次反射，在屏上会看到一系列的光斑，调节动镜使光斑重合。

（4）拿开针孔屏，仔细调节动镜后面的手钮直到得到清晰的干涉环。为使观察效果更佳，可将毛玻璃屏插于 F-P 镜（定镜）前的插孔中。

（5）缓慢转动精密测微螺旋，观察两组干涉环分开→重合→分开的变化过程（转动螺旋时用力要轻，动镜和 F-P 镜不可碰撞，以免损坏）。

五、数据与结果处理

（1）根据测量数据，计算 He-Ne 激光的波长。

（2）观察钠黄光双线的法布里-珀罗干涉现象，分析两组干涉环由重合到分开循环变化的原因。

六、思考题

（1）应用法布里-珀罗干涉仪测量激光的波长和应用迈克耳孙干涉仪测量有何不同？

（2）法布里-珀罗干涉仪能否使用白光作为光源？为什么？

实验 4 泰曼-格林干涉仪实验

一、实验要求

1. 实验目的

（1）掌握泰曼-格林干涉仪的光路和干涉原理。

（2）了解泰曼-格林干涉仪在测量光学元件性能方面的应用。

2. 预习要求

（1）阅读实验原理，掌握泰曼-格林干涉仪的光学原理。

（2）查阅相关资料，了解泰曼-格林干涉仪的应用。

二、实验原理

泰曼-格林干涉仪的基本结构与迈克耳孙干涉仪相同，是迈克耳孙干涉仪的一种变种，主要用来检测透镜、棱镜、窗片、平面镜等光学元器件。分束器与反射镜的位置排布与迈克耳孙干涉仪一致。两种干涉仪之间的轻微区别是：迈克耳孙干涉仪通常是扩展光源（当然也可以是激光），而泰曼-格林干涉仪则总是点光源（例如激光）。将一光学元件如透镜放入光路中，透镜上的不规则将显示在干涉图样中，特别是球差、慧差和像散会体现在干涉图样中。泰曼-格林干涉仪的光路如图 4-10 所示。

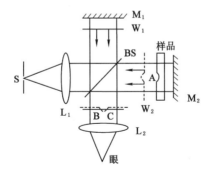

图 4-10　泰曼-格林干涉仪的光路图

在图 4-10 中，如果样品表面非常平整，返回波阵面是平的，观察不到干涉图样。相反，如果样品表面不是非常平整，由 M_2 反射回分束器的波就不再是平面波。这样来自 M_1 与 M_2 叠加波的相位差在视场中是不同的，会出现干涉条纹。这些条纹是扭曲了的波前等高线，所以样品的缺陷会以波前失真的形式显现出来。

泰曼-格林干涉仪一般用平行光检测光学元件，下面是其常见的几个检测模式。

1. 检测平面反射镜

如图 4-11 所示，M_2 是待检测的平面反射镜，M_1 是标准平面反射镜，如果 M_2 有缺陷，则可在屏上看见相应的干涉条纹。

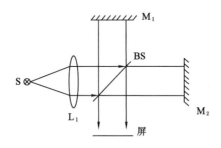

图 4-11　泰曼-格林干涉仪检测平面反射镜

2. 检测透明平板

如图 4-12 所示，M_1、M_2 是标准平面反射镜，将待检测透明平板放入光路中，如果该平板有缺陷，则可在屏上看见相应的干涉条纹。

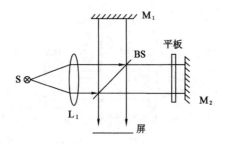

图 4-12　泰曼-格林干涉仪检测透明平板

3. 检测棱镜

图 4-13 是检测棱镜的示意图。

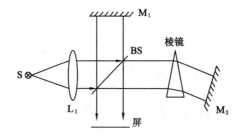

图 4-13　泰曼-格林干涉仪检测棱镜

4. 检测透镜

图 4-14 是检测透镜的示意图。

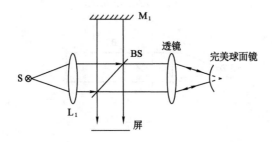

图 4-14　泰曼-格林干涉仪检测透镜

三、实验仪器

SGM-3 型精密干涉仪 1 台。

四、实验内容

泰曼-格式干涉装置如图 4-15 所示。

图 4-15　泰曼-格林干涉装置

（1）将干涉仪调整至泰曼-格林模式，与迈克耳孙模式基本相同，使用激光器作为光源。

（2）使用白屏作为观察屏，调整动镜，在观察屏上得到等厚干涉条纹，详细步骤参考本章实验 1。

（3）将透明薄膜（样品 1 和样品 2）夹在薄片夹具上，然后安装在旋转指针的孔位 3（SOCKET 3）内。

（4）观察干涉条纹，如果透明薄膜没有缺陷，干涉环就很完美，否则就有相应的扭曲和变形。

五、思考题

（1）泰曼-格林干涉仪和迈克耳孙干涉仪有何不同？

（2）泰曼-格林干涉仪能否使用白光源？

本章参考文献

[1] 马科斯·玻恩，埃米尔·沃耳夫. 光学原理：光的传播、干涉和衍射的电磁理论[M]. 杨葭荪，译. 北京：电子工业出版社，2009.

[2] 赵凯华，钟锡华. 光学：上、下册[M]. 北京：北京大学出版社，2008.

[3] 杨德甫，杨能勋，徐红. 对迈克尔逊干涉仪实验中几个问题的讨论[J]. 延安大学学报（自然科学版），2007(3)：28-31.

［4］李巧文,徐来定.迈克尔逊干涉仪异常现象的分析与处理［J］.实验室研究与探索,2000,19(6):58-59,62.

［5］陈莹梅,陈国强,黄世光.迈克尔逊干涉仪实验常见问题的分析与处理［J］.韶关学院学报(自然科学版),2005(3):130-133.

［6］李宏,张金锋,尹新国.迈克尔逊干涉仪测空气折射率［J］.牡丹江师范学院学报(自然科学版),2013(2):14-15.

［7］张云竹,麻博远.迈克尔逊干涉实验中不确定度的评定［J］.辽宁工业大学学报(自然科学版),2012,32(5):341-342.

［8］郑庆华,王忠全.迈克尔逊干涉实验的物理思想［J］.淮南师范学院学报,2012,14(5):109-111.

［9］郭立群,赵英.迈克尔逊干涉仪实验中的三个问题［J］.大学物理实验,2002(2):40-41.

第五章　变温霍尔效应实验

一、实验要求

1. 实验目的

（1）通过测量霍尔电压判断霍尔元件的载流子类型，计算霍尔系数，并通过数据处理计算出载流子浓度和载流子迁移率。

（2）学会通过变温电阻实验和变温霍尔实验，计算出半导体元件的禁带宽度和霍尔参数的温度特性曲线。

（3）掌握应用霍尔效应测量磁感应强度的方法，了解磁场在距离上的衰减分布。

2. 预习要求

（1）了解霍尔效应的原理以及霍尔器件的有关参数。

（2）了解半导体元件的变温霍尔效应。

（3）了解半导体的导带、价带、禁带等能带结构概念。

二、实验原理

1879 年，霍尔（E. H. Hall）在研究通有电流的导体在磁场中的受力情况时，发现在垂直于磁场和电流的方向上产生了电动势，这个电磁效应称为"霍尔效应"。在半导体材料中，霍尔效应比在金属中大几个数量级，因此应用更加广泛。霍尔效应的研究在半导体理论的发展中起了重要的推动作用，直到现在，霍尔效应的测量仍是研究半导体性质的重要实验方法。

利用霍尔效应，可以确定半导体的导电类型和载流子浓度；利用霍尔系数和电导率的联合测量，可以用来研究半导体的导电机构（本征导电和杂质导电）和散射机构（晶格散射和杂质散射），进一步确定半导体的迁移率、禁带宽度、杂质电离能等基本参数。测量霍尔系数随温度的变化，可以确定半导体的禁带宽度、杂质电离能及迁移率的温度特性。

根据霍尔效应原理制成的霍尔器件，可用于磁场和功率测量，也可制成开关元件，在自动控制和信息处理等方面有着广泛的应用。

1. 霍尔效应

霍尔效应从本质上讲是运动的带电粒子在磁场中受洛伦兹力的作用而引起带电粒子的偏转。当带电粒子（电子或空穴）被约束在固体材料中时，这种偏转就导致在垂直于电流和磁场方向的两个端面产生正负电荷的聚积,从而形成附加的横向电场。

如图 5-1 所示,沿 Z 轴的正向加上磁场 B,与 Z 轴垂直的半导体薄片上沿 X 正向通以电流 I_s(称为工作电流或控制电流),假设载流子为电子[如 N 型半导体材料,见图 5-1(a)],它沿着与电流 I_s 相反的 X 负方向运动。由于洛伦兹力 F_m 的作用,电子即向图中的 D 侧偏转,并使 D 侧形成电子积累,而相对的 C 侧形成正电荷积累。与此同时,运动的电子还受到由于两侧积累的异种电荷形成的反向电场力 F_e 的作用。随着电荷的积累,F_e 逐渐增大,当两力大小相等,方向相反时,电子积累便达到动态平衡。这时在 C、D 两端面之间建立的电场称为霍尔电场 E_H,相应的电势差称为霍尔电压 U_H。

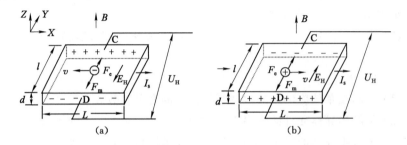

图 5-1　霍尔元件中载流子在外磁场下的运动情况

(a) 电子导电;(b) 空穴导电

设电子按相同平均漂移速率 v 向图 5-1 中的 X 轴负方向运动,在磁场 B 作用下,所受洛伦兹力为:

$$\boldsymbol{F}_m = - e\boldsymbol{v} \times \boldsymbol{B} \tag{5.1}$$

式中,e 为电子电量 1.6×10^{-19} C;v 为电子漂移平均速度;B 为磁感应强度。

同时,电场作用于电子的力为:

$$\boldsymbol{F}_H = - e\boldsymbol{E}_H = - e \frac{U_H}{l} \tag{5.2}$$

式中,$\boldsymbol{E}_H$ 为霍尔电场强度;U_H 为霍尔电压;l 为霍尔元件宽度。

当达到动态平衡时,$\boldsymbol{F}_m = \boldsymbol{F}_H$,从而得到:

$$vB = \frac{U_H}{l} \tag{5.3}$$

霍尔元件宽度为 l,厚度为 d,载流子浓度为 n,则霍尔元件的工作电流为 $I_s = neldv$。由上述公式可得:

$$U_H = \frac{1}{ne} \frac{I_s B}{d} = R_H \frac{I_s B}{d} \tag{5.4}$$

即霍尔电压 U_H(此时为 C、D 间电压)与 I_s、B 成正比,与霍尔元件的厚度 d 成反比。其中,比例系数 $R_H = \dfrac{1}{ne}$ 称为霍尔系数,它是反映材料霍尔效应强弱的重要参数。

当霍尔元件的材料和厚度确定时,根据霍尔系数或灵敏度可以得到载流子的浓度 n:

$$n = \frac{1}{eR_H} \tag{5.5}$$

载流子迁移率 μ 为霍尔系数 R_H 与电导率 σ 的乘积:

$$\mu = |R_H|\sigma = |R_H|1/\rho = |R_H|\frac{L}{RS} \tag{5.6}$$

式中,L 为霍尔元件的长度;S 为霍尔元件的横截面积。

2. 磁阻效应

一定条件下,导电材料的电阻值 R 随磁感应强度 B 的变化规律称为磁阻效应。磁阻效应主要分为:常磁阻效应、巨磁阻效应、超巨磁阻效应、异向磁阻效应、隧穿磁阻效应等。

常磁阻效应是对所有非磁性金属而言的,在磁场中受到洛伦兹力的影响,传导电子在行进中会偏折,使得路径变成弯曲的折线。这使得电子行进路径长度增加,同时电子碰撞概率增大,进而增加材料的电阻。磁阻效应最初于 1856 年由威廉·汤姆森发现,但是在一般材料中,电阻的变化通常小于 5%,这样的磁阻效应后来被称为常磁阻效应。

巨磁阻效应是指磁性材料的电阻率在有外磁场作用时较之无外磁场作用时存在巨大变化的现象。巨磁阻是一种量子现象,它产生于层状的磁性薄膜结构,这种结构是由铁磁材料和非铁磁材料薄层交替叠合而成的。当铁磁层的磁矩相互平行时,载流子与自旋有关的散射最小,材料有最小的电阻;当铁磁层的磁矩为反平行时,载流子与自旋有关的散射最强,材料的电阻最大。

3. 半导体禁带宽度

没有人工掺杂的半导体称为本征半导体,本征半导体中的原子按照晶格有规则的排列,产生周期性势场。在这一周期性势场的作用下,电子的能级展宽成准连续的能带。束缚在原子周围化学键上的电子能量较低,它们所形成的能级构成价带;脱离原子束缚后在晶体中自由运动的电子能量较高,构成导带;导带和价带之间存在的能带隙称为禁带。

当绝对温度为 0 K 时,电子全被束缚在原子上,导带能级上没有电子,而价带中的能级全被电子填满(所以价带也称为满带);随着温度升高,部分电子由于热运动脱离原子束缚,成为具有导带能量的电子,它在半导体中可以自由运动,产生导电性能,这就是电子导电;而电子脱离原子束缚后,在原来所在的原子上留下一个带正电荷的电子的缺位,通常称为空穴,它所占据的能级就是原来电子在价带中所占据的能级。因为邻近原子上的电子随时可以来填补这个缺位,使这个缺位转移到相邻原子上去,形成空穴的自由运动,产生空穴导电。半导体的导电性质就是由导带中带负电荷的电子和价带中带正电荷的空穴的运动所形成的。这两种粒子统称载流子。

本征半导体中的载流子称为本征载流子,它主要是由于从外界吸收热量后,将电子从价带激发到导带,其结果是导带中增加了一个电子而在价带出现了一个空穴,这一过程称为本征激发。所以,本征载流子(电子和空穴)总是成对出现的,它们的浓度相同,本征载流子浓度仅取决于材料的性质(如材料种类和禁带宽度)及外界的温度。本征半导体的电阻与温度满足以下热激发公式:

$$R = R_0 e^{Eg/2kT} \tag{5.7}$$

式中,R 为电阻;R_0 为某一常数;k 为玻耳兹曼常量;T 为温度,K;Eg 为禁带宽度,eV。

三、实验仪器

SHZ-HEMI-1 型变温霍尔效应实验仪。

四、实验内容

为了下面实验步骤的表述方便,面板及样品板的接口定义如图 5-2 所示。

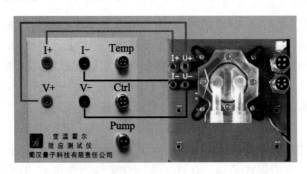

图 5-2 实验仪器面板及样品板的接口定义

1. 霍尔系数实验

(1) 对霍尔电流的输出以及霍尔电压的输入进行正确的连线。即将仪器前面板的接口与样品板上的接口按下列方式连接:I+连 I+;V+连 U+;I-连 I-;V-连 U-。

（2）拔掉温度控制模块上的四芯接头，连接五芯接头。连接仪器电源，打开电源开关。

（3）仪器启动完毕后，点击"HALL 测试"按钮后进入 HALL 测试实验界面，调整位移台的旋钮，以调整磁铁距离样品的远近，同时观察屏幕上磁场强度数值的变化，以 200～1 000 G 范围内的磁场大小较为合适。

（4）确定好磁场大小后，点击"终止电流""电流步长"按钮后，可以分别设置终止电流与电流步长。点击"开始测试"按钮后，则系统会测试一条从 0 开始以电流步长为间隔至终止电流大小结束的"霍尔电压-霍尔电流"曲线，曲线数据会在屏幕下方显示。

（5）根据实验得到的磁场大小 B、霍尔电流 I_s、霍尔电压 U_H，结合实验原理中介绍的公式计算样品的霍尔系数、载流子浓度、迁移率（样品的长宽 L、l 均为 1 mm，厚 d 为 0.1 mm）。

霍尔系数实验表如表 5-1 所示。

表 5-1　霍尔系数实验表

I_s/mA								
U_H/mV								
R_H								

2. 磁阻效应实验

（1）对电流的输出以及电压的输入进行正确的连线，即将仪器前面板的接口与样品板上的接口按下列方式连接：I＋连 I＋；V＋连 U＋；I－连 U－；V－连 I－（注意，此时与霍尔效应的范德堡接线法不一样，为四电极测电阻法）。

（2）拔掉温度控制模块上的四芯接头，连接五芯接头。连接仪器电源，打开电源开关。

（3）仪器启动完毕后，点击"磁阻测试"按钮进入磁阻测试实验界面，调整位移台的旋钮，以调整磁铁距离样品的远近，同时观察屏幕上磁场强度数值的变化，以 200～1 000 G 范围内的磁场大小较为合适。

（4）确定好磁场大小后，点击"霍尔电流"输入框，输入电流大小。点击"记录数据"按钮后系统会测试当前磁场下的磁阻大小，并显示在屏幕上。不断地调整磁场的大小，即可得到磁阻随磁场变化的磁阻曲线。

磁阻效应实验表如表 5-2 所示。

表 5-2　磁阻效应实验表

B/Oe									
I_s/mA									
U_H/mV									
MR/H^{-1}									

3. 变温霍尔效应实验

（1）对电流的输出以及电压的输入进行正确的连线，即"霍尔系数实验"接线法。

（2）连接温度控制模块上的四芯接头和五芯接头。连接仪器电源，打开电源开关。

（3）仪器启动完毕后，点击"变温系统"按钮后进入变温实验界面。调整位移台的旋钮，以调整磁铁距离样品的远近，同时观察屏幕上磁场强度数值的变化，以 200～1 000 G 范围内的磁场大小较为合适。

（4）确定好磁场大小后，点击"霍尔电流"输入框，设置霍尔电流的大小。点击"设置温度"输入框，设定温度值。点击"设置温度"按钮后，则系统会向设定的温度变化，待温度在设定的温度值附近稳定 2 min 后，点击"记录数据"按钮则系统会进行一次霍尔测试，并将实验数据记录在屏幕上。不断地变化设置温度点，则可以得到一条霍尔效应随温度变化的曲线。

（5）根据实验得到的温度 T、磁场大小 B、霍尔电流 I_s、霍尔电压 U_H，结合实验原理中介绍的公式计算样品的霍尔系数、载流子浓度、迁移率，绘制出霍尔参数的温度特性曲线。

变温霍尔系数实验表如表 5-3 所示。

表 5-3　变温霍尔系数实验表

$T/\text{℃}$									
I_s/mA									
U_H/mV									
R_H									

4. 变温磁阻效应实验

（1）对电流的输出以及电压的输入进行正确的连线，即"磁阻效应实验"接线法。

（2）连接温度控制模块上的四芯接头和五芯接头。连接仪器电源，打开电源开关。

（3）仪器启动完毕后，点击"变温系统"按钮后进入变温实验界面。调整位移台的旋钮，以调整磁铁距离样品的远近，同时观察屏幕上磁场强度数值的变化，以 200～1 000 G 范围内的磁场大小较为合适。

（4）确定好磁场大小后，点击"霍尔电流"输入框，设置霍尔电流的大小。点击"设置温度"输入框，设定温度值。点击"设置温度"按钮后，则系统会向设定的温度变化，待温度在设定的温度值附近稳定 2 min 后，点击"记录数据"按钮则系统会进行一次测试，并将实验数据记录在屏幕上。不断地变化设置温度点，则可以得到一条磁阻随温度变化的曲线。

（5）根据实验得到的温度 T、磁场大小 B、霍尔电流 I_s、霍尔电压 U_H，用 U_H 除以 I_s 得到磁阻，即得到磁阻的温度特性曲线。

变温磁阻实验表如表 5-4 所示。

表 5-4　变温磁阻实验表

$T/℃$								
B/Oe								
I_s/mA								
U_H/mV								
MR/H^{-1}								

5. 半导体禁带宽度实验

（1）对电流的输出以及电压的输入进行正确的连线，即"霍尔效应实验"接线法。

（2）拔掉温度控制模块上的四芯接头，连接五芯接头。连接仪器电源，打开电源开关。

（3）仪器启动完毕后，点击"变温系统"按钮后进入变温实验界面。调整位移台的旋钮，将磁铁摇至距离样品最远处。

（4）点击"霍尔电流"输入框，设置霍尔电流的大小。点击"设置温度"输入框，设定温度值。点击"设置温度"按钮后，则系统会向设定的温度变化，待温度在设定的温度值附近稳定 2 min 后，点击"记录数据"按钮则系统会进行一次测试，并将实验数据记录在屏幕上。不断地变化设置温度点，则可以得到一条电阻随温度变化的曲线。

（5）根据实验得到的温度 T、霍尔电流 I_s、霍尔电压 U_H，用 U_H 除以 I_s 得到样品的一般电阻，绘制得到电阻随温度变化的特性曲线，用"实验原理"内的相关公式进行拟合,求出禁带宽度 Eg。

变温电阻实验表如表 5-5 所示。

表 5-5　变温电阻实验表

T/K							
I_s/mA							
U_H/mV							
R							

计算出半导体禁带宽度 $Eg=$ _____ eV。

6. 磁场距离衰减分布实验

(1) 对电流的输出以及电压的输入进行正确的连线,即"磁阻效应实验"接线法。

(2) 连接温度控制模块上的四芯接头和五芯接头。连接仪器电源,打开电源开关。

(3) 仪器启动完毕后,点击"磁场空间分布"按钮后进入实验界面。

(4) 点击"霍尔电流"输入框,设置霍尔电流的大小。

(5) 点击"输入位置"输入框,记录位置。位移台的旋转手轮每旋转 360 度,位移台移动 0.5 mm。以位移台靠近样品一端的顶点为起始位置原点,通过旋转手轮并不断输入位置后,点击"记录数据"按钮可以得到一系列霍尔电压随位置变化的测试点,若使用的是线性霍尔元器件,则可以得到磁场大小随距离的变化关系,对实验数据进行分析,找出磁场随距离分布的数学关系。

7. 注意事项

(1) 本仪器实验中所用磁场为高磁场强度磁铁提供(表面磁场达 5 000 G),且为了可以提供正负方向磁场,磁铁可以拔出翻转操作。因此在实验过程中,务必注意强磁场可能带来的伤害,勿把玩磁铁,保持铁磁性及金属物品远离实验台,磁铁与磁铁间保持安全距离。

(2) 本系统的变温范围为 $-5\sim50$ ℃(随环境温度的不同会有 ±5 ℃左右的变化)。在不需要进行变温实验时,可以直接拔掉温度控制面板上的四芯连接线;在需要进行变温实验时,连接四芯连接线,同时循环水水泵需灌入引水方可工作。

(3) 进行低温制冷时必须保证循环水的正常工作。当需要高温(如高于室温 10 ℃以上)时,需要停止循环水的工作,拔除水泵电源线即可;当需要更高温度实验时,请确保样品板上加热模块底部导热树脂的良好接触以及可以增加加热模块至左右各 1 块。

五、数据与结果处理

完成上述实验内容并记录数据,再对实验结果进行计算分析即可得到样品的霍尔系数、载流子浓度、迁移率、磁阻 MR、霍尔系数温度特性、禁带宽度等物理量,分析实验现象和计算结果。

六、思考题

(1) 若是使用自行准备的样品,样品应符合哪些条件才能得到较好的实验结果?

(2) 为什么要采用"四电极"法测电阻?其优势在哪里?

(3) 样品(尤其是自行准备的样品)的形状可能不十分规则,电极的连接也不对称,则会导致测量霍尔电压的两个电极之间本身存在一定的电势差,从而影响测试结果的精度。如何通过本系统避免这种问题?

(4) 用热激发公式来计算禁带宽度,在什么条件下适用?其适用范围是什么?

本章参考文献

[1] 赵凯华,陈熙谋.电磁学[M].4 版.北京:高等教育出版社,2018.

[2] 刘雪梅.霍尔效应理论发展过程的研究[J].重庆文理学院学报(自然科学版),2011,30(2):41-44.

[3] 李潮锐.变温霍尔效应简易测量方法[J].物理实验,2018,38(6):26-28.

[4] 张琳,米斌周.量子霍尔效应的研究及进展[J].华北科技学院学报,2014,11(3):61-65.

[5] 黄响麟,何琛娟,廖红波,等.变温霍尔效应中副效应的研究[J].大学物理,2011,30(3):48-51,65.

[6] 曲晓英,李玉金.锗单晶体变温霍尔效应实验数据的处理[J].大学物理,2008,27(11):37-39,49.

第六章　激光原理与技术综合实验

虽然在 1917 年爱因斯坦就预言了受激辐射的存在,但在一般热平衡情况下,物质的受激辐射总是被受激吸收所掩盖,未能在实验中观察到。直到 1960 年,第一台红宝石激光器面世,它标志了激光技术的诞生。

激光器由光学谐振腔、工作物质、激励系统构成,相对一般光源,激光有良好的方向性,也就是说,光能量在空间的分布高度集中在光的传播方向上,但它也有一定的发散度。在激光的横截面上,光强是以高斯函数型分布的,故称作高斯光束。同时激光还具有良好的单色性,它可以具有非常窄的谱线宽度。

现在激光已经在生产生活中得到了广泛的应用,如定向、制导、精密测量、焊接、光通信等。在激光的生产与应用中,我们常常需要先知道激光器的构造,了解激光器的各种参数指标。因此,激光原理与技术综合实验是掌握激光器原理和应用的重要学习途径,本实验通过研究固体激光器、气体激光器和半导体激光器等典型激光器的原理和参数测量来对激光系统做更深入完整的了解。

实验 1　固体激光器原理与技术实验

一、实验要求

1. 实验目的

(1)掌握半导体泵浦固体激光器的工作原理和调试方法。

(2)掌握固体激光器被动调 Q 的工作原理,进行调 Q 脉冲的测量。

(3)了解固体激光器倍频的基本原理。

2. 预习要求

(1)了解半导体泵浦固体激光器的工作原理和调试方法。

(2)了解固体激光器调 Q、调 Q 脉冲和倍频的基本原理。

二、实验原理

半导体泵浦固体激光器(diode-pumped solid-state laser,DPL),是以激光二极管(LD)代替闪光灯泵浦固体激光介质的固体激光器,具有效率高、体积小、寿命长等一系列优点,在光通信、激光雷达、激光医学、激光加工等方面有巨大应用前景,是未来固体激光器的发展方向。本实验通过对半导体泵浦固体激光器结构特性和激光特性的测量,了解并掌握半导体泵浦固体激光器的工作原理、构成和调试技术,以及调Q、倍频等激光技术的原理和应用。

1. 半导体泵浦源

20 世纪 80 年代起,半导体激光器(LD)技术得到了蓬勃发展,使得 LD 的功率和效率有了极大的提高,也极大地促进了 DPSL 技术的发展。与闪光灯泵浦的固体激光器相比,DPSL 的效率大大提高,体积大大减小。在使用中,由于泵浦源 LD 的光束发散角较大,为使其聚焦在增益介质上,必须对泵浦光束进行光束变换(耦合)。泵浦耦合方式主要有端面泵浦和侧面泵浦两种,其中端面泵浦方式适用于中小功率固体激光器,具有体积小、结构简单、空间模式匹配好等优点;侧面泵浦方式主要应用于大功率激光器。本实验采用端面泵浦方式,端面泵浦耦合通常有直接耦合和间接耦合两种方式(图 6-1)。

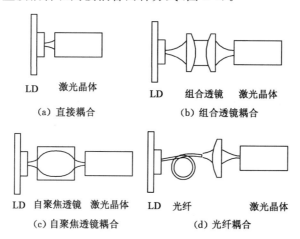

（a）直接耦合　　　　　（b）组合透镜耦合

（c）自聚焦透镜耦合　　　　（d）光纤耦合

图 6-1　半导体激光泵浦固体激光器的常用耦合方式

（1）直接耦合:将半导体激光器的发光面紧贴增益介质,使泵浦光束在尚未发散开之前便被增益介质吸收,泵浦源和增益介质之间无光学系统,这种耦合方式称为直接耦合方式[图 6-1(a)]。直接耦合方式结构紧凑,但是在实际应用中较难实现,并且容易对 LD 造成损伤。

（2）间接耦合:指先将半导体激光器输出的光束进行准直、整形,再进行端面泵浦。

本实验采用间接耦合方式,间接耦合常见的方法有如下三种:

组合透镜耦合:用球面透镜组合或者柱面透镜组合进行耦合[图 6-1(b)]。

自聚焦透镜耦合:由自聚焦透镜取代组合透镜进行耦合[图 6-1(c)],优点是结构简单,准直光斑的大小取决于自聚焦透镜的数值孔径。

光纤耦合:指用带尾纤输出的 LD 进行泵浦耦合[图 6-1(d)],优点是结构灵活。

本实验先用光纤柱透镜对半导体激光器进行快轴准直,压缩发散角,然后采用组合透镜对泵浦光束进行整形变换,各透镜表面均镀对泵浦光的增透膜,耦合效率高。本实验 LD 光束快轴压缩耦合泵浦简图如图 6-2 所示。

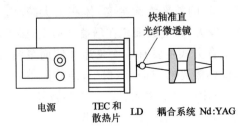

快轴准直
光纤微透镜

电源　　　TEC 和　　LD　　耦合系统 Nd:YAG
　　　　　散热片

图 6-2　本实验 LD 光束快轴压缩耦合泵浦简图

2. 激光晶体

激光晶体是影响 DPL 激光器性能的重要器件。为了获得高效率的激光输出,在一定运转方式下选择合适的激光晶体是非常重要的。目前已经有上百种晶体作为增益介质实现了连续波和脉冲激光运转,以钕离子(Nd^{3+})作为激活粒子的钕激光器是使用最广泛的激光器。其中,以 Nd^{3+} 离子部分取代 $Y_3Al_5O_{12}$ 晶体中 Y^{3+} 离子的掺钕钇铝石榴石(Nd:YAG),由于具有量子效率高、受激辐射截面大、光学质量好、热导率高、容易生长等优点,成为目前应用最广泛的 LD 泵浦的理想激光晶体之一。

另外,在实际的激光器设计中,除了吸收波长和出射波长外,选择激光晶体时还需要考虑掺杂浓度、上能级寿命、热导率、发射截面、吸收截面、吸收带宽等多种因素。

3. 端面泵浦固体激光器的模式匹配技术

图 6-3 所示的端面泵浦激光谐振腔是典型的平凹腔型结构。激光晶体的一面镀泵浦光增透和输出激光全反膜,并作为输入镜,镀输出激光一定透过率的凹面镜作为输出镜。这种平凹腔容易形成稳定的输出模,同时具有高的光光转换效率,但在设计时必须考虑到模式匹配问题。

如图 6-3 所示,平凹腔中的 g 参数可表示为:

$$g_1 = 1 - \frac{L}{R_1} = 1, g_2 = 1 - \frac{L}{R_2} \tag{6.1}$$

根据腔的稳定性条件,$0 < g_1 g_2 < 1$ 时腔为稳定腔。故当 $L < R_2$ 时腔稳定。同时容易算出其束腰位置在晶体的输入平面上,该处的光斑尺寸为:

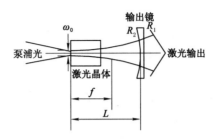

图 6-3　端面泵浦的激光谐振腔

$$\omega_0 = \sqrt{\frac{\left[L(R_2 - L)\right]^{\frac{1}{2}}\lambda}{\pi}} \qquad (6.2)$$

本实验中，R_1 为平面，$R_2 = 200$ mm，$L = 80$ mm，由此可以算出 ω_0 大小。所以，泵浦光在激光晶体输入面上的光斑半径应该小于等于 ω_2，这样可使泵浦光与基模振荡模式匹配，容易获得基模输出。实验中配了透过率分别为 3% 和 8%（1 064 nm）两种前腔镜。

4. 半导体泵浦固体激光器的被动调 Q 技术

目前常用的调 Q 方法有电光调 Q、声光调 Q 和被动式可饱和吸收调 Q。本实验采用的 Cr^{4+}：YAG 是可饱和吸收调 Q 的一种，它结构简单，使用方便，无电磁干扰，可获得峰值功率大、脉宽小的巨脉冲。

Cr^{4+}：YAG 被动调 Q 的工作原理是：当 Cr^{4+}：YAG 被放置在激光谐振腔内时，它的透过率会随着腔内的光强而改变。在激光振荡的初始阶段，Cr^{4+}：YAG 的透过率较低（初始透过率），随着泵浦作用增益介质的反转粒子数不断增加，当谐振腔增益等于谐振腔损耗时，反转粒子数达到最大值，此时可饱和吸收体的透过率仍为初始值。随着泵浦的进一步作用，腔内光子数不断增加，可饱和吸收体的透过率也逐渐变大，并最终达到饱和。此时，Cr^{4+}：YAG 的透过率突然增大，光子数密度迅速增加，激光振荡形成。腔内光子数密度达到最大值时，激光为最大输出，此后，由于反转粒子的减少，光子数密度也开始降低，则可饱和吸收体 Cr^{4+}：YAG 的透过率也开始降低。当光子数密度降到初始值时，Cr^{4+}：YAG 的透过率也恢复到初始值，调 Q 脉冲结束。

5. 半导体泵浦固体激光器的倍频技术

光波电磁场与非磁性透明电介质相互作用时，光波电场会出现极化现象。当强光激光产生后，由此产生的介质极化已不再与场强呈线性关系，而是明显地表现出二次及更高次的非线性效应。倍频现象就是二次非线性效应的一种特例。本实验中的倍频就是通过倍频晶体实现对 Nd：YAG 输出的 1 064 nm 红外激光倍频成 532 nm 绿光。

常用的倍频晶体有 KTP、KDP、LBO、BBO 和 LN 等。其中,KTP 晶体在 1 064 nm 光附近有高的有效非线性系数,导热性良好,非常适用于 YAG 激光的倍频。KTP 晶体属于负双轴晶体,对它的相位匹配及有效非线性系数的计算,已有大量的理论研究,通过 KTP 的色散方程,可以计算出其最佳相位匹配角为:$\theta = 90°,\phi = 23.3°$,对应的有效非线性系数 $d_{eff} = 7.36 \times 10^{-12}$ V/m。

倍频技术通常有腔内倍频和腔外倍频两种。腔内倍频是指将倍频晶体放置在激光谐振腔之内的倍频技术。由于腔内具有较高的功率密度,因此较适合于连续运转的固体激光器。腔外倍频是指将倍频晶体放置在激光谐振腔之外的倍频技术,较适合于脉冲运转的固体激光器。

三、实验仪器

GCS-DPSL-C 型固体激光原理与技术综合实验仪,数字式示波器。

四、实验内容

1. 808 nm 半导体泵浦光源的 I-P 曲线测量

将 808 nm 半导体泵浦光源固定于谐振腔光路导轨座的右端,将功率计探头放置于其前端出光口处并靠近,调节其工作电流从零到最大,依次记录对应的电源电流示数 I 和功率计读取的功率读数 P,填入表 6-1 中,并且做出 I-P 曲线,研究阈值关系。

表 6-1　808 nm 半导体泵浦光源的 I-P 数据表

泵浦电流/A	泵浦功率/W

注意:功率计使用前先调零;功率计读数显示较慢,每次待功率计示数稳定后再读数;测试完成后将半导体泵浦光源的电流调回至最小。

2. 1 064 nm 固体激光谐振腔设计调整

(1)将 808 nm 半导体泵浦光源固定于谐振腔光路导轨座的右端,650 nm 指示激光器及调节架固定于导轨最左侧,调节二维平移旋钮,使 650 nm 指示激光束居中,调节二维俯仰旋钮,使 650 nm 指示激光束照射到右端泵浦光源的中心。

注意:调节指示激光束居中时,可以将其放置在右端泵浦光源前,调节二维平移旋钮,使指示激光束照射到泵浦光源中心即可,然后再放回左端调节二维俯仰旋钮,如此办法调节两回即可。

(2)将耦合镜组及调节架放置于半导体泵浦光源前并靠近,调节二维平移旋钮,使指示激光束照射到耦合镜组的中心,再调节二维俯仰旋钮,使指示激光束经耦合镜组中心反射回的光点移回到指示激光器出光口内。

注意:如果无法判断指示激光束是否照射到耦合镜组中间,可将半导体泵浦光源的电源旋钮调节到 600 mA 左右,此时将一张白纸放置于耦合镜组前,沿导轨移动(白纸面要向下倾斜,防止泵浦光反射到人眼中),会看到泵浦光被汇聚到镜组前某一位置(光点最小),此时 650 nm 指示激光和 808 nm 泵浦光汇聚点会在白纸上同时看到,如果两光点不重合即可说明耦合镜组中心与指示激光束有偏移,调节二维平移旋钮直至重合,再将电流调节到零。

(3)将激光晶体及调节架放置于耦合镜组前,调节激光晶体的前后位置,使 808 nm 泵浦光源的汇聚点能够落于激光晶体的前后中心。调节晶体的二维平移旋钮,使 650 nm 的指示激光束照射到晶体的中心;再调节二维俯仰旋钮,使激光晶体反射的指示激光点返回到其出光口内。

注意:判断指示激光束是否已经照射到激光晶体中心的方法:因为激光晶体端面积很小,如果晶体反射的光点是完整均匀的圆形(没有明显的缺失),即可大致说明光束照射到了激光晶体中心。

(4)将 1 064 nm 的激光输出镜及调节架放置于激光晶体前,输出镜的镀膜面朝向激光晶体,中间预留出 50 mm 左右的距离,以备后面腔内还要插入其他器件。调节输出镜的二维俯仰旋钮,使其反射的 650 nm 的指示激光束光点返回到指示激光出光口内。将半导体泵浦光源的电源旋钮调节到 800 mA,取出红外显示卡片放置到输出镜的前端并轻微晃动,检查是否可以看到 1 064 nm 的激光点。如果没有,微调输出镜的二维俯仰旋钮,使 650 nm 指示激光在其出光口附近微扫描,直至 1 064 nm 激光出光,关闭指示激光。

注意:红外显示卡要向下倾斜使用,防止泵浦光反射到人眼中,在最后微扫描调节激光输出镜的时候,要及时把红外显示卡片放置到输出镜前,以防止 1 064 nm 激光瞬间出来,却没有发现,忽略掉了,无谓增加调节时间。

3. 1 064 nm 固体激光模式观测及调整

1 064 nm 激光出光后,在红外显示卡上仔细观察光斑形状(当心红外卡片反射到眼睛当中),根据光斑分瓣形状及分瓣方向讨论此时的激光模式。缓慢调整激光输出镜的二维俯仰旋钮,仔细观察模式的变化。松开激光输出镜最下端的导轨滑块旋钮,调整输出镜沿导轨方向的位置,观察激光谐振腔长度改变对激光模式的影响。本实验配备了不同透过率的两片输出镜,也可更换不同透过率对比研究模式的变化。

注意：如果移动激光输出镜导致谐振腔失调，没有 1 064 nm 激光输出，则需要按照 2(4) 的方法调节出光。另外如果激光腔长超出一定距离，则有可能激光无法振荡出光，所以腔长改变是有一定范围的。

4. 1 064 nm 固体激光输出功率测量及转换效率等参数研究

选择一种激光输出镜，固定某一激光腔长，调节出光，通过激光功率计来监测功率。按照功率计监测示数最大为目标，依次微调输出镜二维俯仰旋钮、激光晶体四维调整旋钮、耦合镜组四维调整旋钮、激光晶体沿导轨方向位置旋钮，以达到功率计示数最高，确保激光谐振腔此时处于相对最佳的输出状态。测量激光输出功率与泵浦光源的关系数据，填入表 6-2 中。

表 6-2 1 064 nm 固体激光输出功率与泵浦光源关系数据表

输出镜透过率：　　　%　　　腔长：　　　mm

泵浦电流/A	泵浦功率/W	输出功率/W

根据测试数据，拟合出 1 064 nm 固体激光输出的 I-P 转换效率曲线和 P-P 转换效率曲线，并研究阈值条件。

改变腔长或输出镜透过率，重复测试数据并拟合曲线，综合对比研究谐振腔的改变对激光出光功率、转换效率、阈值条件等各项指标的影响。

注意：泵浦功率是在第一个实验内容中已经测量过的数据，直接应用即可。激光功率计放置在距离输出镜前端稍远位置处，而不是紧靠激光输出镜，原因在于透过输出镜的光除了正常的 1 064 nm 固体激光外，还有泵浦光源的 808 nm 半导体激光。但是半导体激光发散角较大，固体激光发散角较小，因此功率计放置在距离输出镜稍远一些的位置，即可忽略半导体激光的影响。

5. 固体激光倍频效应观察研究

如实物照片图 6-4 所示，在调整好的 1 064 nm 固体激光谐振腔内插入倍频晶体及调整架，微调平移、俯仰、面内旋转五维旋钮，观察出射 532 nm 绿光亮度的变化，直至最亮。

6. 固体激光被动调 Q 测量及研究

(1) 将倍频实验中的倍频晶体更换为被动调 Q 晶体，将半导体泵浦光源的电源旋钮调节到 1 A 左右，微调晶体平移、俯仰四维旋钮，直至在激光输出镜前

图 6-4　腔内倍频光路仪器图

的红外显示卡片上看到 1 064 nm 的激光点。测量 1 064 nm 固体激光的调 Q 输出功率与泵浦光源、基础激光的关系数据，填入表 6-3 中。

表 6-3　1 064 nm 固体激光的调 Q 输出功率与泵浦光源、基础激光的关系数据表

输出镜透过率：　　%		腔长：　　mm	
泵浦电流/A	泵浦功率/W	输出功率/W	调 Q 输出功率/mW

改变输出镜透过率和腔长，研究对比所测参数的变化。

（2）将快速探测器固定于激光输出镜前，接收调 Q 输出光，从示波器读取调 Q 脉冲信号的脉宽及重频参数，填入表 6-4 中。

表 6-4　调 Q 脉冲信号的脉宽及重频参数数据表

输出镜透过率：　　%			腔长：　　mm		
泵浦电流 /A	泵浦功率 /W	输出功率 /W	调 Q 输出功率 /mW	调 Q 脉宽 /ns	调 Q 重频 /kHz

五、数据与结果处理

（1）画出 808 mm 半导体泵浦光源的 I-P 曲线，并分析该曲线。

（2）总结 1 064 nm 固体激光谐振腔设计调整的方法和过程。

（3）调整谐振腔长度改变激光输出模式，分析总结谐振腔长度对激光输出

模式的影响。

（4）根据测试结果和拟合曲线综合对比研究谐振腔的改变对激光出光功率、转换效率、阈值条件等各项指标的影响。

（5）观察固体激光器的倍频效应，分析泵浦光源对调 Q 输出功率的影响。

六、思考题

（1）什么是半导体泵浦固体激光器中的光谱匹配和模式匹配？

（2）可饱和吸收调 Q 中的激光脉宽、重复频率随泵浦功率如何变化？为什么？

（3）把倍频晶体放在激光谐振腔内对提高倍频效率有何好处？

七、半导体泵浦固体激光器注意事项

（1）半导体激光器（LD）对环境有较高要求，因此本实验系统需放置于洁净实验室内。实验完成后，应及时盖上仪器箱盖，以免 LD 沾染灰尘。

（2）LD 对静电非常敏感。所以严禁随意拆装 LD 和用手直接触摸 LD 外壳。如果确实需要拆装，请带上静电环操作，并将拆下的 LD 两个电极立即短接。

（3）不要自行拆装 LD 电源。电源如果出现问题，请与生产厂家联系。同时，LD 电源的控制温度已经设定，对应于 LD 的最佳泵浦波长，请不要自行更改。

（4）准直好光路后须用遮挡物（如功率计或硬纸片）挡住准直器，避免准直器被输出的红外激光打坏。

（5）实验过程避免双眼直视激光光路，人眼不要与光路处于同一高度。

实验 2　气体激光器原理与技术实验

一、实验要求

1. 实验目的

（1）理解激光谐振原理，掌握激光谐振腔的调节方法。

（2）掌握激光传播特性主要参数的测量方法。

（3）了解 F-P 扫描干涉仪的结构和性能，掌握其使用方法。

（4）加深激光器物理概念的理解，掌握模式分析的基本方法。

（5）理解激光光束特性，学会对高斯光束进行测量与变换。

（6）了解激光器的偏振特性，掌握激光偏振测量方法。

2. 预习要求

(1) 阅读实验原理了解气体激光器的原理和出射激光束参数的测量方法。

(2) 了解激光器振荡模式分析的原理和方法。

(3) 查阅相关资料,了解气体激光器的特点和应用。

二、实验原理

1. 氦氖激光器原理与结构

氦氖激光器(简称 He-Ne 激光器)由光学谐振腔(输出镜与全反镜)、工作物质(密封在玻璃管里的氦气、氖气)和激励系统(激光电源)构成。

对 He-Ne 激光器而言,增益介质就是在毛细管内按一定的气压充以适当比例的氦、氖气体,当氦、氖混合气体被电流激励时,与某些谱线对应的上下能级的粒子数发生反转,使介质具有增益。介质增益与毛细管长度、内径粗细、两种气体的比例、总气压以及放电电流等因素有关。

对谐振腔而言,腔长要满足频率的驻波条件,谐振腔镜的曲率半径要满足腔的稳定条件。总之腔的损耗必须小于介质的增益,才能建立激光振荡。

内腔式 He-Ne 激光器的腔镜封装在激光管两端,而外腔式 He-Ne 激光器的激光管、输出镜及全反镜是安装在调节支架上的,如图 6-5 所示。调节支架能调节输出镜与全反镜之间平行度,使激光器工作时处于输出镜与全反镜相互平行且与放电管垂直的状态。在激光管的阴极、阳极上串接着整流电阻,防止激光管在放电时出现闪烁现象。氦氖激光器激励系统采用开关电路的直流电源,体积小,分量轻,可靠性高,可长时间运行。

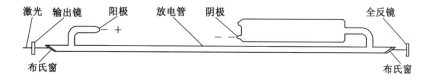

图 6-5　外腔 He-Ne 激光器结构示意图

2. 激光模式的形成

激光器的三个基本组成部分是增益介质、谐振腔和激励能源。如果用某种激励方式,将介质的某一对能级间形成粒子数反转分布,由于自发辐射和受激辐射的作用,将有一定频率的光波产生,在腔内传播,并被增益介质逐渐增强、放大。被传播的光波绝不是单一频率的(通常所谓某一波长的光,不过是光中心波长而已)。因能级有一定宽度,所以粒子在谐振腔内运动受多种因素的影响,实际激光器输出的光谱宽度是自然增宽、碰撞增宽和多普勒增宽叠加而成的。不同类型的激光器,工作条件不同,以上各影响因素也有主次之分。例如低气压、小功率的 He-Ne 激光器的 6 328 Å 谱线,以多普勒增宽为主,增宽线型基本呈高斯函数分布,宽度约为 1 500 MHz。频率落在展宽范围内的光在介质中传播时,光强将获得不同程度的放大。但只有单程放大,还不足以产生激光,还需要有谐振腔对它进行光学反馈,使光在多次往返传播中形成稳定持续的振荡,才有激光输出的可能。而形成持续振荡的条件是,光在谐振腔中往返一周的光程差应是波长的整数倍,即:

$$2\mu L = q\lambda_q \tag{6.3}$$

这正是光波相干极大的条件,满足此条件的光将获得极大增强,其他则相互抵消。式中,μ 是折射率,对气体 $\mu \approx 1$,L 是腔长,q 是正整数。每一个 q 对应纵向一种稳定的电磁场分布 λ_q,叫一个纵模,q 称作纵模序数。q 是一个很大的数,通常我们不需要知道它的数值。而关心的是有几个不同的 q 值,即激光器有几个不同的纵模。从式(6.3)中还可以看出,这也是驻波形成的条件,腔内的纵模是以驻波形式存在的,q 值反映的恰是驻波波腹的数目。纵模的频率为:

$$v_q = q\frac{c}{2\mu L} \tag{6.4}$$

同样,一般我们不求其具体数值,而是关心相邻两个纵模的频率间隔,即

$$\Delta v_{\Delta q=1} = \frac{c}{2\mu L} \approx \frac{c}{2L} \tag{6.5}$$

从式(6.5)中看出,相邻纵模频率间隔和激光器的腔长成反比。即腔越长,$\Delta v_{纵}$ 越小,满足振荡条件的纵模个数越多;相反,腔越短,$\Delta v_{纵}$ 越大,在同样的增宽曲线范围内,纵模个数就越少,因而缩短腔长是获得单纵模运行激光器的方法之一。

以上我们得出纵模具有的特征是:相邻纵模频率间隔相等;对应同一横模的一组纵模,它们强度的顶点构成了多普勒线型的轮廓线,如图 6-6 所示。

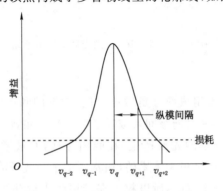

图 6-6　腔内纵模振荡增益损耗示意图

光波在腔内往返振荡时,一方面有增益,使光不断增强,另一方面也存在着不可避免的多种损耗,使光能减弱。如介质的吸收损耗、散射损耗、镜面透射损耗和放电毛细管的衍射损耗等。所以不仅要满足谐振条件,还需要增益大于各种损耗的总和,才能形成持续振荡,有激光输出。如图 6-6 所示,图中,增益线宽内虽有 5 个纵模满足谐振条件,但只有 3 个纵模的增益大于损耗,能有激光输出。对于纵模的观测,由于 q 值很大,相邻纵模频率差异很小,眼睛不能分辨,必须借用一定的检测仪器才能观测到。

谐振腔对光多次反馈,在纵向形成不同的场分布,同时对横向也会产生影响。这是因为光每经过放电毛细管反馈一次,就相当于一次衍射。多次反复衍射,就在横向的同一波腹处形成一个或多个稳定的干涉光斑。每一个衍射光斑对应一种稳定的横向电磁场分布,称为一个横模。我们所看到的复杂的光斑则是这些基本光斑的叠加,图 6-7 是几种常见的基本横模光斑图样。

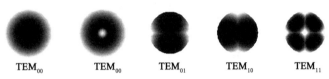

$$\text{TEM}_{00} \qquad \text{TEM}_{00} \qquad \text{TEM}_{01} \qquad \text{TEM}_{10} \qquad \text{TEM}_{11}$$

图 6-7　基本横模光斑图样示意图

总之,任何一个模,既是纵模,又是横模。它同时有两个名称,不过是对两个不同方向的观测结果分开称呼而已。一个模由三个量子数来表示,通常写作 TEM_{mnq},q 是纵模标记,m 和 n 是横模标记,m 是沿 x 轴场强为零的节点数,n 是沿 y 轴场强为零的节点数。

前面已知,不同的纵模对应不同的频率,那么同一纵模序数内的不同横模又如何呢? 同样,如图 6-8 所示,不同横模也对应不同的频率,横模序数越大,频率越高。通常也不需要求出具体横模频率,只是关心具有几个不同的横模及不同的横模间的频率差,经推导得

$$\Delta v_{\Delta m+\Delta n} = \frac{c}{2\mu L}\left\{\frac{1}{\pi}\arccos\left[\left(1-\frac{L}{R_1}\right)\left(1-\frac{L}{R_2}\right)\right]^{1/2}\right\} \tag{6.6}$$

式中,Δm,Δn 分别表示 x,y 方向上横模的序数差;R_1,R_2 为谐振腔的两个反射镜的曲率半径。相邻横模频率间隔为

$$\Delta v_{\Delta m+\Delta n=1} = \Delta v_{\Delta q=1}\left\{\frac{1}{\pi}\arccos\left[\left(1-\frac{L}{R_1}\right)\left(1-\frac{L}{R_2}\right)\right]^{1/2}\right\} \tag{6.7}$$

从上式还可以看出,相邻的横模频率间隔与纵模频率间隔的比值是一个分数,分数的大小由激光器的腔长和曲率半径决定。腔长与曲率半径的比值越大,分数值越大。当腔长等于曲率半径时($L=R_1=R_2$,即共焦腔),分数值达到极

大,即相邻两个横模的横模间隔是纵模间隔的 $1/2$,横模序数相差为 2 的谱线频率正好与纵模序数相差为 1 的谱线频率简并。

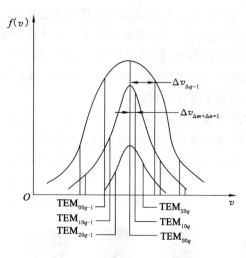

图 6-8　腔内高阶横模振荡分布

激光器中能产生的横模个数,除前述增益因素外,还与放电毛细管的粗细、内部损耗等因素有关。一般说来,放电管直径越大,可能出现的横模个数越多。同时横模序数越高,衍射损耗越大,形成振荡越困难。但激光器输出光中横模的强弱绝不能仅从衍射损耗一个因素考虑,而是由多种因素共同决定的,这是在模式分析实验中,辨认哪一个是高阶横模时易出错的地方。因而仅从光的强弱来判断横模阶数的高低,即认为光最强的谱线一定是基横模,这是不对的,而应根据高阶横模具有高频率来确定。

横模频率间隔的测量同纵模间隔一样,需借助展现的频谱图进行相关计算。但阶数 m 和 n 的数值仅从频谱图上是不能确定的,因为频谱图上只能看到有几个不同的 $(m+n)$ 值及可以测出它们间的差值 $\Delta(m+n)$。然而不同的 m 或 n 可对应相同的 $(m+n)$ 值,相同的 $(m+n)$ 在频谱图上又处在相同的位置,因此要确定 m 和 n 各是多少,还需要结合激光输出的光斑图形加以分析才行。当我们对光斑进行观察时,看到的应是它全部横模的叠加图(即图 6-7 中一个或几个单一态图形的组合)。当只有一个横模时,很易辨认;如果横模个数比较多,或基横模很强,掩盖了其他的横模,或某高阶模太弱,都会给分辨带来一定的难度。但由于我们有频谱图,知道了横模的个数及彼此强度上的大致关系,就可缩小考虑的范围,从而能准确地定位每个横模的 m 和 n 值。

3. 高斯光束的基本性质

众所周知,电磁场运动的普遍规律可用 Maxwell 方程组来描述。对于稳态传输光频电磁场可以归结为对光现象起主要作用的电矢量所满足的波动方程。在标量场近似条件下,可以简化为赫姆霍兹方程,高斯光束是赫姆霍兹方程在缓变振幅近似下的一个特解,它可以足够好地描述激光光束的性质。使用高斯光束的复参数表示和 ABCD 定律能够统一而简洁地处理高斯光束在腔内、外的传输变换问题。

在缓变振幅近似下求解赫姆霍兹方程,可以得到高斯光束的一般表达式:

$$A(r,z) = \frac{A_0 \omega_0}{\omega(z)} \mathrm{e}^{\frac{-r^2}{\omega^2(z)}} \cdot \mathrm{e}^{-\mathrm{i}\left[\frac{kr^2}{2R(z)} - \psi\right]} \tag{6.8}$$

式中,A_0 为振幅常数;ω_0 为场振幅减小到最大值的 $1/e$ 的 r 值,称为腰斑,它是高斯光束光斑半径的最小值;$\omega(z)$、$R(z)$、ψ 分别表示高斯光束的光斑半径、等相面曲率半径、相位因子,是描述高斯光束的三个重要参数,其具体表达式分别为:

$$\omega(z) = \omega_0 \sqrt{1 + \left(\frac{z}{Z_0}\right)^2} \tag{6.9}$$

$$R(z) = Z_0 \left(\frac{z}{Z_0} + \frac{Z_0}{z}\right) \tag{6.10}$$

$$\psi = \arctan \frac{z}{Z_0} \tag{6.11}$$

其中,$Z_0 = \frac{\pi \omega_0^2}{\lambda}$,称为瑞利长度或共焦参数。

高斯光束在 $z=$ 常数的面内,场振幅以高斯函数 $\mathrm{e}^{-r^2/\omega^2(z)}$ 的形式从中心向外平滑的减小,因而光斑半径 $\omega(z)$ 随坐标 z 按双曲线:

$$\frac{\omega^2(z)}{\omega_0^2} - \frac{z}{Z_0} = 1 \tag{6.12}$$

的规律而向外扩展。

在式中令相位部分等于常数,并略去 $\psi(z)$ 项,可以得到高斯光束的等相面方程:

$$\frac{r^2}{2R(z)} + z = \mathrm{const} \tag{6.13}$$

因而,可以认为高斯光束的等相面为球面。

瑞利长度的物理意义为:当 $|z| = Z_0$ 时,$\omega(Z_0) = \sqrt{2}\omega_0$。在实际应用中通常取 $z = \pm Z_0$ 范围为高斯光束的准直范围,即在这段长度范围内,高斯光束近似认为是平行的。所以,瑞利长度越长,就意味着高斯光束的准直范围越大,反之亦然。

高斯光束远场发散角 θ_0 的一般定义为当 $z \to \infty$ 时,高斯光束振幅减小到中心最大值 $1/e$ 处与 z 轴的交角。即表示为:

$$\theta_0 = \lim_{z \to \infty} \frac{\omega(z)}{z} = \frac{\lambda}{\pi \omega_0} \tag{6.14}$$

4. 高斯光束的复参数表示和高斯光束通过光学系统的变换

定义 $\dfrac{1}{q} = \dfrac{1}{R} - \mathrm{i}\dfrac{1}{\pi \omega^2}$,由前面的定义,可以得到 $q = z + \mathrm{i}Z_0$,因而式(6.8)可以改写为

$$A(r, q) = A_0 \frac{\mathrm{i}Z_0}{q} \mathrm{e}^{-kr^2/2q} \tag{6.15}$$

此时,$\dfrac{1}{R} = \mathrm{Re}\left(\dfrac{1}{q}\right), \dfrac{1}{\omega^2} = -\dfrac{\pi}{\lambda}\mathrm{Im}\left(\dfrac{1}{q}\right)$。

高斯光束通过变换矩阵为 $\boldsymbol{M} = \begin{pmatrix} A & B \\ C & D \end{pmatrix}$ 的光学系统后,其复参数 q_2 变换为:

$$q_2 = \frac{Aq_1 + B}{Cq_1 + D} \tag{6.16}$$

因而,在已知光学系统变换矩阵参数的情况下,采用高斯光束的复参数表示法可以简洁快速地求得变换后的高斯光束的特性参数。

5. 共焦球面扫描干涉仪结构与工作原理

共焦球面扫描干涉仪是一种分辨率很高的分光仪器,已成为激光技术中一种重要的测量设备。实验中使用它,将彼此频率差异甚小(几十至几百兆赫兹)、用眼睛和一般光谱仪器不能分辨的所有纵模、横模展现成频谱图来进行观测。它在本实验中起着不可替代的重要作用。

共焦球面扫描干涉仪是一个无源谐振腔,由两块球形凹面反射镜构成共焦腔,即两块镜的曲率半径和腔长相等,$R_1 = R_2 = l$。反射镜镀有高反射膜。两块镜中的一块是固定不变的,另一块固定在可随外加电压而变化的压电陶瓷上。如图 6-9 所示,① 为由低膨胀系数制成的间隔圈,用以保持两球形凹面反射镜 R_1 和 R_2 总是处在共焦状态。② 为压电陶瓷环,其特性是若在环的内外壁上加一定数值的电压,环的长度将随之发生变化,而且长度的变化量与外加电压的幅度呈线性关系,这正是扫描干涉仪被用来扫描的基本条件。由于长度的变化量很小,仅为波长数量级,它不足以改变腔的共焦状态。但是当线性关系不好时,会给测量带来一定的误差。

扫描干涉仪有两个重要的性能参数,即自由光谱范围和精细常数,以下分别对它们进行讨论。

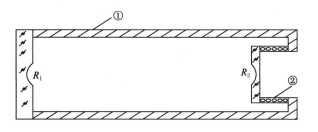

图 6-9　共焦球面扫描干涉仪共焦腔示意图

（1）自由光谱范围

当一束激光以近光轴方向射入干涉仪后，在共焦腔中经四次反射呈 x 形路径，光程近似为 $4l$，如图 6-10 所示，光在腔内每走一个周期都会有部分光从镜面透射出去。如在 A，B 两点，形成一束束透射光 $1,2,3,\cdots$ 和 $1',2',3',\cdots$，这时我们在压电陶瓷上加一线性电压，当外加电压使腔长变化到某一长度 l_a 时，正好使相邻两次透射光束的光程差是入射光中模的波长为 λ_a 的这条谱线的整数倍，即

$$4l_a = k\lambda_a \tag{6.17}$$

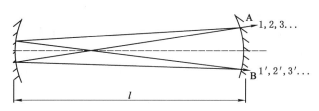

图 6-10　激光在共焦腔内传播示意

此时模 λ_a 将产生相干极大透射，而其他波长的模则相互抵消（k 为扫描干涉仪的干涉序数，是一个整数）。同理，外加电压又可使腔长变化到 l_b，使模 λ_b 符合谐振条件，极大透射，而 λ_a 等其他模又相互抵消……因此，透射极大的波长值和腔长值有一一对应关系。只要有一定幅度的电压来改变腔长，就可以使激光器全部不同波长（或频率）的模依次产生相干极大透过，形成扫描。但值得注意的是，若入射光波长范围超过某一限定时，外加电压虽可使腔长线性变化，但一个确定的腔长有可能使几个不同波长的模同时产生相干极大，造成重序。例如，当腔长变化到可使 λ_b 极大时，λ_a 会再次出现极大，有

$$4l_d = k\lambda_d = (k+1)\lambda_a \tag{6.18}$$

即 k 序中的 λ_d 和 $k+1$ 序中的 λ_a 同时满足极大条件，两种不同的模被同时扫出，迭加在一起，因此扫描干涉仪本身存在一个不重序的波长范围限制。所谓自由

光谱范围(S. R.)就是指扫描干涉仪所能扫出的不重序的最大波长差或频率差，用 $\Delta\lambda_{\text{S. R.}}$ 或者 $\Delta v_{\text{S. R.}}$ 表示。假如上例中 l_d 为刚刚重序的起点，则 $\lambda_d - \lambda_a$ 即此干涉仪的自由光谱范围值。经推导可得

$$\lambda_d - \lambda_a = \frac{\lambda_a^2}{4l} \tag{6.19}$$

由于 λ_d 与 λ_a 间相差很小，可共用 λ 近似表示

$$\Delta\lambda_{\text{S. R.}} = \frac{\lambda_a^2}{4l} \tag{6.20}$$

用频率表示，即

$$\Delta v_{\text{S. R.}} = \frac{c}{4l} \tag{6.21}$$

在模式分析实验中，由于不希望出现重序现象，故选用扫描干涉仪时，必须首先知道它的 $\Delta v_{\text{S. R.}}$ 和待分析的激光器频率范围 Δv，并使 $\Delta v_{\text{S. R.}} > \Delta v$，才能保证在频谱面上不重序，即腔长和模的波长或频率间保持一一对应关系。

自由光谱范围还可用腔长的变化量来描述，即腔长变化量为 $\lambda/4$ 时所对应的扫描范围。因为光在共焦腔内呈 x 形，四倍路程的光程差正好等于 λ，干涉序数改变 1。

另外，还可看出，当满足 $\Delta v_{\text{S. R.}} > \Delta v$ 条件后，如果外加电压足够大，可使腔长的变化量是 $\lambda/4$ 的 i 倍时，那么将会扫描出 i 个干涉序，激光器的所有模式将周期性地重复出现在干涉序 $k, k+1, \cdots, k+i$ 中，如图 6-11 所示。

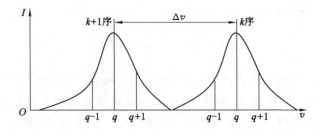

图 6-11 重复扫描出的模式线示意图

(2) 精细常数

精细常数 F 是用来表征扫描干涉仪分辨本领的参数。它的定义是：精细常数是自由光谱范围与最小分辨率极限宽度之比，即在自由光谱范围内能分辨的最多的谱线数目。精细常数的理论公式为：

$$F = \frac{\pi R}{1 - R} \tag{6.22}$$

式中,R 为凹面镜的反射率。从式(6.22)来看,F 只与镜片的反射率有关,实际上还与共焦腔的调整精度、镜片加工精度、干涉仪的入射和出射光孔的大小及使用时的准直精度等因素有关。因此精细常数的实际值应由实验来确定,根据精细常数的定义

$$F = \frac{\Delta\lambda_{\text{S.R.}}}{\delta\lambda} \tag{6.23}$$

显然,$\delta\lambda$ 就是干涉仪所能分辨出的最小波长差,用仪器的半宽度 $\Delta\lambda$ 代替,实验中就是一个模的半值宽度。从展开的频谱图中可以测定出 F 值的大小。

三、实验仪器

GCS-DPSL-C 型固体激光原理与技术综合实验仪,数字式示波器。

四、实验内容

1. 激光器谐振腔的变化调整与输出功率测量

将半外腔激光器平稳固定在导轨上,后端靠近导轨及实验桌的一侧,人处于激光器后端,十字叉板置于半外腔激光器后端和人眼之间,与放电管垂直,十字叉面向激光器一侧。接通电源,激光管中荧光亮起,使用台灯(或类似光源)照明十字叉板,使叉丝板上的十字像在后腔镜反射时更加明显。人眼通过十字叉板中心的小孔观察放电管的内径,首先会看到一个明显圆形亮斑,此亮斑为放电管内径中被激发的气体。由于十字叉板中心的小孔很小,上下左右微动十字叉板,使该圆形亮斑对称居中出现在视野中(如果小孔严重偏离放电管中心,则看不到圆形亮斑)。当眼睛适应放电管亮度后仔细观察,可看到圆形亮斑中心还有一个更亮的小亮点,进一步上下左右微调十字叉板,使通过小孔看到的小亮点位于圆形亮斑的正中心(图 6-12),此时十字叉板不再动,而且仍然保持与放电管的垂直状态。调节后腔镜的二维俯仰旋钮,十字叉像会随之移动,直到十字叉像的中心与之前观察到的小亮点重合,理论上激光器即可出光。实际操作时,如果没有出光,必然之前某一步操作存在偏差,可以重新检查一遍,或者使十字叉在小亮点周围小范围来回移动扫描,直至出光。

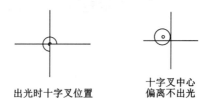

出光时十字叉位置　　　　十字叉中心
　　　　　　　　　　　　偏离不出光

图 6-12　十字叉与管芯亮点关系示意图

待出光后将功率指示器放置于半外腔激光器前出光口。监测输出功率,进一步调节后腔镜二维俯仰,使输出功率最大并记录(若功率始终较小,小于 1 mW,观察后腔镜是否有灰尘,若有污渍灰尘则可用酒精棉签轻轻擦拭以增大输出功率)。然后改变腔长和腔镜监测功率,完成表 6-5 并分析规律。

表 6-5 谐振腔变化与输出功率关系表

功率监测: mW	腔长 1: mm	腔长 2: mm	腔长 3: mm
曲率半径:$R=0.5$ m			
曲率半径:$R=1$ m			
曲率半径:$R=2$ m			

2. 半外腔激光器横模模式分析

短腔 He-Ne 激光器,因为模式简单清晰稳定,适于初学者理解激光模式的概念意义以及掌握测量分析的方法。

如图 6-13 所示,在激光器支杆处加装 H 形底座并将可变光阑放在光路中,将光阑通光孔调至最小,在导轨上前后移动光阑,反复调节使光路水平准直(近处调节支杆高低左右位置,远处调节俯仰程度)。拿掉可变光阑,出光口依次放置偏振片和 CMOS 摄像机,摄像机的入光口装有带 632.8 nm 滤光片的 CCD 光阑,保证只有激光束可以进入到靶面。

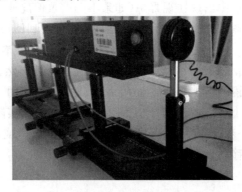

图 6-13 使用可变光阑调节光路准直

将光斑分析软件的 USB 软件锁插入电脑,运行"光斑分析软件安装包—2.6.0.exe",在桌面上生成"光斑分析的图标",点击"相机设置"调整"曝光时间"为 1 ms。挡住激光,点击"背景采集",然后点击"连续采集"。如果光斑饱和(白色)可适当调整偏振片角度。微调后腔镜的俯仰旋钮,使半外腔激光器输出

TEM00 模（基横模），如图 6-14 最左侧所示，光斑内光强呈圆对称高斯分布。可看到如图 6-14 所示界面。

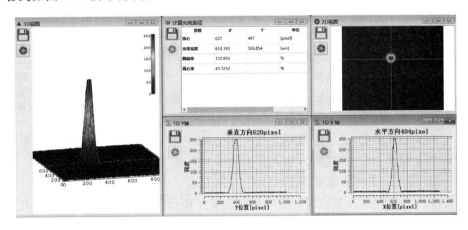

图 6-14　光斑分析软件界面

3. 半外腔激光器纵模模式分析

在导轨上自左向右依次放置氦氖激光器、光阑、共焦腔、探测器；打开锯齿波电源，调节"锯齿波幅度"旋钮居中，调节"锯齿波频率"为 40～50 Hz（示波器 1 通道显示）。此时从共焦腔入口会反射出一个光斑到光阑面上，上下左右微调共焦腔，直至光阑上的光斑以光阑孔为圆心。此时共焦腔后端会有两个光点出射，进一步微调共焦腔的四维姿态俯仰，直至共焦腔后端的两个光点合二为一。将光电探测器靠近共焦腔后端，并且使合二为一的光点进入探测器，此时示波器上会出现如图 6-15 所示形状的模式峰，进一步微调共焦腔和探测器，使看到的模式峰更高。

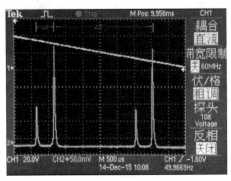

图 6-15　短腔激光器模式示意图［纵模间隔＝（$\Delta t/\Delta T$）×2.5 GHz］

模式峰处于锯齿波的平滑线性区间内,适当调节锯齿波的幅度,会看到出现重复的多组模式峰,适当调整示波器的时间旋钮,使重复的两组模式峰同时稳定出现在屏幕上(图 6-15 是重复的两组)。

两组之间对应的峰(比如两个 q 序)在示波器时间轴上的间隔则对应的是共焦腔的固有参数自由光谱区为 2.5 GHz,等比可以得出同一组内两峰(q 和 $q+1$ 序)之间的频率间隔。将量出的半外腔激光器腔长代入式(6.5)中的 L,即可理论算出该激光器纵模间隔(q 和 $q+1$ 序的频率间隔),如果与从示波器上等比推测出的相符,则完全判定了该内腔激光器的模式为"双纵模 & 基横模"。

由于腔长可变,腔镜俯仰可调,后腔镜的曲率半径可更换,因此在不同的组合状态下模式会相应有变化,甚至变化得相对复杂(会产生高阶横模)。

4. 氦氖激光器偏振态验证

半外腔氦氖激光器的谐振腔内由于放置了布儒斯特窗片,限制了输出光偏振态为线偏振,因此,可在输出光里放置一个偏振片,通过旋转偏振片来分析氦氖激光器激光的偏振状态。

调整半外腔氦氖激光器稳定出光,并固定在导轨上。将偏振片和激光功率指示计放在半外腔激光器的前端出光处旋转,根据功率计读数验证前端光束的偏振态。

5. 氦氖激光器发散角测量

测量发散角关键在于保证探测接收器能在垂直光束的传播方向上扫描,这是测量光束横截面尺寸和发散角的必要条件。由于远场发散角实际是以光斑尺寸为轨迹的两条双曲线的渐近线间的夹角,所以我们应尽量延长光路以保证其精确度。可以证明当距离大于 $\pi W_0^2/\lambda$ 时所测的全发散角与理论上的远场发散角相比误差仅在 1% 以内。测量光路如图 6-16 所示。

图 6-16　氦氖激光器发散角测量光路

打开光斑分析软件,设置好相机曝光时间,并且采集好背景后,点击"发散角测量",会有如图 6-17 所示界面。

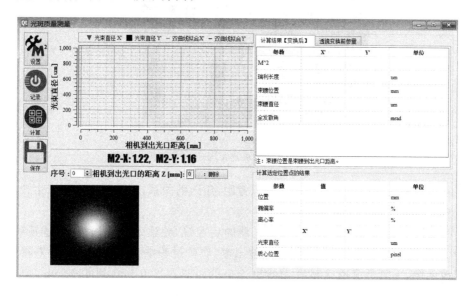

图 6-17　发散角测量数据记录界面

点击左上角"记录",输入"相机到出光口的距离 Z",系统会自动记录,移动 CMOS 摄像头的位置(由远及近或者由近及远且通过调节偏振片保证探测到的光斑类型处于相似的状态,如中心刚好饱和)重复操作"记录",可以获取不同位置的光斑大小。点击"计算"即可得到光斑发散角。

6. 激光高斯光束变换与测量

(1) 激光横模变换

如图 6-18 所示搭建光路,从出光口依次为:偏振片 1,偏振片 2,凸透镜 1(焦距 50 mm),凸透镜 2(焦距 150 mm 或者 200 mm),COMS 摄像头。调整两透镜的距离,使它们距离恰好为两者焦距之和(共焦),同之前操作步骤,打开光斑分析软件,记录经过光束变换之后光斑的大小,对比未经过变换的光斑大小,验证激光横模变换原理。也可以使用柱面镜,进行高斯光束点线变换的探究。

(2) 激光束腰变换

根据激光器光斑输出公式可以估算激光的束腰位置,由于激光的束腰在腔内,不能直接获取束腰大小,实验过程需要借助一个焦距长的球透镜(可选用焦距 200 mm 透镜),将光束聚焦于透镜右侧的某一位置,此聚焦点与光束原束腰

图 6-18 通过望远镜系统实现高斯光束点面变换

存在简单的几何成像关系,利用物距、像距、焦距的关系,可以反测出原光束腰的位置,具体步骤如下:

如图 6-19 所示,调整半外腔激光器的后腔镜,使输出为基横模,将透镜(焦距 200 mm)放置于半外腔激光器前输出端,实验过程中为方便测量希望获得束腰放大像,一般要求透镜与激光器出光口的距离在 200 mm 到 400 mm 之间。由于前端输出激光较强,实验中在透镜之前放置两个偏振片改变光强。

图 6-19 激光束腰变换光路图

在"光斑分析软件"中点击"连续采集",确定软件能正常采集(采集之前确定已经采集背景),点击"光束质量测量",如图 6-20 所示。

点击"记录",输入"Z 值(出光口到相机靶面的距离)",同时软件会记录下此位置的光斑参数,移动 CMOS 摄像头的位置(由远及近或者由近及远且通过调节偏振片保证探测到的光斑类型处于相似的状态,如中心刚好饱和)重复操作"记录"找到至少 5 组数据,点击"计算",可以计算束腰位置及束腰半径。

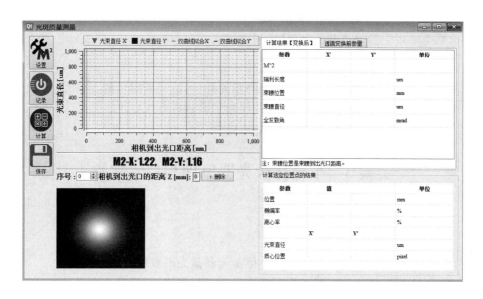

图 6-20　光斑质量测量记录界面

五、数据与结果处理

（1）观察并分析实验现象。

（2）根据测量结果计算相应的气体激光器的参数。

六、思考题

（1）和固体激光器相比,气体激光器有哪些特点？

（2）除了 He-Ne 激光器外,还有哪些气体激光器？

七、共焦球面扫描干涉仪(电部分)使用说明

（1）接好工作负载电路,用馈线接通 220 V 电源。

（2）将扫描"幅度""频率""偏置"旋钮放置中间位置。

（3）按"开关电源"按钮,调节"频率"旋钮,改变锯齿波输出频率,直到"锯齿波输出"和"锯齿波监测"有锯齿波输出。

（4）调节"幅度"旋钮,改变"锯齿波输出"和"锯齿波监测"的锯齿波电压幅度。

（5）调节"偏置"旋钮,可以改变偏压值。

（6）"锯齿波输出"端是与共焦腔连接的,"锯齿波监测"端是连接到示波器 1 通道上的,与输出端波形频率完全相同,幅度衰减了。"探测器电源"端与光电探测器连接,实现给探测器供电和探测信号返回的功能。"信号输出"端与示波器

2 通道连接,为最终输出的模式信号。

(7) 使用完后,按"开关电源"按钮,关机。

八、注意事项

(1) 该电源负载为压电陶瓷类的高阻元件,不适用低阻负载。

(2) 偏压调节操作应缓慢,使电压缓慢加载到压电陶瓷上。

(3) 信号输出切勿短路,否则损坏电路。

实验 3　半导体激光器原理与技术实验

一、实验要求

1. 实验目的

(1) 掌握使用光谱仪器测量半导体激光器激光谱线的方法。

(2) 测量半导体激光器工作时的功率、电压、电流,通过这些参数画出 $P\text{-}V$、$P\text{-}I$、$I\text{-}V$ 曲线,了解半导体激光器的工作特性曲线。

(3) 学会通过曲线计算半导体激光器的阈值。

(4) 通过实验对半导体激光器的偏振态、发散角有更加深入的了解。

2. 预习要求

(1) 阅读实验原理,了解半导体激光器的原理和构成。

(2) 了解半导体激光器的主要工作参数及其测量方法。

(3) 了解半导体激光器的应用。

二、实验原理

半导体激光器是最典型的光电子器件之一。它是用半导体材料作为工作物质的一类激光器,由于物质结构上的差异,产生激光的具体过程比较特殊。常用材料有砷化镓(GaAs)、硫化镉(CdS)、磷化铟(InP)、硫化锌(ZnS)等。激励方式有电注入、电子束激励和光泵浦三种形式。半导体激光器件可分为同质结、单异质结、双异质结等几种。同质结激光器和单异质结激光器在室温时多为脉冲器件,而双异质结激光器在室温时可实现连续工作。半导体激光器是现代光通讯、各种 CD 光盘机、激光打印机、复印机、条码扫描器等信息设备的重要元件,高功率半导体激光器是光纤激光器和一些固体激光器的泵浦光源。由于半导体激光器有效率高、使用方便、体积小、便于调制、价格低廉等特点,它在材料加工、医疗诊断等很多领域中有越来越多的应用。半导体激光器的种类也越来越多,覆盖的波长范围也越来越宽,以适合不同应用的需要,同时,器件的性能也在不断地得到改进和提高。

1. 半导体激光器的工作原理

不考虑电源的话,一个激光器主要由两部分组成:一个是工作介质,用于产生受激辐射的电磁场;另一个是谐振腔,用于控制电磁波的传播特性,将电磁波限制于少数几个电磁场模式,以利于产生受激辐射。顾名思义,半导体激光器的工作(增益)介质是半导体材料,同时,在一般的半导体激光器中,构成谐振腔的也是半导体材料。

电子在两个能级(态)之间跃迁产生光的吸收或发射。在半导体中有若干种不同的跃迁机理,电子-空穴复合发光(即能带间的跃迁)是其中最主要的一种。此时,产生电子跃迁的上、下能态是半导体的导带和价带。半导体中若掺杂了施主杂质,使材料比未掺杂时(本征半导体)具有更多的电子,则成为 N 型半导体;若掺杂了受主杂质,使材料比未掺杂时具有更多的空穴,则成为 P 型半导体。在制作半导体激光器时,控制掺杂的种类和浓度,可以使一块半导体材料的一侧成为 N 型区,另一侧成为 P 型区。两个区的交界处,被称为 PN 结。

假设 E_C 是导带,E_V 是价带,E_F 是系统在热平衡时的费米能级。PN 结区有一能量势垒,阻止 N(P)型区的电子(空穴)进入 P(N)型区。在 N 型区,电子是多数载流子,空穴是少数载流子;在 P 型区则相反。如果在两侧加上正向电压,则使势垒降低,外加的电源向 N 区注入电子,向 P 区注入空穴。大量注入电子和空穴的半导体的状态与系统处于热平衡时的状态是不同的,此时,电子和空穴处于非平衡态,有各自的费米分布 $f_e(E)$ 和 $f_h(E)$ 以及不同的准费米能级 E_{F_N} 和 E_{F_P}。N 区的电子会经过 PN 结向 P 区运动,P 区的空穴也会经 PN 结向 N 区运动,在 PN 结处,即激活区(或称有源层),产生粒子数反转,电子和空穴复合,以光子的形势释放出能量。这是半导体作为增益介质,在电流注入时的电子-空穴复合发光的机理。

发光强度 $I(h\nu)$ 与导带的态密度 $D_e(E)$、价带的态密度 $D_h(E)$、导带中电子的费米分布概率 $f_h(E)$ 有关,即

$$I(h\nu) = \int D_e(E) F_e(E) D_h(E - h\nu) f_e(E - h\nu) \mathrm{d}E \qquad (6.24)$$

在低载流子密度,经典极限下,有:

$$I(h\nu) \propto (h\nu - Eg)^{1/2} \exp[-(h\nu - Eg)/kT] \quad (h\nu > Eg) \qquad (6.25)$$

其中 Eg 为禁带宽度,而在高载流子密度的简并情况下,则要进一步考虑费米分布。

半导体激光器能够产生激光振荡,即产生受激发射,其必要条件是电子和空穴的分布不处于热平衡状态,而处于粒子数反转的状态。通过电流注入或者光激发的方式,可产生非热平衡的分布,使得

$$E_{F_N} - E_{F_P} > h\nu > E_g \tag{6.26}$$

这样,系统就具有了对光进行放大的能力,成为具有增益的工作介质。在实际的半导体激光器中,发光机理也可以不是电子-空穴复合,而是激子发光、杂质发光等。发光激活区的结构也有多种形式,如双异质结,量子阱等。

利用谐振腔将以上发光过程产生的光场限制在少数几个模式中,使能量集中,光场增强,再考虑到增益大于损耗,则可产生受激辐射,成为半导体激光器。在半导体激光器中,构成谐振腔的两个反射镜通常是半导体材料本身的解理面形成的两个端面。半导体与空气界面的反射率 R 通常是 30% 左右。由于谐振腔的限制,在腔内满足驻波条件的电磁场(光场)处于特定的模式,激光将只能在这些模式的频率上产生。由于存在损耗,这些模式也有一定的线宽,但比材料发光光谱的线宽小很多。电流注入产生粒子数反转,在某一特定电流 I_{th}(阈值电流)时,在由谐振腔确定的模式频率上,如果增益大于由吸收和散射造成的损耗 α,以及在反射镜上的透射损失,则产生激光。激光稳定振荡的条件是

$$g_{th} = \alpha - 1/2l\ln(R_1 R_2) \tag{6.27}$$

式中,g_{th} 称为阈值增益;l 是激光器的腔长。

继续增加电流 I,粒子数反转增加,电子和空穴的复合增加,则激光强度增加。输出激光的功率 P 与电流满足

$$P \propto I - I_{th} \tag{6.28}$$

比例因子与电子-空穴对向光子转化的量子效率、输出反射镜的透过率、光场模式与注入电流区的重合、器件的结构等因素有关。

由于半导体材料的折射率与空气的折射率相比较高,而且晶体的解理面很平整,故半导体材料的前后两个解理面正好构成了谐振腔的两个反射镜。限制层、有源层、反射面以及条形的注入电流的区间决定了激光的传播方向和特性。激光束(电磁波)的空间分布分为横向模式和纵向模式。半导体激光器的激光谱线的线宽是由多种因素决定的,主要有材料、腔长、功率、温度等。通常,半导体激光器的腔长在几百至几千微米,另外,半导体材料的自然解理面形成的反射面的反射率很低,只有 30% 左右。这些因素决定了半导体激光器的谱线宽度较窄。半导体激光器横向模式的近场分布与远场分布是不同的,实际的半导体激光器的具体结构也有多种形式,以上是一种典型的半导体激光器的基本结构,近年来有很多新发展,可参考有关文献。关于以上论述所涉及的导带、价带、掺杂、施主、受主、PN 结、费米能级和分布、偏置、电流注入、发光、增益、光场模式等概念,深入探讨请参考有关固体物理、激光原理和半导体激光器的论著。

2. 半导体激光器的工作特性

图 6-21 中给出了典型的半导体激光器的工作特性示意图,其中实线是输出

光功率和工作电流的关系,可以清楚地看到,曲线基本是由两条直线构成,在 I_{th} 标示的位置附近,斜率明显变化,这个拐点就是我们平时所说的阈值。可以近似地说,在阈值前是荧光功率和电流的关系,阈值后是激光功率和电流的关系。实际中,我们常采用将远大于阈值的光功率和电流的曲线用最小二乘法拟合一条直线(图中的点划线,由于和 $P\text{-}I$ 线基本重合,所以不是很清楚,在曲线中得到阈值的方法有四种,大家感兴趣的话,可以查阅相关的文献),这条直线和电流坐标轴交点的电流定义为阈值电流。图中的虚线是工作电压和工作电流的关系曲线($V\text{-}I$ 曲线),它也是基本由两段斜率不同的直线构成,一般 LD 在极小的电流状态下,电压已经较大了,所以一般测量时,只能看到第二段,第二段是 LD 的串联电阻(LD 本身的电阻特性)与通过 LD 的电流的结果。

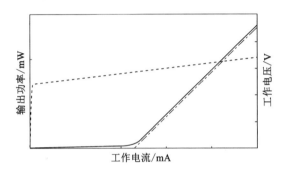

图 6-21　半导体激光器的工作特性示意图

(1) 阈值电流 I_{th}

当注入 PN 结的电流较低时,只有自发辐射产生,随电流值的增大增益也增大,达阈值电流 I_{th} 时,PN 结产生激光。影响阈值的几个因素有:

① 晶体的掺杂浓度越大,阈值越小。

② 谐振腔的损耗小,如增大反射率,阈值就低。

③ 与半导体材料结型有关,异质结阈值电流比同质结低得多。目前,室温下同质结的阈值电流大于 $30\,000\ \text{A/cm}^2$,单异质结约为 $8\,000\ \text{A/cm}^2$,双异质结约为 $1\,600\ \text{A/cm}^2$ 。现在已用双异质结制成在室温下能连续输出几十毫瓦的半导体激光器。

④ 温度愈高,阈值越高,100 K 以上,阈值随 T 的三次方增加。因此,半导体激光器最好在低温和室温下工作。

(2) 发散角

由于半导体激光器的谐振腔短小,激光方向性较差,在结的垂直平面内,发散角最大,可达 $20°\sim30°$,在结的水平平面内约为 $10°$ (由于实验中我们使用的

LD 是已经加透镜准直后的,所以出射光束发散角要小很多,但仍可以明显体会到垂直和水平方向发散角的差异)。

(3) 效率

外量子效率的定义为:

$$\eta_{ex} = \frac{\text{激光器每秒钟发射的光子数}}{\text{激光器每秒钟注入的电子} - \text{空穴对数}} = \frac{P_{ex}/h\nu}{I/e_0} \qquad (6.29)$$

式中,P_{ex} 为激光器输出光功率;h 为普朗克常数;e_0 为电荷常数;I 为工作电流。

功率效率定义为:

$$\eta_p = \frac{\text{激光器辐射的光功率}}{\text{激光器消耗的电功率}} = \frac{P_{ex}}{VI} \qquad (6.30)$$

由于 $h\nu \approx Eg \approx e_0 V$,所以功率效率可以近似为外量子效率。其中 V 为激光器工作电压。

由于激光器是阈值器件,当 I 小于 I_{th} 时,发射功率几乎为零,而大于阈值以后,输出功率随电流线性增加,因此用外量子效率和功率效率对激光器的描述都不够直接,因此定义了外量子微分效率:

$$\eta_D = \frac{(P_{ex} - P_{th})/h\nu}{(I - I_{th})/e_0} \cong \frac{P_{ex}/h\nu}{(I - I_{th})/e_0} \qquad (6.31)$$

由于各种损耗,目前的双异质结器件,室温时的 η_D 最高 10%,只有在低温下才能达到 30%~40%。

(4) 光谱特性

由于半导体材料的特殊电子结构,受激复合辐射发生在能带(导带与价带)之间,所以产生的激光线宽比气体激光器和固体激光器宽。在本实验中,可用多通道光栅光谱仪观测半导体激光器的波长及谱线。

三、实验仪器

GCS-DPSL-C 型固体激光原理与技术综合实验仪,计算机(安装 SpectraSmart 程序)。

四、实验内容

1. 观测半导体激光器的波长及谱线

(1) 在计算机上安装 SpectraSmart 程序,将光纤光谱仪与计算机连接。

(2) 用光纤连接光谱仪,将光纤的另一端连接在光纤架上,调整到合适的高度。

(3) 将半导体激光器的恒流挡位调整到 20 mA,打开电源,将电压调整到 2 V 左右,调节半导体激光器使光斑正对光纤中心,注意光谱仪不能饱和。

(4) 打开 SpectraSmart 程序,点击测量—光谱,微调激光器的位置,即可得到光谱的分布图。

2. 测量半导体激光器工作时的功率、电压、电流

（1）在电源上选择合适的挡位（半导体激光器的工作电压不宜超过 5 V）。

（2）打开半导体激光器电源，顺时针调整工作电压，记录多个状态下的电压、电流和功率值（表 6-6）。

表 6-6　半导体激光器工作时的功率、电压、电流数据表

	1	2	3	4	5	6	7	8	9	10
U/V										
I/mA										
P/mW										

（3）将工作电压旋钮逆时针旋转到最小，关机。

3. 半导体激光器的发散角测量

（1）将半导体激光器置于转台中央（需将激光器前的透镜拧下），依次为垂直结面方向和平行结面方向。

（2）将光斑打在光功率计探头的狭缝上，旋转精密转台，在光斑边缘一侧照射在狭缝边缘处，使功率计示数恰好为零即可，读出转台的读数。

（3）转动转台，使光斑的另一侧边缘转到狭缝另一边缘处，同样使光功率计示数恰好为零即可，读出此时转台的读数。

（4）两读数之差近似为半导体激光器的发散角。

4. 半导体激光器的激光偏振态

（1）将半导体激光器置于转台中央并调整到合适角度并固定，打开激光。

（2）将偏振片置于中间支架上，调整激光使光束通过偏振片中心。

（3）光功率计探头置于最右侧支杆上，使光束照射进入探头中心。

（4）改变偏振片角度，记录不同角度下的光功率值，若为线偏光，则会出现消光现象，若为部分偏振光，则会出现轻度变化，不会出现消光现象。

五、数据与结果处理

（1）通过作图，得到激光器阈值电流 I_{th}。

（2）利用得到的数据，计算功率效率和外量子微分效率（波长计算为 650 nm）。

六、思考题

（1）半导体激光器和一般固体激光器相比在结构上有何不同？结构的不同

是如何影响出射激光束的特性的？

（2）测量半导体激光器阈值电流的方法有哪些？

本章参考文献

[1] 吕百达.激光光学:激光束的传输变换和光束质量控制[M].成都:四川大学出版社,1992.

[2] 周炳琨,高以智,陈倜嵘,等.激光原理[M].6版.北京:国防工业出版社,2009.

[3] 阎吉祥.激光原理与技术[M].北京:高等教育出版社,2011.

[4] 安毓英,刘继芳,曹长庆.激光原理与技术[M].北京:科学出版社,2010.

[5] 陈海燕.激光原理与技术[M].北京:国防工业出版社,2016.

[6] 王启明.中国半导体激光器的历次突破与发展[J].中国激光,2010,37(9):2190-2197.

[7] 单成玉.温度对半导体激光器性能参数的影响[J].吉林师范大学学报(自然科学版),2003,24(4):95-97.

[8] 吴瑞昆.固体激光器进展及发展趋势[J].激光与红外,1991(1):19-26.

[9] 陈辉,高红,张云刚,等.半导体激光器的发展及其在激光光谱学中的应用[J].哈尔滨师范大学自然科学学报,2005(1):40-43.

[10] 王立军,宁永强,秦莉,等.大功率半导体激光器研究进展[J].发光学报,2015,36(1):1-19.

[11] 王路威.半导体激光器的发展及其应用[J].成都大学学报(自然科学版),2003(3):34-38.

第七章　彩色面阵 CCD 综合实验

视觉信息是人们从自然界获取的各种信息中最为丰富和可靠的,常言道"百闻不如一见"就充分肯定了视觉信息的可靠性。信息时代,我们需要将文字、音频、图片、视频等信息以数字化的形式处理和存储。对于图像信息的处理和存储来说,最关键的是图像信息的数字化采集和处理。

CCD 电荷耦合器件,是一种用电荷量表示信号大小,用耦合方式传输信号的探测元件,具有畸变小、体积小、重量轻、系统噪声低、功耗小、寿命长、可靠性高等一系列优点,并且比较容易集成化,成为图像采集及数字化处理必不可少的器件,现已在科研、教育、医学、商业、工业、军事及消费诸多领域得到了广泛的应用。

面阵 CCD 是二维的图像传感器,它可以直接将二维图像转变为视频信号输出。要实现对面阵 CCD 输出图像信号的采集,就必须掌握面阵 CCD 的工作原理。面阵 CCD 工作时,将二维图像转换为一定格式的视频信号输出,由计算机对此数据进行采集和处理,这涉及图像采集和图像处理。图像处理使用计算机对图像进行一系列加工,以达到所需的结果。常见的处理有图像数字化、图像编码、图像增强、图像复原、图像分割和图像分析等。

本实验采用 ZY12223B 型彩色面阵 CCD 综合实验仪通过对面阵 CCD 驱动时序波形的分析,让学生掌握面阵 CCD 的基本成像原理和工作特性。同时,该实验仪设置了一些基础的图像处理方面的实验内容,让学生对如何进行图像处理有一定的认识,更好地理解如何对图像质量进行增强、如何提取有效信息。最后,本实验还提供了图像采集程序及基本图像处理的源程序,学生可以参照软件编程手册指导,通过自行编写程序,加深对面阵 CCD 图像采集的上位机通讯、典型图像处理方法的理解和掌握。

彩色面阵 CCD 综合实验仪箱体结构如图 7-1 所示。

（一）放置区

被测物放置屏及外置彩色 CCD 通过螺杆固定在对应螺杆支座上,被测物放置屏上能够放置各种被测图片,便于外置彩色 CCD 对其进行采集。

（二）实验区

CCD 控制时钟测试区:内置 CCD 的 ΦV1、ΦV2、ΦV3、ΦV4,ΦH1、ΦH2、SH、RG 控制信号测试区。

CCD 切换开关:对黑白 CCD 和彩色 CCD 进行视频输出切换。

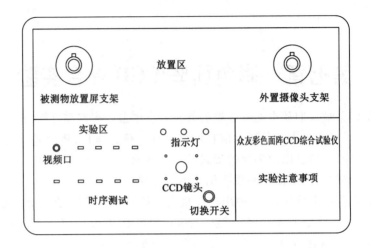

图 7-1 彩色面阵 CCD 综合实验仪面板布局图

Video 信号输出：CCD 模拟视频信号输出口。

图像采集卡：用于将面阵 CCD 输出的 PAL 格式的模拟视频信号转变成数字信号传给计算机。图像采集卡为 USB 总线接口方式，可以工作在黑白、彩色两种状态，当采集卡工作时，图像采集卡指示灯将周期性地闪亮，表明采集卡已正常工作能够进行数据采集工作。

电源指示灯：将电源连线连接至 220 V 交流电源后，打开电源开关，实验仪电源指示灯点亮。

摄像头切换开关指示灯：用于显示当前处于采集工作状态的面阵 CCD 摄像头是内置摄像头还是外置摄像头，当使用外置彩色面阵 CCD 时摄像头切换开关指示灯常亮。

图像采集卡指示灯：在计算机正确安装软件且 USB 数据线连接正确后点亮，当计算机关机或者 USB 数据线被切断时熄灭。

USB 数据接口：用来完成实验仪的 USB 总线与计算机之间的数据交换，以便将采集卡采集的数字图像信号传送给计算机。

实验 1 面阵 CCD 数据采集与图像显示实验

一、实验要求

1. 实验目的

(1) 了解对面阵 CCD 输出的复合视频信号进行 A/D 数据采集的原理和

方法。

（2）学习面阵 CCD 图像采集软件的基本操作。

（3）掌握面阵 CCD 图像数据的读写操作和利用文本文件分析图像性质的方法。

2．预习要求

（1）熟悉面阵 CCD 软件基本操作。

（2）学习图像数据的保存格式和文本格式的数据结构。

（3）熟悉面阵 CCD 视频信号输出至计算机接口的基本原理。

二、实验原理

图 7-2 为面阵 CCD 视频信号输出至计算机接口的基本原理方框图。

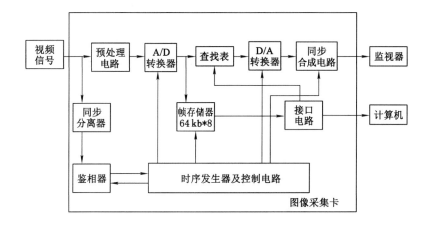

图 7-2　面阵 CCD 视频信号输出至计算机接口的基本原理方框图

图中的信号源一般为面阵 CCD 摄像机输出的全电视信号，也可以为录像机输出的视频信号。该信号进入图像卡后分为两路：一路经同步分离器分出行、场同步信号送给鉴相器，使之与卡内时序发生器产生的行、场同步信号保持同相位关系，并通过控制电路使卡上的各单元按视频信号的行、场电视制式的要求同步工作。另一路经过预处理电路，将视频的灰度信号由峰值为 1 的标准电视信号放大到 A/D 转换器所需要的幅度，并调整好白电平和对比度。预处理电路输出的信号送 A/D 转换器转换成数字信号。时序控制器将数字信号存于帧存储器。同时，卡上设置了为模拟监视器提供的全电视信号输出单元。它由查找表、D/A 转换器和同步合成电路构成。查找表在计算机接口电路的控制下，将 A/D 转换器输出的数字图像中的相同灰度值的地址放到指定的空间。这些数据经 D/A

转换成模拟电压值,使 D/A 转换器的输出在查找表指定行列点的灰度,便可以快速地还原图像于监视器上。在软件的作用下,图像卡可以方便地对数字图像进行存储、检测和加、减等各种运算处理。各模块功能如下:

1. 视频信号预处理电路

视频信号预处理电路具有视频信号放大、对比度和亮度调节、输出幅度同步钳位等多种功能。一般通过多级视频放大后送到 A/D 转换电路。

2. 模数转换电路

将视频信号由模拟量转换成数字信号,以便后续处理。一般需要高速 A/D 转换芯片,同时需要提供同步脉冲来作为 A/D 转换器的启动和转换完成的标志功能。

3. 帧存储器

为实现实时采集图像,在采集卡中设置有图像帧存储器。当计算机的地址信号有效时,可访问帧存储器。当采集系统的地址信号有效时,在软件控制下可实时地将采集的数据存入帧存储器或从帧存储器取出,连续显示帧存储器存储的图像。

4. 输出查找表及 D/A 转换

输出查找表是一片高速静态存储器 SRAM。帧存储器传来的数据可以选中查找表中的一个对应存储单元。该单元预先由微机写入了相应的图像变换所需要的数据,并经查找表的数据线输出,经 D/A 转换器送至监视器,显示灰度变换后的图像。

5. 时序发生器

时序发生器用于产生图像采集与显示所需要的帧存储器地址信号,以及行、场同步信号,以便于和 D/A 输出的视频信号一起合成为全电视信号。

三、实验仪器

ZY12223B 面阵 CCD 综合实验仪 1 台,带有 USB2.0 输入端口的计算机 1 台(显示分辨率使用 1024×768)。

四、实验内容

(1) 将外置 CCD 和被测物放置屏固定到螺杆支座上,调节螺杆至适当高度,使得外置 CCD 镜头对准物屏中心,然后拧紧固定螺母,安装完成后效果图参见图 7-1。

(2) 用双磁环 USB2.0 接口数据线将实验仪与计算机的 USB 端口相连接。

(3) 打开计算机的电源开关,并确认 ZY12223B 彩色面阵 CCD 实验仪的软件已经安装,若未安装,则先将软件安装。

（4）打开彩色面阵 CCD 实验仪的电源开关。

（5）弹起摄像头切换开关，使摄像头切换开关置于外置状态，摄像头切换指示灯常亮表明采集外置 CCD 摄像头的图像信号。

（6）将所需要观测的如图 7-3 所示的矩形图片安装在"被测物放置屏"上，将外置面阵 CCD 摄像头的镜头盖打开。

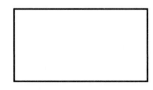

图 7-3

（7）运行"彩色面阵 CCD 综合实验平台"程序；选择实验列表中的"面阵 CCD 数据采集与图像显示实验"。

（8）选择"数据采集"菜单下的"连续采集"命令，观察采集到的实际图像，观测图像的成像质量，若不清晰，调整摄像头与被测图片的相对位置；或调节摄像镜头成像物镜的调焦（注意调焦之前要用小螺丝刀将镜头的固定螺丝松开，旋转镜头进行调焦，直到显示器上的图像清晰，然后拧紧固定螺丝）。

（9）选择"数据采集"菜单下的"停止采集"命令，点击"保存图片"按钮，将图片保存到指定目录下。

（10）点击"保存所有数据"按钮，将自动弹出保存数据的文本文件，文件的自动保存路径为" ＊/data/"（＊ 为"彩色面阵 CCD 综合实验平台"软件所在的路径）。

（11）文本文件记录的数据信息为各像素点的 R、G、B 亮度值及黑白灰度值，如果为彩色图片，则 R、G、B 亮度值与黑白灰度值的关系为

$$\text{Gray} = \frac{76}{255} \times \text{Red} + \frac{149}{255} \times \text{Green} + \frac{29}{255} \times \text{Blue} \tag{7.1}$$

如果为黑白图片，则 R、G、B 三色亮度值显示量同黑白灰度值。

（12）找到图像的清晰边界，再从文本文件中找到图像边界所在坐标，观察边界的数据特点，分析图像数据变化的原因以及如何运用数据信息。

（13）在显示图像中移动鼠标，观察软件界面左下角数值的变化，从中找到所需要的信息点，如幅度变化率最大点的位置，讨论它的意义。

（14）关机结束。

① 将所需要保存的数据或文件进行保存处理。

② 关闭实验仪的电源。

③ 盖好镜头盖。

④ 退出软件,关闭计算机。

⑤ 从螺杆支座上取下被测物放置屏及外置摄像头,取下图片,放回箱内,整理好所有连接线。

五、数据与结果处理

(1) 面阵 CCD 采集到的信息可以在计算机屏幕上清晰成像后,将图片以"Test1_1"命名进行保存,将数据保存的 txt 文档重命名为"Test1_2"。

(2) 将所采集的图像数据以文本文件的方式保存起来,思考如何从图像中各像素点的灰度值中找到实际图像的边界,并分析边界数据的特征,可以在图像上移动鼠标到边界点查看软件界面左下角数值的变化来进行分析。找出长方形的四条边所在坐标及边线的粗细。

(3) 思考这样查找边界的准确性如何,是什么原因导致了这种情况出现。等学习了后面的相关实验后,再思考有没有更便捷的边缘检测方法。

六、思考题

(1) 面阵 CCD 输出的视频信号为什么要先进行预处理才能送给 A/D 转换器进行 A/D 转换?

(2) 同步锁相电路有什么作用?

(3) 边界数据的特征是什么? 为什么?

实验 2　尺寸测量实验

一、实验要求

1. 实验目的

(1) 通过直接观测图像中一列或一行像元灰度值的变化情况,测量圆心坐标、圆的直径、矩形的长宽等尺寸信息。

(2) 通过对标准图形的点、线、面的测量,掌握应用面阵 CCD 进行尺寸测量的基本方法。

2. 预习要求

了解应用数字化图像信息判断物体尺寸的基本原理。

二、实验原理

CCD 用于尺寸测量的技术是非常有效的非接触检测技术,被广泛地应用于各种加工件的在线检测和高精度、高速度的检测技术领域。由 CCD 图像传感器、光学成像系统、计算机数据采集和处理系统构成的一维尺寸测量仪器,具有测量精度高、速度快、应用方便灵活等特点,是现有机械式、光学式、电磁式测量仪器所无法比拟的。这种测量方法往往无须配置复杂的机械运动机构,从而减少了产生误差的来源,使测量更准确、更方便。

在测量时,被测工件的图像通过 CCD 采集后进行数字化处理,然后通过计算机软件读取图像上某一行或某一列格点的灰度值,通过判断一系列灰度值的突变来判断工件的边沿。测量灰度值出现突变的位置,通过简单的线性变换就可以得到工件的实际尺寸数据。

三、实验仪器

ZY12223B 面阵 CCD 综合实验仪 1 台,带有 USB2.0 输入端口的计算机 1 台(显示分辨率使用 1024×768)。

四、实验内容

(1) 将外置 CCD 和被测物放置屏固定到螺杆支座上,调节螺杆至适当高度,使得外置 CCD 镜头对准物屏中心,然后拧紧固定螺母,安装完成后效果图参见图 7-1。

(2) 用双磁环 USB2.0 接口数据线将实验仪与计算机的 USB 端口相连接。

(3) 打开计算机的电源开关,打开彩色面阵 CCD 实验仪的电源开关。

(4) 弹起摄像头切换开关,使摄像头切换开关置于外置状态,摄像头切换指示灯常亮表明采集外置 CCD 摄像头的图像信号。

(5) 将所需要观测的正方形图片安装在"被测物放置屏"上,将外置面阵 CCD 摄像头的镜头盖打开。

(6) 运行"彩色面阵 CCD 综合实验平台"程序;选择实验列表中的"尺寸测量实验"。

(7) 选择"数据采集"菜单下的"连续采集"命令,观察采集到的实际图像,观测图像的成像质量,若不清晰,调整摄像头与被测图片的相对位置;或调节摄像镜头成像物镜的调焦(注意调焦之前要用小螺丝刀将镜头的固定螺丝松开,旋转镜头进行调焦,直到显示器上的图像清晰,然后拧紧固定螺丝)。

(8) 选择"数据采集"菜单下的"停止采集"命令。

(9) 在采集到的图片上把鼠标移动到某一行,按住"Ctrl"键的同时点击鼠标左键,将弹出一个对话框,对话框中的曲线图表示了水平方向上各像元灰度的变化状况,如图 7-4 所示。图中的横坐标是水平方向上的像元坐标值,纵坐标是各像元灰度值。

通过分析图 7-4 灰度值的变化,可以找到正方形的两条边界所在坐标。思

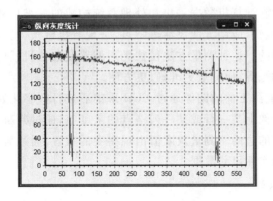

图 7-4　水平方向各点灰度值随位置的变化关系

考为什么灰度值跳变沿是一个脉冲而不是一条线。

　　如果想精确知道图片中具体的哪一行或哪一列像素点的灰度值变化,可以点击"保存一行数据"或"保存一列数据"按钮,在弹出的如图 7-5 所示的对话框中输入想观察的具体行数(或列数),该行(或列)的各点灰度值将会以文本形式出现。

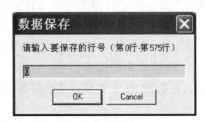

图 7-5　"数据保存"对话框

　　(10) 关于点数据的测量。

① 将如图 7-6 所示的黑色实心圆的图片放置于被测物放置屏上。

图 7-6　黑色实心圆形图片

② 点击"保存一行数据"按钮,输入需要观察的具体行数,该行的 R、G、B 亮度值和灰度值将以文本形式打开[R、G、B 亮度值和灰度值关系见式(7-1)],从一行的数据中可以观测到图像在水平方向的边界灰度变化情况。同理点击"保存一列数据"按钮,输入需要观察的具体列数,可以观测到图像在垂直方向的边界灰度变化情况。这样,我们通过坐标和数值能找到图形的边界在 X,Y 方向的变化。

③ 在采集到的图片上把鼠标移到某一行(具体坐标可通过软件左下角的坐标显示获取),按住"Ctrl"键的同时点击鼠标左键,将弹出一个对话框,对话框中的曲线图表示了水平方向上各像元灰度的变化状况,图中的横坐标是水平方向上的像元位置,纵坐标是各像元灰度值。因此整幅曲线图表示了水平方向上各像元灰度的变化状况。同理我们也可以把鼠标移至某一列上按住"Ctrl"键的同时点击鼠标右键,软件弹出的曲线图表示了垂直方向上各像元灰度的变化状况。

④ 我们通过坐标和数值能够确定 X 方向和 Y 方向的最大值和最小值,也就是点的边界像元坐标,通过此可以计算出被测点的中心坐标和大小。

点的直径公式:

$$D = \frac{(X_{\max} - X_{\min})M + (Y_{\max} - Y_{\min})N}{2} \tag{7.2}$$

点的中心坐标公式:

$$\begin{cases} X_0 = \dfrac{(X_{\max} + X_{\min})M}{2} \\ Y_0 = \dfrac{(Y_{\max} + Y_{\min})N}{2} \end{cases} \tag{7.3}$$

式中,$M = \dfrac{x}{\beta}$,$N = \dfrac{y}{\beta}$,其中 x、y 分别为面阵 CCD 的像敏单元在水平 X 与垂直 Y 方向尺寸;β 为光学系统的横向放大倍率。

在被测物表面处放置水平方向实际尺寸为 L 的标尺,对标尺进行图像采集,通过移动鼠标,查看软件左下角的坐标值,算出标尺图像的水平尺寸像素点总数为 L_1,则 M 值即 $M = \dfrac{L}{L_1}$。同理将标尺在垂直方向进行测量便可求得 N 的值。

(11) 关于圆数据的测量。

圆的测量及中心坐标求法和点相似,关键要注意内圆和外圆的区别。公式和点测量的一样。

(12) 关于矩形数据的测量。

通过文本数据,可以在数据中观测到图像在水平方向及垂直方向的边界灰度变化情况。据此可以找到四个顶点的坐标。

（13）关于三角形数据的测量。

方法同上，我们也可以找出三个顶点的坐标。

（14）关机结束。

① 将所需要保存的数据或文件进行保存处理。

② 关闭实验仪的电源。

③ 盖好镜头盖。

④ 退出软件，关闭计算机。

⑤ 从螺杆支座上取下被测物放置屏及外置摄像头，取下图片，放回箱内，整理好所有连接线。

五、数据与结果处理

（1）算出点的直径和中心坐标。

（2）算出圆的中心坐标，计算面积。

（3）算出矩形的中心坐标及面积、周长。

（4）算出三角形的中心坐标及面积、周长。

六、思考题

（1）灰度是指什么？对于 R、G、B 三原色 16 级灰度，可以得到的颜色总数是多少？

（2）图像的像素信息是如何转化为物体的实际尺寸的？标定的换算关系受哪些因素的影响？

实验3　图像信息点运算实验

一、实验要求

1. 实验目的

（1）应用已有软件对得到的图像进行灰度线性变换、二值化变换、窗口二值化变换和直方图均衡化变换实验。

（2）通过对以上图像变换的观测，进一步理解对图像灰度信息进行处理的原理和方法。

2. 预习要求

（1）了解对图像灰度信息进行各种变换的基本原理。

（2）了解对图像灰度进行各种变换的应用场景。

二、实验原理

1. 灰度直方图

灰度直方图是用来表达一副图像灰度级分布情况的统计表,直方图只展示具有某一灰度的像素点数,并不包含这些像素的空间分布信息。其横轴代表的是图像中的亮度,由左向右,从全黑逐渐过渡到全白;纵轴代表的则是图像中处于这个亮度范围的像素的相对数量。

2. 灰度线性变化

灰度变换可使图像动态范围加大。图像对比度扩展,清晰度提高,特征明显,因此是图像增强的重要手段。灰度变换既可以是线性变换又可以是非线性变换。

在曝光不足或过度的情况下,图像灰度可能会局限在一个很小的范围内。这时得到的图像可能是一个模糊不清且似乎没有灰度层次的图像。用一个线性单值函数对图像中的每一个像素作线性扩展,将有效改善图像视觉效果。本次实验主要研究线性变化。

令原始图像 $f(i,j)$ 的灰度范围为 $[a,b]$,线性变换后图像 $F(i,j)$ 的灰度范围为 $[a_1,b_1]$,则 $f(i,j)$ 和 $F(i,j)$ 之间存在以下关系:

$$F(i,j) = a_1 + \frac{b_1 - a_1}{b - a}[f(i,j) - a] \tag{7.4}$$

线性变换也可以表示为:

$$F(x) = A \cdot f(x) + B \tag{7.5}$$

式中,$f(x)$ 为原灰度值;$F(x)$ 为线性变化后的灰度值。

另一种情况是,图像中的大部分像素的灰度级在 $[a,b]$ 范围内,小部分像素分布在小于 a 和大于 b 的区间内,此时可用下式作变换:

$$F(i,j) = \begin{cases} a_1 & f(i,j) < a \\ a_1 + \dfrac{b_1 - a_1}{b - a} & a \leqslant f(i,j) < b \\ b_1 & f(i,j) \geqslant b \end{cases} \tag{7.6}$$

由于这两种"两端固定"的变换使小于灰度级 a 和大于灰度级 b 的像素强行压缩为 a_1 和 b_1,因而会造成一部分信息丢失。不过,在一些特殊应用场景做这种"牺牲"是值得的,如利用遥感资料分析降水时,在预处理中去掉非气象信息,既可以减少运算量,又可以提高分析精度。

3. 图像二值化处理

图像的二值化处理就是将图像上的像素点的灰度值设置为 0 或 255,也就是将整个图像呈现出非黑即白的极端黑白效果。将 256 个亮度等级的灰度图像通过适当的阈值选取而获得仍然可以反映图像整体和局部特征的二值化图像。所有灰度大于或等于阈值的像素被判定为属于特定物体,其灰度值为 255 表示,否则这些像素点被排除在物体区域以外,灰度值为 0,表示背景或者例外的物体区域。

具体操作过程是先由用户设定一个阈值 T_{th},如果图像中某像素单元的灰度值小于该阈值,则该像素单元的灰度值变换为 0 否则,其灰度值变为 255。变换函数为

$$f(x) = \begin{cases} 0 & x < T_{th} \\ 255 & x \geqslant T_{th} \end{cases} \tag{7.7}$$

图像二值化处理还有一个是窗口二值化处理,它的操作和阈值变换类似。该变换过程是先设置窗口 ($M \leqslant x \leqslant N$),$x$ 值小于下限 M 的像素单元的灰度值变换为 0,大于上限 N 的像素单元的灰度值变换为 255,而处于窗口中的灰度值保持不变。灰度窗口变换函数为

$$f(x) = \begin{cases} 0 & x < M \\ x & M \leqslant x < N \\ 255 & x \geqslant N \end{cases} \tag{7.8}$$

4. 直方图均衡化

直方图均衡化是最常见的对比度间接增强方法之一。直方图均衡化处理的"中心思想"是把原始图像的灰度直方图从集中在某个灰度区间的分布变成在全部灰度范围内的均匀分布。直方图均衡化是通过对图像进行非线性拉伸,重新分配图像像素值,使一定灰度范围内的像素数量大致相同,简单来说,直方图均衡化就是把给定图像的直方图分布改变成"均匀"分布的直方图分布。

这种方法通常用来增加许多图像的局部对比,尤其是当图像的有用数据的对比度相当接近的时候。通过这种方法,亮度可以更好地在直方图上分布。这样就可以用于增强局部的对比而不影响整体的对比,直方图均衡化通过有效地扩展常用的亮度分布范围来实现这种功能。

这种方法对于背景和前景都太亮或者太暗的图像非常有用,例如在 X 光图像中更好地显示骨骼结构等信息或者在曝光过度及曝光不足的照片中显示更多的信息。直方图均衡化的一个主要优势是它是一个相当直观的技术并且是可逆操作,如果已知均衡化函数,那么就可以恢复原始的直方图,并且计算量也不大。缺点是它对被处理的数据不加选择,可能会增加背景杂讯的对比度并且降低有用信号的对比度。

直方图均衡化的基本思想是把原始图的直方图变换为均匀分布的形式,这样就增加了像素灰度值的动态范围,从而可达到增强图像整体对比度的效果。设原始图像在 (x, y) 处的灰度为 f,而改变后的图像为 g,则对图像增强的方法

可表述为将在(x,y)处的灰度f映射为g。在灰度直方图均衡化处理中对图像的映射函数可定义为:$g=EQ(f)$,这个映射函数$EQ(f)$必须满足两个条件(其中L为图像的灰度级数):

(1) $EQ(f)$在$0{\leqslant}f{\leqslant}L-1$范围内是一个单值单调函数。这是为了保证增强处理没有打乱原始图像的灰度排列次序,原图各灰度级在变换后仍保持从黑到白(或从白到黑)的排列。

(2) 对于$0{\leqslant}f{\leqslant}L-1$有$0{\leqslant}g{\leqslant}L-1$,这个条件保证了变换前后灰度值动态范围的一致性。

直方图均衡化映射函数为:

$$g = EQ(f) = \frac{\left(\sum_{i=0}^{f} N_i\right) \times 255}{\text{High} \times \text{Width}} \tag{7.9}$$

式中,f为原图像像素灰度值($0\sim255$);g为经过灰度均衡运算后的灰度均衡值;N为原图像各灰度值对应的像元数量;High 为图像的高度(单位是像元数);Width 为图像的宽度(单位是像元数)。

例如原图像像元灰度值为100的像素点,即将公式中的f换成100,得到的g为新的灰度值。在实际处理变换时,一般先对原始图像的灰度分布情况进行统计分析,并计算出原始直方图分布,然后根据计算出的累计直方图分布求出灰度映射关系。在重复上述步骤得到原图像所有灰度级到目标图像灰度级的映射关系后,按照这个映射关系对原图像各点像素进行灰度转换,即可完成对原图的直方图均衡化。

三、实验仪器

ZY12223B 面阵 CCD 综合实验仪 1 台,带有 USB2.0 输入端口的计算机 1 台(显示分辨率使用 1024×768)。

四、实验内容

(1) 正确安装外置 CCD 和被测物体放置屏,连接实验仪和计算机,打开电源和实验仪专用软件(具体步骤参考"本章实验 1"的相关步骤)。

(2) 弹起摄像头切换开关,使摄像头切换开关置于外置状态,摄像头切换指示灯常亮表明采集外置 CCD 摄像头的图像信号。

(3) 将所需要观测的黑色正方形图片安装在"被测物放置屏"上,将外置面阵 CCD 摄像头的镜头盖打开。

(4) 运行"彩色面阵 CCD 综合实验平台"程序;选择实验列表中的"图像信息点运算实验"。

（5）选择"数据采集"菜单下的"连续采集"命令，观察采集到的实际图像，如果图像不够清晰则需要适当调整被测物体或摄像头的焦距（具体调节方法参考"本章实验1"的相关步骤）。

（6）选择"停止采集"命令，将采集到的图片通过"保存图片"命令进行保存，命名为"Test4_1"。

（7）点击"直方图"按钮，观察其直方图，结合前面的实验原理说明，掌握灰度直方图的含义。

（8）寻找任意彩色图片，采集其图像，观察其直方图，理解其红色、绿色、蓝色直方图分别的含义。

（9）换回黑白正方形到被测物放置屏上，重新采集一幅图，点击"灰度线性变换"按钮，输入不同的斜率和截距值，如图7-7所示，观察图片的变化情况，了解其含义。例如，输入斜率为2、截距为0，将变换后的图片通过选择"保存图片"命令进行保存，命名为"Test4_2"。

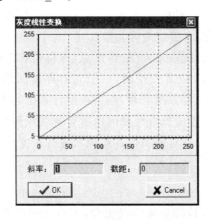

图7-7　灰度线性变换操作界面

（10）重新采集一幅图像，点击"反色效果"按钮，观察图片的变化情况，弄清反色和灰度线性变换的关系，将变换后的图片通过选择"保存图片"命令进行保存，命名为"Test4_3"。

（11）将如图7-8所示的图片安装在"被测物放置屏"上，采集停止后，将图片通过选择"保存图片"命令进行保存，命名为"Test4_4"。点击"黑白效果"按钮，观察图片的变化情况，将变换后的图片通过选择"保存图片"命令进行保存，命名为"Test4_5"。用鼠标在"Test4_5"上移动，尤其是几个彩色圆圈的地方，观察软件左下角的R、G、B亮度值及灰度值的变化情况。再通过"打开图片"命令打开图片"Test4_4"，用鼠标在"Test4_4"上几个彩色圆圈的地方移动，观察软件左下角的

RGB 亮度值及灰度值的变化情况,和之前在图片"Test 4_5"上的数值进行对比,理解黑白图片和彩色图片的区别,验证 R、G、B 亮度值和黑白灰度值的关系。

图 7-8　被测图片示意图

（12）重新将黑白正方形图片安装在"被测物放置屏"上,采集停止后,点击"二值化"按钮,输入不同的灰度阈值,理解二值化的原理。找到合适的二值化阈值,使得图片可以滤除掉背景的干扰,将变换后的图片通过选择"保存图片"命令进行保存,命名为"Test 4_6"。

（13）重新采集一幅图,点击"窗口二值化"按钮,输入其"窗口上限"和"窗口下限"的取值,理解窗口二值化的原理。思考窗口二值化处理和二值化处理的区别,分别适用于哪些领域。通过窗口二值化可以降低背景色的干扰,例如下限设为 100,上限设为 200,观察变化后的图片是否变清晰了。将变换后的图片通过选择"保存图片"命令进行保存,命名为"Test 4_7"。

（14）重新采集一幅图,点击"灰度均衡"按钮,观察图片的变化情况,理解灰度均衡的作用,将变换后的图片通过选择"保存图片"命令进行保存,命名为"Test 4_8"。

（15）关机结束实验(具体操作参考"本章实验 1"中的相关步骤)。

五、数据与结果处理

（1）观察灰度直方图,通过实际图像分析,写出灰度直方图横坐标、纵坐标的含义。

（2）进行灰度线性化实验,选择斜率为 2、截距为 0 时,观察并保存图像变换效果,说明为什么会出现这样的变化。

（3）进行反色处理实验,观察图像变换效果,思考灰度线性变化和反色处理的原理,写出当斜率和截距取值为多少时,灰度线性变化的效果等同于反色处理。

（4）进行黑白化处理实验,观察图像变化前后的效果,并且通过软件左下角的相关数据,试推导出 R、G、B 亮度值和灰度值的关系式。

（5）进行二值化处理实验,分析滤除掉背景色后的图片效果,思考当阈值选择在怎么样的一个范围时可以使得图像滤除干扰。

（6）进行窗口二值化实验,观察并保存图像变化效果。

（7）进行直方图均衡化实验,观察并保存图像变化效果。

六、思考题

（1）图像处理中二值化处理有什么作用?

（2）二值化和窗口二值化有什么区别? 我们为什么需要窗口二值化?

（3）图像均衡适用于什么场合?

实验 4　图像空间变换实验

一、实验要求

1. 实验目的

（1）掌握图像的平移、旋转、镜像和缩放等空间变换的算法原理,加深对图像处理的理解。

（2）了解各种图像空间变换算法程序。

2. 预习要求

（1）了解图像的平移、旋转、镜像和缩放等空间变换的算法。

（2）读懂"图像采集程序及图像运算程序设计"实验提供的 demo 演示及源代码。

二、实验原理

1. 图像的平移

首先我们来看对点的平移,图像的平移即可看成所有的点都做同一方向、同一距离的平移。设初始坐标为 (x_0, y_0) 的点经过平移 $(\Delta x, \Delta y)$（以向右,向下为正方向）后,坐标变为 (x_1, y_1),这两点之间的关系式是 $x_1 = x_0 + \Delta x$; $y_1 = y_0 + \Delta y$,以矩阵的形式表示为:

$$\begin{bmatrix} x_1 \\ y_1 \\ 1 \end{bmatrix} = \begin{bmatrix} x_0 \\ y_0 \\ 1 \end{bmatrix} \begin{bmatrix} 1 & 0 & 0 \\ 0 & 1 & 0 \\ \Delta x & \Delta y & 1 \end{bmatrix} \tag{7.10}$$

如果平移后新图中有点不是原图中的点,通常的做法是把该点的 R、G、B 值统一设成 $(0,0,0)$ 或者 $(255,255,255)$。

2. 图像的旋转

图 7-9 为图像旋转的坐标系示意图,点 (x_0, y_0) 经过旋转 θ 角后的坐标为

(x_1,y_1)。

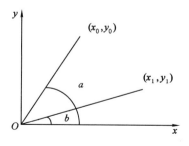

图 7-9 图像旋转坐标系示意图,其中 $a-b=\theta$

设旋转前点 (x_0,y_0) 为

$$\begin{cases} x_0 = r\cos a \\ y_0 = r\sin a \end{cases} \tag{7.11}$$

旋转后的坐标变为

$$\begin{cases} x_1 = r\cos(a-\theta) = x_0\cos\theta + y_0\sin\theta \\ y_1 = r\sin(a-\theta) = -x_0\sin\theta + y_0\cos\theta \end{cases} \tag{7.12}$$

3. 图像的镜像

图像的镜像变换可分为两种:水平镜像与垂直镜像。图像的水平镜像操作是将图像左半部分和右半部分以图像垂直中轴线为中心进行对换;图像的垂直镜像操作是将图像上半部分和下半部分以图像水平中轴线为中心进行对换。

设原图像的宽度为 w,高度为 h,变换后,图的宽度和高度不变。水平镜像变换如下式所示:

$$\begin{bmatrix} x_0 \\ y_0 \\ 1 \end{bmatrix} = \begin{bmatrix} x_1 \\ y_1 \\ 1 \end{bmatrix} \begin{bmatrix} -1 & 0 & 0 \\ 0 & 1 & 0 \\ w & 0 & 1 \end{bmatrix} \tag{7.13}$$

垂直镜像变换如下式所示

$$\begin{bmatrix} x_0 \\ y_0 \\ 1 \end{bmatrix} = \begin{bmatrix} x_1 \\ y_1 \\ 1 \end{bmatrix} \begin{bmatrix} 1 & 0 & 0 \\ 0 & -1 & 0 \\ 0 & h & 1 \end{bmatrix} \tag{7.14}$$

4. 图像的缩放

假设放大因子为 a,即图像的宽度和高度都同时乘以 a,缩放的变换矩阵为

$$\begin{bmatrix} x_0 \\ y_0 \\ 1 \end{bmatrix} = \begin{bmatrix} x_1 \\ y_1 \\ 1 \end{bmatrix} \begin{bmatrix} 1/a & 0 & 0 \\ 0 & 1/a & 0 \\ 0 & h & 1 \end{bmatrix} \tag{7.15}$$

三、实验仪器

ZY12223B 面阵 CCD 综合实验仪 1 台,带有 USB2.0 输入端口的计算机 1 台(显示分辨率使用 1024×768)。

四、实验内容

(1) 正确安装外置 CCD 和被测物体放置屏,连接实验仪和计算机,打开电源和实验仪专用软件(具体步骤参考"本章实验 1"的相关步骤)。

(2) 弹起摄像头切换开关,使摄像头切换开关置于外置状态,摄像头切换指示灯常亮表明采集外置 CCD 摄像头的图像信号。

(3) 将所需要观测的"上"字图片安装在"被测物放置屏"上,将外置面阵 CCD 摄像头的镜头盖打开。

(4) 运行"彩色面阵 CCD 综合实验平台"程序;选择实验列表中的"图像空间变换实验"。

(5) 选择"数据采集"菜单下的"连续采集"命令,观察采集到的实际图像,如果图像不够清晰则需要适当调整被测物体或摄像头的焦距(具体调节方法参考"本章实验 1"的相关步骤)。

(6) 选择"停止采集"命令,将图片通过"保存图片"命令进行保存,命名为"Test5_1"。

(7) 点击"图像移动"按钮,在弹出的对话框中输入移动距离(注意其 X、Y 坐标轴方向),然后观察图像的变化,思考图像移动原点是选取的哪个点。

(8) 重新采集一幅图,点击"图像移动"按钮,在弹出的对话框中输入旋转角度,然后观察图像的变化,思考其变化算法应该是怎样的。变换后的图片通过选择"保存图片"命令进行保存,命名为"Test5_2"。

(9) 重新采集一幅图,点击"水平镜像"按钮,观察图像的变化,理解其变化原理。变换后的图片通过选择"保存图片"命令进行保存,命名为"Test5_3"。

(10) 重新采集一幅图,点击"垂直镜像"按钮,观察图像的变化,理解其变化原理。变换后的图片通过选择"保存图片"命令进行保存,命名为"Test5_4"。

(11) 重新采集一幅图,点击"图像缩放"按钮,在弹出的对话框中输入 X、Y 方向的缩放系数,然后观察图像的变化,理解其变化原理。

(12) 关机结束实验(具体操作参考"本章实验 1"中的相关步骤)。

五、数据与结果处理

(1) 仔细观察本次实验的图像变化,结合实验原理中的说明,理解变化原理。并结合本章实验 9"图像采集程序及图像运算程序设计"中给出的水平镜像的 demo 程序及源代码,思考其他空间变化的算法。

（2）进行图像旋转实验，观察并保存图像变化效果。

（3）进行图像水平镜像实验，观察并保存图像变化效果。

（4）进行图像垂直镜像实验，观察并保存图像变化效果。

六、思考题

（1）图像旋转处理中旋转中心点一般如何选取？

（2）常用的图像空间变换有哪几种？简述这几种变换算法的原理。

（3）根据本章实验 9"图像采集程序及图像运算程序设计"实验提供的 demo 演示及源代码，尝试编写其他的图像空间变换算法。

实验 5　图像增强和清晰处理实验

一、实验要求

1. 实验目的

（1）理解数字图像亮度、对比度、噪声等概念。

（2）掌握亮度调节、对比度调节、锐化、平滑处理、中值滤波等常用图像处理的原理。

（3）通过本次实验，加深对数字图像增强技术的认识。

2. 预习要求

（1）通过阅读实验原理和相关资料理解常用的图像处理方法的基本原理和常用算法。

（2）了解数字图像增强技术的原理和应用场景。

二、实验原理

一般情况下，各类图像系统中图像的传送和转换（如成像、复制、扫描、传输以及显示等）总要造成图像的某些降质。例如：在摄像时，光学系统的失真、相对运动、大气流动等都会使图像模糊；在图像传输过程中，由于噪声污染，图像质量会有所下降。对这些降质图像的改善处理方法有两类：一类是不考虑图像降质的原因，只将图像中感兴趣的特征有选择地突出，而衰减其次要信息。此类方法能提高图像的可读性，但改善后的图像不一定逼近原始图像。另一类方法是图像增强技术，应用该技术可以突出目标的轮廓，衰减各种噪声，将黑白图像转换成彩色图像等。而图像增强技术通常又有两种方法：空间域法和变换域法。空间域法主要是在空间域中对图像像素灰度值进行运算处理。而变换域法是在图像的某种变换域（如频率域）内对图像的变换系数进行运算，并做某种修正，然后再通过逆变换后获得图像增强效果。

1. 图像的平滑

大部分图像噪声,如由光敏元件、传输通道、量化器等引起的噪声,多半是随机噪声,它们对某一像素点的影响都可以被看作是孤立的,因此,与邻近各点相比,该点灰度值将有显著的不同。基于这一分析,我们可以采用平滑处理。

平滑模板的思想是通过一点和周围几个点的运算(通常为平均运算)来去除突然变化的点,从而滤掉一定的噪声,但图像有一定程度的模糊。如何减少图像模糊是图像平滑处理技术主要研究的问题之一,它取决于噪声本身的特性。一般情况下通过选择不同的模板来消除不同的噪声。如图 7-10 所示,$f(i,j)$ 表示 (i,j) 点的实际灰度值,以它为中心我们取一个 $N \times N$ 的窗口($N=3、5、7、\cdots$),图中 $N=3$,窗口内像素组成的点集以 A 来表示,经平滑后,像素(i,j)的对应输出为

$$g(i,j) = \frac{1}{N \times N} \sum_{(x,y) \leftarrow A} f(x,y) \tag{7.16}$$

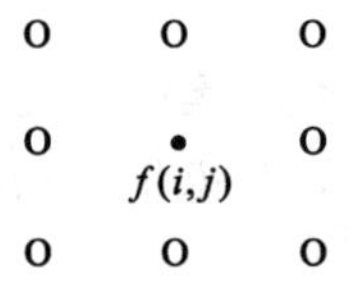

图 7-10   应用邻域平均法去除图像噪声示意图

邻域平均法的平均作用会引起模糊现象,模糊程度与邻域半径成正比。为了尽可能减少模糊失真,有人提出了"超限邻域平均法",即如果某个像素的灰度值大于其邻域像素的平均值,且达到一定水平,则判断该像素为噪声,继而用邻域像素的平均值取代这一像素值。

在操作中我们对窗口大小的选择要慎重,窗口尺寸太大,易使图像模糊。在实际应用中,我们一般用 3×3 窗口,而且还可以对邻域中各个像素乘以不同的权重然后再平均,由此得到不同的加权矩阵。以下给出常用的几种加权矩阵:

$$H_1 = \frac{1}{9} \begin{bmatrix} 1 & 1 & 1 \\ 1 & 1 & 1 \\ 1 & 1 & 1 \end{bmatrix} \qquad H_2 = \frac{1}{10} \begin{bmatrix} 1 & 1 & 1 \\ 1 & 2 & 1 \\ 1 & 1 & 1 \end{bmatrix}$$

$$\tag{7.17}$$

$$H_3 = \frac{1}{16} \begin{bmatrix} 1 & 2 & 1 \\ 2 & 4 & 2 \\ 1 & 2 & 1 \end{bmatrix} \qquad H_4 = \frac{1}{8} \begin{bmatrix} 1 & 1 & 1 \\ 1 & 0 & 1 \\ 1 & 1 & 1 \end{bmatrix}$$

2. 中值滤波

以上邻域平均法相当于用窗口在图像上滑动,并且把窗口中心对应的像素

值修改为邻域(即窗口)的代数平均值。但是在图像边缘轮廓包含有大量的高频信息,而邻域平均法实质上是一个低通滤波器,直接使用邻域平均法会使图像边界变得模糊。后来有人提出邻域加权平均法作为改进,给窗口内不同位置的像素设置不同的权重,从而可以减少模糊性而较好地保留边缘信息。为了既能去除噪声,又能保留边界信息,可以使用中值滤波算法。

中值滤波算法是由图基在 1971 年提出的,中值滤波的原理是把序列或数字图像中的一点的值,用该点邻域中各点值的中值来替代。对于序列而言中值的定义是这样的:

若 $x_1, x_2, \cdots, x_n$ 为一组序列,先把其按大小排列为:

$$x_{i1} \leqslant x_{i2} \leqslant x_{i3} \leqslant \cdots \leqslant x_{in} \tag{7.18}$$

则该序列的中值 y 为

$$y = \mathrm{Med}\{x_1, x_2, \cdots, x_n\} = \begin{cases} x_{i\left(\frac{n+1}{2}\right)} & \text{为奇数} \\ \dfrac{1}{2}\left[x_{i\frac{n}{2}} + x_{i\left(\frac{n+1}{2}\right)}\right] & \text{为偶数} \end{cases} \tag{7.19}$$

式(7.19)中,若把一个点的特定长度或形状的邻域作为窗口,在一维情况下,中值滤波器是一个含有奇数个像素的滑动窗口。窗口正中间的那个像素的值用窗口各像素值的中值来代替。对于奇数个元素,中值是指按大小排序后,中间的数值;对于偶数个元素,中值是指将像元灰度值排序后中间两个像元灰度值的平均值。这样一来,噪声就可以被去除(明亮区的少数暗点或暗区的少数明亮点或者是最小值或者是最大值,取中间值可以直接丢弃这些值而不参加运算),同时能较好地保留边缘信息。

针对图像的中值滤波过程为:首先将窗口内所涵盖的像素按灰度值由小到大排列,再取序列中间点的值作为中值,并以此值作为滤波器的输出值。在有很强的脉冲干扰情况下,因为这些灰度值的干扰值与其邻近像素的灰度值有很大的差异,因此经排序后取中值的结果是强迫将此干扰点变成与其邻近的某些像素的灰度值一样,从而达到去除干扰的效果。应当注意的是中值滤波的过程是一个非线性的操作过程,它既能保持图像的轮廓,又能消除强干扰脉冲噪声。

除了采用像素中值的中值滤波外,还可采用其他的方法,例如采用平均值和样点值进行综合运算,称为平滑锐化滤波。具体算法是先计算周边像素灰度的平均值,若所考虑像素的灰度与此平均值的差异超过一定临界值时,则判定此像素为干扰,该点的值应采用先前计算所得的平均值来替代,若不超出临界值则用该点实际像素的灰度值作为滤波器的输出值,此种方法更接近于人眼的实际感觉。

利用中值滤波法消除图像噪声要经过如下过程:① 输入图像;② 加入模拟

噪声;③ 中值滤波。中值滤波对于消除高斯白噪声效果不是特别理想,但对消除随机干扰噪声效果却非常好。因此,中值滤波在图像处理中是比较理想的滤波方法。

为了演示中值滤波器的工作过程,我们给下面的数组加上观察窗 3,重复边界的数值:

$$x = \begin{bmatrix} 2 & 80 & 6 & 3 \end{bmatrix}$$
$$y[1] = \text{Median}[2 \quad 2 \quad 80]$$
$$y[2] = \text{Median}[2 \quad 80 \quad 6] = \text{Median}[2 \quad 6 \quad 80] = 6 \qquad (7.20)$$
$$y[3] = \text{Median}[80 \quad 6 \quad 3] = \text{Median}[3 \quad 6 \quad 80] = 6$$
$$y[4] = \text{Median}[6 \quad 3 \quad 3] = \text{Median}[3 \quad 3 \quad 6] = 3$$

于是 $y = \begin{bmatrix} 2 & 6 & 6 & 3 \end{bmatrix}$,其中 y 是 x 的中值滤波输出。

3. 图像锐化

图像锐化处理的目的是使模糊图像变得更加清晰起来。通常,它针对引起图像模糊的原因进行相应地锐化处理,它也属于图像复原范畴。图像的模糊实质就是图像受到平均或积分运算造成的,因此可以对图像进行逆运算如微分运算使图像清晰化。从频谱角度来分析,图像模糊的实质是其高频分量被衰减,因而可以通过高通滤波操作来清晰化图像。但要注意,能够进行锐化处理的图像必须有较高的信噪比,否则,噪声的增加量比信号还要大,使得锐化后的图像信噪比反而更低。因此一般是先去除或减轻噪声后再进行锐化处理。

图像锐化处理有两种方法:一是微分法,二是高通滤波法。后者的工作原理和低通滤波相似,不再详细介绍。下面主要介绍两种常用的微分锐化方法:梯度锐化和拉普拉斯锐化。

(1) 梯度锐化

设图像在 (x,y) 处的值为 $f(x,y)$,定义 $f(x,y)$ 在该点的梯度矢量 $G[f(x,y)]$ 为

$$\bar{G}[f(x,y)] = \begin{bmatrix} \dfrac{\partial f}{\partial x} \\ \dfrac{\partial f}{\partial y} \end{bmatrix} \qquad (7.21)$$

梯度有两个重要的性质:

① 梯度的方向在函数 $f(x,y)$ 最大变化率方向上;

② 梯度的幅度用 $G[f(x,y)] = \sqrt{\left(\dfrac{\partial f}{\partial x}\right)^2 + \left(\dfrac{\partial f}{\partial y}\right)^2}$ 表示,可见梯度的数值就是在其最大变化率方向上的单位距离所对应的增加量。

对于离散的像素点,上式可以改写为

$$G[f(i,j)] = \sqrt{[f(i,j) - f(i+1,j)]^2 + [f(i,j) - f(i,j+1)]^2}$$

$$(7.22)$$

通常也可近似为下面两种形式

$$G[f(i,j)] = \sqrt{[f(i,j) - f(i+1,j+1)]^2 + [f(i+1,j) - f(i,j+1)]^2}$$

$$(7.23)$$

$$G[f(i,j)] \cong |f(i,j) - f(i+1,j+1) + |f(i+1,j) - f(i,j+1)||$$

$$(7.24)$$

上面两个公式称为罗伯特(Roberts)梯度。

如果直接采用梯度值 $G[f(x,y)]$ 来表示图像,即令 $f(x,y) = G[f(x,y)]$,则由上式可见,在图像变化缓慢的地方其值很小(对应图像较暗处);而在线条轮廓等变化较快的地方值很大。图像在经过梯度运算后使之更加清晰,实现了锐化图像的目的。

(2) 拉普拉斯锐化

拉普拉斯运算也是偏导数运算的线性组合,而且是一种各向同性(旋转不变性)的线性运算。设 $\nabla^2 f$ 为拉普拉斯算子:

$$\nabla^2 f = \frac{\partial^2 f}{\partial x^2} + \frac{\partial^2 f}{\partial y^2}$$

$$(7.25)$$

用模板可表示为

$$\begin{bmatrix} -1 & -1 & -1 \\ -1 & 9 & -1 \\ -1 & -1 & -1 \end{bmatrix}$$

$$(7.26)$$

容易看出拉普拉斯模板的含义,先将自身与周围的 8 个像素相减,表示自身与周围像素的差别,再将这个差别加上自身作为新像素的灰度。可见,如果一片暗区出现了一个亮点,那么锐化处理的结果是这个亮点变得更亮,增加了图像的噪声。因为图像中的边缘就是那些灰度发生跳变的区域,所以锐化模板在边缘检测中很有用。

4. 亮度及对比度

在图像处理中,亮度和对比度的具体定义是:亮度是单种颜色的相对明暗程度,通常使用从 0%(黑色)至 100%(白色)的百分比来度量。对比度指的是一幅图像中明暗区域最亮的白和最暗的黑之间不同亮度层级的测量,差异范围越大代表对比度越大,差异范围越小代表对比度越小,好的对比度 120:1 就可容易地显示生动、丰富的色彩,当对比度高达 300:1 时,便可支持各阶的颜色。

我们以 24 位黑白图像为例子,灰度值 0~255,一共 256 种深度来表示。如果我们把它画在一个二维坐标上,比如我们将像素的色深作为横坐标,输出色深作为纵坐标的画,那么经过原点$(0,0)$的 45 度斜线就表示它的对比度正好为 1。这样很容易就可以写出它的直线方程:$Out = In \times 1$,系数 1 就是对比度的概念,如果把这条直线加上一个偏移量变成 B,那么它的直线方程就成为:$Out = In \times 1 + (ab)$,偏移量(ab)就是亮度的增量。

三、实验仪器

ZY12223B 面阵 CCD 综合实验仪 1 台,带有 USB2.0 输入端口的计算机 1 台(显示分辨率使用 1024×768)。

四、实验内容

(1) 正确安装外置 CCD 和被测物体放置屏,连接实验仪和计算机,打开电源和实验仪专用软件(具体步骤参考"本章实验 1"的相关步骤)。

(2) 弹起摄像头切换开关,使摄像头切换开关置于外置状态,摄像头切换指示灯常亮表明采集外置 CCD 摄像头的图像信号。

(3) 将需要观测的"上"字图片安装在"被测物放置屏"上,将外置面阵 CCD 摄像头的镜头盖打开。

(4) 运行"彩色面阵 CCD 综合实验平台"程序;选择实验列表中的"图像增强和清晰处理实验"。

(5) 选择"数据采集"菜单下的"连续采集"命令,观察采集到的实际图像,如果图像不够清晰则需要适当调整被测物体或摄像头的焦距(具体调节方法参考"本章实验 1"的相关步骤)。

(6) 选择"停止采集"命令,将图片通过选择"保存图片"命令进行保存,命名为"Test6_1"。

(7) 点击"图像移动"按钮,在弹出的对话框中输入想增减的亮度值,然后观察图像的变化,加强对亮度概念的理解,将亮度增加 100 后的图片通过选择"保存图片"命令进行保存,命名为"Test6_2"。

(8) 重新采集一幅图,点击"对比度调节"按钮,在弹出的对话框中输入想增减的对比度值,然后观察图像的变化,加强对对比度概念的理解,将对比度增加 100 后的图片通过选择"保存图片"命令进行保存,命名为"Test6_3"。

(9) 将"Test6_2"和"Test6_3"两幅图片进行比较,理解亮度调节和对比度调节各自的特点。

(10) 重新采集一幅图,点击"图像锐化"按钮,在弹出的对话框中选择"梯度锐化",然后观察图像的变化,为了观察更加形象,可以换取实验仪中提供的其他图片或自选图片进行观察,将经梯度锐化变换后的图片通过选择"保存图片"命令进行保存,命名为"Test6_4"。

（11）重新采集一幅图,点击"图像锐化"按钮,在弹出的对话框中选择"拉普拉斯锐化",然后观察图像的变化,为了观察更加形象,可以换取实验仪中提供的其他图片或自选图片进行观察,将经拉普拉斯锐化变换后的图片通过选择"保存图片"命令进行保存,命名为"Test6_5"。

（12）比较"Test6_4"和"Test6_5"两张图片,结合以上实验原理中对两者算法的描述,思考变换结果为什么会有差异。

（13）重新采集一幅图,首先进行"图像锐化"中的拉普拉斯锐化,此时图片上出现了噪声,然后点击"平滑处理"按钮,在弹出的对话框中选择均匀平滑,然后观察图像的变化,将变换后的图片通过选择"保存图片"命令进行保存,命名为"Test6_6"。

（14）重新采集一幅图,首先进行"图像锐化"中的拉普拉斯锐化,此时图片上出现了噪声,然后点击"平滑处理"按钮,在弹出的对话框中选择高斯平滑,然后观察图像的变化,将变换后的图片通过选择"保存图片"命令进行保存,命名为"Test6_7"。

（15）比较"Test6_6"和"Test6_7"两幅图片,结合均匀平滑和高斯平滑各自的模板及实验原理中对平滑处理的讲解,思考模板在平滑中的作用。

（16）重新采集一幅图,首先进行"图像锐化"中的拉普拉斯锐化,然后点击"平滑处理"按钮,在弹出的对话框中选择自定义模板,手动设置参数值构建均匀平滑模板和高斯平滑模板,观察图像的变化效果是否同前。我们还可以尝试式(7.17)中所描述的其他模板,选择不同的模板大小,观察图像平滑效果,加深对平滑概念的理解,同时掌握模板在平滑中起到的作用,理解不同模板带来的影响。

（17）重新采集一幅图,首先进行"图像锐化"中的拉普拉斯锐化,然后点击"中值滤波"按钮,在弹出的对话框中分别选择不同的滤波滑动窗口,观察图像的变化,比较不同的滤波滑动窗口对图片滤波效果的区别,为了对比效果更加明显,可以换取实验仪提供的其他图片或自选图片进行观察,加强对中值滤波的理解。

（18）关机结束实验（具体操作参考"本章实验 1"的相关步骤）。

五、数据与结果处理

（1）采集原始图像并保存。

（2）进行 100 的亮度调节,观察图像变化效果并保存结果。

（3）进行 100 的对比度调节,观察图像变化效果并保存结果。

（4）进行图像梯度锐化实验,观察图像变化效果并保存结果。

（5）进行图像拉普拉斯锐化实验,观察图像变化效果并保存结果。

（6）进行均匀平滑处理实验,观察图像变化效果并保存结果。

（7）进行高斯平滑处理实验,观察图像变化效果并保存结果。

（8）通过中值滤波实验,观察不同的滤波滑动窗口对图片滤波效果的影响,分析纵向窗口和横向窗口各自有什么特点。

六、思考题

（1）对图像进行数字化处理的目的是什么?

（2）在图像处理中,大家最熟悉的就是对于图像的亮度和对比度进行调整了,那么这两者有什么区别?

（3）灰度直方图均匀化、平滑、中值滤波和锐化各适合运用在什么场合?

（4）中值滤波中,窗口的大小对于滤波效果是否有影响? 是不是窗口越大,效果越好? 垂直窗口和水平窗口滤波侧重点各自在哪里?

（5）本次实验中使用过哪些图像处理方法? 它们分别对图像进行了怎样的处理? 各自有什么特点?

实验 6 图像边缘检测及二值形态学操作实验

一、实验要求

1. 实验目的

（1）掌握利用 Robert 算子、Sobel 算子、Prewitt 算子、Kirsch 算子及高斯-拉普拉斯算子进行图像边缘检测的基本原理。

（2）了解膨胀、腐蚀两种基本的数学形态学运算的算法。

（3）了解图像边缘检测及二值形态学操作在图像处理和识别中的应用。

2. 预习要求

（1）了解利用 Robert 算子、Sobel 算子、Prewitt 算子、Kirsch 算子及高斯-拉普拉斯算子进行图像边缘检测的基本原理。

（2）了解膨胀、腐蚀两种基本的数学形态学运算。

二、实验原理

1. 图像的边缘检测及轮廓处理

图像的特征指图像场中作为标志的属性,它可以分为图像的统计特征和图像的视觉特征两类。图像的统计特征是指一些人为定义的特征,通过变换才能得到,如图像的直方图、频谱等;图像的视觉特征指人的视觉可直接感受到的自然特征,如区域的亮度、纹理或轮廓等。利用这两类特征把图像分解成一系列有意义的目标或区域的过程称为图像的分割。

图像的边缘是图像的最基本特征。所谓边缘是指其周围像素灰度有阶跃变化或屋顶变化的那些像素的集合。边缘广泛存在于物体与背景之间、物体与物体之间或基元与基元之间。因此,它是图像分割所依赖的重要特征。物体的边缘在数字化图像中表现为灰度的不连续性。边缘检测是图像处理和计算机视觉中的基本问题,边缘检测的目的是标识数字图像中亮度变化明显的点。图像属性中的显著变化通常反映了属性的重要事件和变化。这些包括深度上的不连续、表面方向不连续、物质属性变化和场景照明变化。

经典的边缘提取方法是考察图像的每个像素在某个邻域内灰度的变化,利用边缘邻近的一阶或二阶方向导数找出相应的变化规律提取出边缘,再用简单的方法检测边缘,这种方法称为边缘检测局部算子法。图像边缘检测大幅度地减少了数据量,并且剔除了可以认为不相关的信息,保留了图像重要的结构属性。

可以用于边缘检测的方法很多,绝大部分可以划分为两类:基于查找的方法和基于零穿越的方法。基于查找的方法通过寻找图像一阶导数中的最大和最小值来检测边界,通常是将边界定位在梯度最大的方向。基于零穿越的方法通过寻找图像二阶导数零穿越来寻找边界,通常是 Laplacian 过零点或者非线性差分表示的过零点。下面介绍几种常用的边缘检测算子。

(1) Roberts 边缘检测算子

Roberts 边缘检测算子是一种利用局部差分算子寻找边缘的算法。算子函数为

$$g(x,y) = \left\{ \left[\sqrt{f(x,y)} - \sqrt{(x+1,y+1)} \right]^2 + \left[\sqrt{f(x+1,y)} - \sqrt{(x,y+1)} \right]^2 \right\}^{\frac{1}{2}}$$

$$(7.27)$$

式中 $f(x,y)$ 为具有整数像素坐标的输入图像,平方根运算使该处理类似于人类视觉系统发生的过程。

(2) Sobel 边缘算子

Sobel 边缘算子由两个卷积核组成。图像中的每个点都用这两个核做卷积,一个核对通常的垂直边缘影响最大,而另一个对水平边缘影响最大。两个卷积的最大值作为该点的输出位。运算结果是一副边缘幅度图像。两个卷积核如下:

$$
\begin{array}{ccc}
-1 & -2 & -1 \\
0 & 0 & 0 \\
1 & 2 & 1
\end{array}
\qquad
\begin{array}{ccc}
-1 & 0 & 1 \\
-2 & 0 & 2 \\
-1 & 0 & -1
\end{array}
\qquad (7.28)
$$

（3）Prewitt 边缘算子

Prewiit 边缘算子同样也由两个卷积核构成。和使用 Sobel 算子的方法一样，图像中的每个点都用这两个核进行卷积，取最大值作为输出。Prewitt 算子也产生一幅边缘幅度图像。其卷积核如下：

$$
\begin{matrix}
-1 & -1 & -1 \\
0 & 0 & 0 \\
1 & 1 & 1
\end{matrix}
\qquad
\begin{matrix}
1 & 0 & -1 \\
1 & 0 & -1 \\
1 & 0 & -1
\end{matrix}
\tag{7.29}
$$

（4）Krisch 边缘算子

Kirsh 边缘算子由 8 个卷积核构成。用这 8 个卷积核对图像中的每个点都进行卷积，每个卷积核都对某个特定边缘方向作出最大响应，所有 8 个方向中的最大值作为边缘幅度图像的输出。

$$
\begin{matrix}
+5 & +5 & +5 \\
-3 & 0 & -3 \\
-3 & -3 & -3
\end{matrix}
\quad
\begin{matrix}
-3 & +5 & +5 \\
-3 & 0 & +5 \\
-3 & -3 & -3
\end{matrix}
\quad
\begin{matrix}
-3 & -3 & +5 \\
-3 & 0 & +5 \\
-3 & -3 & +5
\end{matrix}
\quad
\begin{matrix}
-3 & -3 & -3 \\
-3 & 0 & +5 \\
-3 & +5 & +5
\end{matrix}
$$

$$
\begin{matrix}
-3 & -3 & -3 \\
-3 & 0 & -3 \\
+5 & +5 & +5
\end{matrix}
\quad
\begin{matrix}
-3 & -3 & -3 \\
+5 & 0 & -3 \\
+5 & +5 & -3
\end{matrix}
\quad
\begin{matrix}
+5 & -3 & -3 \\
+5 & 0 & -3 \\
+5 & -3 & -3
\end{matrix}
\quad
\begin{matrix}
+5 & +5 & -3 \\
+5 & 0 & -3 \\
-3 & -3 & -3
\end{matrix}
\tag{7.30}
$$

（5）高斯-拉普拉斯算子

由于噪声点对边沿检测有一定的影响，所以高斯-拉普拉斯算子是效果较好的边沿检测器。常用的高斯-拉普拉斯算子如下：

$$
\begin{matrix}
-2 & -4 & -4 & -4 & -2 \\
-4 & 0 & 8 & 0 & -4 \\
-4 & 8 & 24 & 8 & -4 \\
-4 & 0 & 8 & 0 & -4 \\
-2 & -4 & -4 & -4 & -2
\end{matrix}
\tag{7.31}
$$

（6）轮廓提取

轮廓提取的算法非常简单，就是掏空内部点：如果原图中有一点为黑，且它的 8 个相邻点都是黑色时（此时该点是内部点），则将该点删除。

2. 二值形态学操作

最初形态学是生物学中研究动物和植物结构的一个分支，后来也用数学形态学来表示以形态为基础的图像分析数学工具。形态学的基本思想是使用具有一定形态的结构元素来度量和提取图像中的对应形状，从而达到对图像进行分析和识别的目的。数学形态学可以用来简化图像数据,保持图像的基本形状特性,同时去掉图像中与研究目的无关的部分。

数学形态学的数学基础和使用的语言是集合论。其基本运算有四种:膨胀、腐蚀、开启和闭合,基于这些基本运算还可以推导和组合成各种数学形态学运算方法。二值形态学中的运算对象是集合,通常给出一个图像集合和一个结构元素集合,利用结构元素对图像进行操作。这里要注意,实际运算中所使用的两个集合不能看作是互相对等的:如果 A 是图像集合,B 是结构元素,形态学运算将是用 B 对 A 进行操作。结构元素是一个用来定义形态操作中所用到的邻域的形状和大小的矩阵,该矩阵仅由 0 和 1 组成,可以具有任意的大小和维数,数值 1 代表邻域内的像素,形态学运算都是对数值为 1 的区域进行的运算。

使用同一个结构元素对图像先进行腐蚀然后再进行膨胀的运算称为开启,先进行膨胀然后再进行腐蚀的运算称为闭合。由此可见,膨胀和腐蚀操作是形态学中最基本的运算,本次实验仅涉及膨胀和腐蚀,开启和闭合可以课下进行学习。

(1)膨胀

膨胀的运算符为"$\oplus$",图像集合 A 用结构元素 B 来膨胀,记作 $A \oplus B$,其定义为

$$A \oplus B = \{x \mid [(\hat{B})_x \cap A] \neq 空集\} \tag{7.32}$$

其中,$\hat{B}$ 表示 B 的映像,即与 B 关于原点对称的集合。上式表明,用 B 对 A 进行膨胀的过程是这样操作的:首先对 B 做关于原点的映射,再将其映像平移 x,当 A 与 B 映像的交集不为空集时,B 的原点就是膨胀集合的像素。也就是说,用 B 来膨胀 A 得到的集合是 $\hat{B}$ 位移与 A 至少有一个非零元素相交时的原点的位置集合。因而式(7.32)也可以写成:

$$A \oplus B = \{x \mid [(B)_x \cap \hat{A}] \subseteq A\} \tag{7.33}$$

如果将 B 看作一个卷积模板,膨胀就是对 B 做关于原点的映像,然后再将映像连续地在 A 上移动而实现的。

(2)腐蚀

腐蚀的运算符是"Θ",A 用 B 来腐蚀记作 $A \Theta B$,其定义为

$$A \Theta B = \{x \mid (B)_x \subseteq A\} \tag{7.34}$$

式(7.34)表明,B 对 A 腐蚀的结果是所有满足将 B 平移 x 后仍全部包含在 A 中的 x 的集合,从直观上看就是 B 经过平移后全部包含在 A 中的原点组成的集合。

（3）膨胀和腐蚀的对偶性

膨胀和腐蚀这两种操作有着密切的关系：使用结构元素对图像进行腐蚀操作相当于使用该结构元素的映像对图像背景进行膨胀操作，反之亦然。这也就是说

$$(A \oplus B)^c = A^c \ominus B^c \tag{7.35}$$

$$A^c \oplus B^c = (A \ominus B)^c \tag{7.36}$$

在图像处理中我们为什么要进行膨胀腐蚀操作呢？膨胀一般是给图像中的对象边界添加像素，而腐蚀则是删除对象边界像素。在形态学的膨胀和腐蚀操作中，输出图像中所有给定像素的状态都是通过对输入图像中相应像素及其邻域内一定的规则来确定的。进行膨胀操作时，输出像素值是输入图像相应像素邻域内所有像素的最大值。而在腐蚀操作中，输出像素值是输入图像相应像素邻域内的所有像素的最小值。

三、实验仪器

ZY12223B 面阵 CCD 综合实验仪 1 台，带有 USB2.0 输入端口的计算机 1 台（显示分辨率使用 1024×768）。

四、实验内容

（1）正确安装外置 CCD 和被测物体放置屏，连接实验仪和计算机，打开电源和实验仪专用软件（具体步骤参考"本章实验 1"的相关步骤）。

（2）弹起摄像头切换开关，使摄像头切换开关置于外置状态，摄像头切换指示灯常亮表明采集外置 CCD 摄像头的图像信号。

（3）将需要观测的"HELLO!"字样的图片安装在"被测物放置屏"上，将外置面阵 CCD 摄像头的镜头盖打开。

（4）运行"彩色面阵 CCD 综合实验平台"程序；选择实验列表中的"图像边缘检测及二值形态学操作实验"。

（5）选择"数据采集"菜单下的"连续采集"命令，观察采集到的实际图像，如果图像不够清晰则需要适当调整被测物体或摄像头的焦距（具体调节方法参考"本章实验 1"的相关步骤）。

（6）选择"停止采集"命令。

（7）点击"边缘检测"按钮，在弹出的对话框中选择 Sobel 算子观察图像的变化，将变换后的图片通过选择"保存图片"命令进行保存，命名为"Test7_1"。

（8）重新采集一幅图，点击"边缘检测"按钮，在弹出的对话框中选择 Prewitt 算子，观察图像的变化，将变换后的图片通过选择"保存图片"命令进行保存，命名为"Test7_2"。

（9）重新采集一幅图,点击"边缘检测"按钮,在弹出的对话框中选择 Kirsch 算子,观察图像的变化,将变换后的图片通过选择"保存图片"命令进行保存,命名为"Test7_3"。

（10）重新采集一幅图,点击"边缘检测"按钮,在弹出的对话框中选择高斯拉普拉斯算子,观察图像的变化,将变换后的图片通过选择"保存图片"命令进行保存,命名为"Test7_4"。

（11）将"Test7_1""Test7_2""Test7_3""Test7_4"四幅图片进行比较,结合实验原理中对边缘检测的讲解及对四种边缘检测算子的描述,思考四种边缘检测算子的区别,总结其各自有什么特点。

（12）重新采集一幅图,点击"抖动效果"按钮,观察图片发生抖动的区域,思考抖动对边缘造成的影响。在已发生抖动效果的图片上分别再用四种边缘检测算子进行边缘检测,对比之前保存的图片。

（13）重新采集一幅图,点击"轮廓提取"按钮,观察图片发生的变化,轮廓提取是否完整,将变换后的图片通过选择"保存图片"命令进行保存,命名为"Test7_5"。为了观察效果更加明显,还可以换取实验仪提供的其他图片或自选图片进行多次观察。

（14）重新采集一幅图,点击"膨胀效果"按钮,观察图像的变化,为观察效果明显,可以进行多次膨胀处理,结合实验原理中对该二值形态学操作的描述,理解其原理,将变换后的图片通过选择"保存图片"命令进行保存,命名为"Test7_6"。

（15）重新采集一幅图,点击"腐蚀效果"按钮,观察图像的变化,为观察效果明显,可以进行多次腐蚀处理,结合实验原理中对该二值形态学操作的描述,理解其原理,将变换后的图片通过选择"保存图片"命令进行保存,命名为"Test7_7"。

（16）比较"Test7_6"和"Test7_7"两幅图片,结合实验原理中对两者的描述,思考膨胀和腐蚀这两种基本的二值形态学操作之间的关系及各自的特点,思考两种操作是否互为逆操作。

（17）为了效果更加明显,可以换取自选彩色图片进行观察,图案越复杂,效果越明显。

（18）关机结束实验(具体操作参考"本章实验 1"中的相关步骤)。

五、数据与结果处理

（1）进行 Sobel 算子边缘检测实验,观察图像变化效果并保存结果。

（2）进行 Prewitt 算子边缘检测实验,观察图像变化效果并保存结果。

（3）进行 Kirsch 算子边缘检测实验,观察图像变化效果并保存结果。

（4）进行高斯拉普拉斯算子边缘检测实验,观察图像变化效果并保存结果。

（5）进行轮廓提取实验,观察图像变化效果并保存结果。

（6）在进行轮廓提取后图像背景增加了很多噪声,结合之前实验中学到的图像处理方法,尝试使图像更加清晰,观察图像变化效果并保存结果。

（7）进行膨胀效果实验,观察图像变化效果并保存结果。

（8）进行腐蚀效果实验,观察图像变化效果并保存结果。

六、思考题

（1）常用的边缘检测算子有哪几种? 它们各自有什么特点?

（2）通过本次四种边缘检测实验,我们可以得出哪些结论?

（3）图像处理中的膨胀与腐蚀有什么作用? 是否互为逆操作?

实验 7　图像分割及图像处理实验

一、实验要求

1. 实验目的

（1）通过一些基础的图像分割实验,了解典型的图像分析方法的算法原理和应用场景。

（2）通过非锐度屏蔽滤镜、浮雕及图像变形等几种典型的图像处理实验,了解典型图像处理方法算法原理和典型应用。

2. 预习要求

（1）了解灰度阈值分割、阈值选取、差影检测等基本原理和算法。

（2）了解非锐度屏蔽滤镜、浮雕及图像变形等集中典型的图像处理方法的基本原理和算法。

二、实验原理

1. 灰度阈值分割

对于人类的视觉系统而言,图像分割技术是一个非常简单的操作。当我们看一幅图像时,我们所感兴趣的部分好像一下子从周围背景中突出出来,这个过程几乎是瞬间完成的。因为人眼识别对象的过程是并行处理的,而不是对一个个像素进行识别。同时我们会利用已有的知识和经验把整个感兴趣的对象一下子从其他不相关的对象中分离出来。但是利用计算机进行图像分割处理却不简单,即使不考虑相邻像素之间相关性的简单方法,也需要对一个个像素进行处理,这需要占用大量的计算资源。传统的图像分割技术一般分为如下三类:

（1）基于像素灰度值的分割技术,如图像直方图分割技术。直方图分割技术的局限性在于只能反映像素灰度值变化的范围,但并没有包含图像中灰度的空间分布情况,该方法主要应用于对比度增强的情况。

(2)基于区域的分割技术。这种技术首先把图像分割成一个个小区域,每个区域中各像素点具有相似的性质。区域生长法就属于这种技术:查看一个像素的邻近像素是否具有相似的性质,如果是,就扩展区域的面积。

(3)基于边界的分割技术。边缘所围成区域的内部与外部特性不一样,借此可以进行图像分割。

在本章实验 6 中我们已经学习了图像边缘处理基本原理,下边主要讲解基于像素灰度值的分割技术。灰度阈值分割法主要应用于图像中组成感兴趣对象的灰度值是均匀的并且和背景的灰度值差异较大的情况。我们首先设定一个阈值,当一个像素的灰度值超过这个阈值时,就认为这个像素属于我们所感兴趣的对象,反之属于背景部分。这种方法得到的结果是二值图,由此可以计算所感兴趣的像素的数目,测量感兴趣对象的面积或其他一些几何特征,最后和一些标准模板作匹配运算。

这一方法的关键是怎么选择阈值 T,一种简便的方法是检查图像的直方图,然后选择一个合适的阈值。适合这种分割法的图像的直方图应该是双极模式。我们可以在两个峰值之间的低谷处找到一个合适的阈值。但要注意的是,这种阈值选择方法不适合于由许多不同纹理组成的块状区域的图像。

还有一种方法是把图像变成二值图像,如果图像 $f(x,y)$ 的灰度级范围是 (a,b),设 T 是 a 和 b 之间的一个数,那么变换后的 $f_t(x,y)$ 可由下式表示.

$$f_t(x,y) = \begin{cases} 1 & f(x,y) \geqslant T \\ 0 & f(x,y) < T \end{cases} \tag{7.37}$$

或者把规定的灰度级范围变换为 1,而范围以外的灰度变换为 0。l、m 是灰度级范围 (a,b) 之间的两个数且 $l<m$。

$$f_{l,m}(x,y) = \begin{cases} 0 & f(x,y) < l \\ 1 & l \leqslant f(x,y) \leqslant m \\ 0 & f(x,y) > m \end{cases} \tag{7.38}$$

此外,还有一种半阈值法,是将灰度级低于某一阈值的像素灰度变换为零,而其余的灰度级不变。总之,设置灰度级阈值的方法不仅可以提取物体,也可以提取目标的轮廓。上述方法都以图像直方图为基础设置阈值。显然,从直方图上妥善地选择 T 值,对正确划分出目标区域和背景是非常重要的。

2. 常用的阈值选择算法

(1)大律法(最大类间方差法)

大律法的基本思想是对像素进行划分,通过使划分得到的各类之间的距离达到最大,来确定其合适的阈值。

设图像 f 中灰度值 i 的像素的数目为 n_i,总像素为

$$N = \sum_{i=0}^{L-1} n_i \tag{7.39}$$

各灰度出现的概率为

$$P_i = \frac{n_i}{N} \tag{7.40}$$

设灰度阈值为 k,将图像分为两个区域,灰度为 $0\sim k$ 的像素属于区域 A,灰度为 $k+1\sim L-1$ 的像素属于区域 B,则区域 A 和 B 的概率分别为:

$$\omega_A = \sum_{i=0}^{k} p_i \tag{7.41}$$

$$\omega_B = \sum_{i=k+1}^{L-1} p_i \tag{7.42}$$

区域 A 和 B 的平均灰度为:

$$\mu_A = \frac{1}{\omega_A} \sum_{i=0}^{k} i p_i \tag{7.43}$$

$$\mu_B = \frac{1}{\omega_B} \sum_{i=k+1}^{L-1} i p_i \tag{7.44}$$

全图的灰度为:

$$\mu = \sum_{i=0}^{L-1} i p_i = \omega_A \mu_A + \omega_B \mu_B \tag{7.45}$$

两个区域的总体方差为

$$\sigma^2 = \omega_A (\mu_A - \mu)^2 + \omega_B (\mu_B - \mu)^2 \tag{7.46}$$

按照最大类间方差的准则,从 0 至 $L-1$ 改变 k,并计算类间方差,使方差取最大值时 k 的取值即区域分割的阈值。

(2)最大熵阈值分割法

利用图像灰度直方图的熵来自动获取阈值的思想最先由 T. Pun 于 1980 年提出。将 Shannon 熵概念应用于图像分割时,使图像中目标与背景分布的信息量最大,通过分析图像灰度直方图的熵,找到最佳阈值。对于灰度范围为 $|0、1、\cdots、L-1|$ 的图像,假设图中灰度级低于 t 的像素点构成目标区域(O),灰度级高于 t 的像素点构成背景区域(B),那么各概率在其本区域的分布分别为:

$$
\begin{aligned}
&O\,\text{区}: p_i/p_t, i = 0,1,\cdots,t \\
&B\,\text{区}: p_i/(1-p_t), i = t+1,t+2,\cdots,L-1
\end{aligned}
\tag{7.47}
$$

其中 $p_t = \sum_{i=0}^{t} p_i$,对于数字图像,目标区域和背景区域的熵分别定义为:

$$H_O(t) = -\sum_i \frac{p_i}{p_t} \lg \frac{p_i}{p_t} \tag{7.48}$$

式中，$i = 0, 1, \cdots, t$

$$H_B(t) = -\sum_i \frac{p_i}{1-p_t} \lg \frac{p_i}{1-p_t} \tag{7.49}$$

式中，$i = t+1, t+2, \cdots, L-1$

则熵函数的定义为：

$$\varphi(t) = H_O(t) + H_B(t) = \lg \frac{p_i}{1-p_t} + \frac{H_t}{p_t} + \frac{H_L - H_t}{1-p_t} \tag{7.50}$$

式中，$H_t = -\sum_i p_i \lg p_i (i = 0, 1, \cdots, t)$；$H_L = -\sum_i p_i \lg p_i (i = 0, 1, \cdots, L-1)$。

当熵函数取最大值时对应的灰度值 t^* 就是所求的最佳阈值，即

$$t^* = \arg\max\{\varphi(t)\} \tag{7.51}$$

（3）势能差法（力场转换方法）

Hurley 等模仿自然界的电磁力场过程，提出了一种力场转换理论。在该理论中，整幅图像被转换为一个力场，该力场的形成是通过假定图像上每一个像素点对其他所有像素点均施加一个等方向性的力；这种力与像素灰度成正比，与像素间距离的平方成反比。由此，就存在一个与力场相关的势能面。

在待检测的物体周围放置一组单位亮度的测试像素点，它们呈封闭形将物体包围。每一个测试像素点在力场的拉动下朝着潜在势阱运动，直到达平衡位置，即势阱的中心，其产生的运动轨迹形成场线。由于在每一点的力场是唯一的，所有到达给定点的场线都会沿着同样的路径，并从该点继续向前运动从而形成"渠"。

该方法中特征点数量和位置不受初始点位置选取的影响，但初始点数量不能太少，否则会导致势阱丢失；而且在分辨率较低情况下仍能获取力场结构。这样可以先利用较低的分辨率定位目标，然后在较高分辨率下进一步提取特征信息。它还具有抗噪声能力，在受到高斯噪声的干扰下力场结构基本不变。该方法具有很强的鲁棒性，这项技术的好处在于并不需要一个对目标拓扑结构的清晰描述，对阱的提取仅仅是场线以及观察到的最终坐标。若考虑到渠的形状和最终能量表面的形状，则可以提高描述细节程度，以达到任意需求。

3. 差影检测

所谓差影检测法实际上是图像的相减运算（又称减影技术），是指把同一景物在不同时间拍摄的图像或同一景物在不同波段拍摄的图像相减的处理方法。差值图像能突出图像间的差异信息，常用于动态监测、运动目标检测、运动物体的跟踪、图像背景消除及目标识别等工作。

图像进行加、减运算的数学表达式为：

$$f_3(x,y) = f_1(x,y) + f_2(x,y)$$
$$f_3(x,y) = f_1(x,y) - f_2(x,y)$$

(7.52)

式中，$f_1(x,y)$、$f_2(x,y)$为输入图像，而$f_3(x,y)$为输出图像。

图像相加的重要应用是对同一场景的多幅图像求平均值。它常被用来有效地降低随机噪声的影响。图像相加也可以将一幅图像的内容叠加到另一幅图像上去，以达到二次曝光的效果。图像相减可用于去除一幅图像中不需要的图案，如缓慢变化的背景阴影、周期性的噪声或在图像上每一像素处均已知的附加污染等。减法也可用于检测同一场景的两幅图像之间的变化，例如，通过对某场景序列图像的减运算，可检测物体运动速度参数等。

利用遥感图像进行动态监测时，用差值图像可发现森林火灾、洪水泛滥及监测灾情的变化，估计财产损失等；也能用以监测河口、海岸的泥沙淤积及监视江河、湖泊、海岸等的污染。利用差值图像还能发现图像上的云和阴影，鉴别出耕作地及不同的作物覆盖情况；利用同一地面上的物体在各波段的亮度差异，识别地面上的物体。利用减影技术消除图像背景也有很明显的效果。在临床医学上有很多重要的应用，如在血管造影技术中肾动脉造影术对诊断肾脏疾病就有独特效果。为了减少误诊，人们希望提供反映游离血管的清晰图像。通常，在造影剂注入后，虽然能够看出肾动脉血管的形状及分布，但由于肾脏周围血管受到脊椎及其他组织影像的重叠，难以得到理想的游离血管图像。为此，人们摄制肾动脉造影前后两幅图像，相减，便能把脊椎及其他组织的影像剪掉，仅保留血管图像。若再进行对比度增强及彩色增强等处理，就能得到更加清晰的游离血管图像。类似的技术也可用于诊断印刷线路板及集成电路掩模的缺陷。

4. 非锐度屏蔽滤镜

一般而言，图像在经过扫描或色彩校正之后都会产生轻微的模糊（blurring）现象，有时图像原稿本身就模糊，在经过调整后可能就更加模糊了。使用非锐度屏蔽滤镜处理可以消除这种模糊的现象。非锐度屏蔽滤镜的原则是它会侦测任何两个有相当亮度差异的光点，然后适量提高那些光点的明亮对比，以加强其锐利度，同时用户还可指定有多少相邻光点会受到 Unsharp Mask 的影响。

非锐度屏蔽滤镜到底起到什么作用，实事上 Unsharp 不能真正提高锐度，它只是提高物体边缘的对比度，将一些过渡的影响视觉清晰的中间层次去掉，让眼睛看起来好像变清晰。

5. 浮雕

浮雕是雕塑与绘画结合的产物，用压缩的办法来处理对象，靠透视等因素来表现三维空间，并只供一面或两面观看。而图像处理中的浮雕处理就可以达到这种效果,比如一张鲜艳的花,再美,呈现在图片上也只是平面的。但是如果变成浮雕的效果,那就立体很多,更加具有特点。在特定场合中,在图像中添加浮雕效果,可以让图像更美观。

6. 图像变形

近几年来图像变形技术得到了广泛的应用,图像变形具有非常有效的视觉效果,常被用在教育和娱乐业上。传统的图像变形方法除了 Beien & Neely 提出的基于特征的图像变形方法外,还有抠象和淡入淡出方法、二维"粒子系统"方法等。图像或图形的变形技术本质上就是寻找一个从原图像/图形到目标图像/图形间的 1—1 变换。本次实验给出了一些基本的变化手段,让学生有一定的了解。

三、实验仪器

ZY12223B 面阵 CCD 综合实验仪 1 台,带有 USB2.0 输入端口的计算机 1 台(显示分辨率使用 1024×768)。

四、实验内容

(1) 正确安装外置 CCD 和被测物体放置屏,连接实验仪和计算机,打开电源和实验仪专用软件(具体步骤参考"本章实验 1"的相关步骤)。

(2) 弹起摄像头切换开关,使摄像头切换开关置于外置状态,摄像头切换指示灯常亮表明采集外置 CCD 摄像头的图像信号。

(3) 将需要观测的"HELLO!"字样的图片安装在"被测物放置屏"上,将外置面阵 CCD 摄像头的镜头盖打开。

(4) 运行"彩色面阵 CCD 综合实验平台"程序;选择实验列表中的"图像分割及图像处理实验"。

(5) 选择"数据采集"菜单下的"连续采集"命令,观察采集到的实际图像,如果图像不够清晰则需要适当调整被测物体或摄像头的焦距(具体调节方法参考"本章实验 1"的相关步骤)。

(6) 选择"停止采集"命令。

(7) 点击"图像分割"按钮,在弹出的对话框中手动输入自定义阈值,点击自定义阈值按钮,观察图像的变化。

(8) 重新采集图片,输入不同的阈值,比较不同的阈值选取对图像分割带来的影响。

(9) 重新采集一幅图,点击"最大熵法"按钮,观察图像的变化,结合实验原理中对该算法的描述,理解其原理,将变换后的图片通过选择"保存图片"命令进行保存,命名为"Test8_1"。

（10）重新采集一幅图,点击"势能差法"按钮,观察图像的变化,结合实验原理中对该算法的描述,理解其原理,将变换后的图片通过选择"保存图片"命令进行保存,命名为"Test8_2"。

（11）重新采集一幅图,点击"大律法"按钮,观察图像的变化,结合实验原理中对该算法的描述,理解其原理,将变换后的图片通过选择"保存图片"命令进行保存,命名为"Test8_3"。

（12）将"Test8_1""Test8_2""Test8_3"三幅图片进行比较,结合以上实验原理部分的讲解,思考三种典型阈值选取算法对图像分割带来的影响,分析其各自有什么特点。

（13）重新采集一幅图,点击"最大熵法"按钮,然后点击"差影检测"按钮,在弹出的文件选取框中选取"Test8_2",此时进行差影检测的两幅图片即利用最大熵和势能差两种阈值法分别得到的图片。显示的差值图像能突出这两种阈值选取法带来的差异信息,将变换后的图片通过选择"保存图片"命令进行保存,命名为"Test8_4"。

（14）新采集一幅图,点击"最大熵法"按钮,然后点击"差影检测"按钮,在弹出的文件选取框中选取"Test8_1",此时进行差影检测的都为利用最大熵阈值法得到的图片,观察此时的差值图,加深对差影检测的理解,思考差影检测一般用于什么场合。

（15）重新采集一幅图,点击"非锐度屏蔽滤镜"按钮,为使效果更加明显,可以重复点击数次,观察图像的变化,思考对图像进行非锐度屏蔽滤镜处理有什么帮助。将变换后的图片通过选择"保存图片"命令进行保存,命名为"Test8_5"。

（16）重新采集一幅图,点击"浮雕效果"按钮,观察图像的变化,思考对图像进行怎样的处理可以产生立体效果。将变换后的图片通过选择"保存图片"命令进行保存,命名为"Test8_6"。

（17）重新采集一幅图,点击"变形处理"按钮,在弹出的对话框中选择凹陷效果,观察图像的变化,将变换后的图片通过选择"保存图片"命令进行保存,命名为"Test8_7"。

（18）重新采集一幅图,点击"变形处理"按钮,在弹出的对话框中选择鼓胀效果,观察图像的变化,将变换后的图片通过选择"保存图片"命令进行保存,命名为"Test8_8"。

（19）重新采集一幅图,点击"变形处理"按钮,在弹出的对话框中选择扭曲效果,观察图像的变化,将变换后的图片通过选择"保存图片"命令进行保存,命名为"Test8_9"。

（20）重新采集一幅图,点击"变形处理"按钮,在弹出的对话框中选择圆筒效果,观察图像的变化,将变换后的图片通过选择"保存图片"命令进行保存,命名为"Test8_10"。

（21）重新采集一幅图,点击"变形处理"按钮,在弹出的对话框中选择水纹效果,观察图像的变化,将变换后的图片通过选择"保存图片"命令进行保存,命名为"Test8_11"。

（22）关机结束实验（具体操作参考"本章实验1"中的相关步骤）。

五、数据与结果处理

（1）进行图像分割实验,选择最大熵法阈值选择方法,观测图像变化效果并保存变化结果。

（2）进行图像分割实验,选择势能差法阈值选择方法,观测图像变化效果并保存变化结果。

（3）进行图像分割实验,选择大律法阈值选择方法,观测图像变化效果并保存变化结果。

（4）进行差影检测实验,观测图像变化效果并保存变化结果。

（5）进行非锐度屏蔽滤镜实验,观测图像变化效果并保存变化结果。

（6）进行浮雕效果实验,观测图像变化效果并保存变化结果。

（7）进行变形处理实验,分别选择凹陷效果、膨胀效果、扭曲效果、圆筒效果和水纹效果,观测不同变形处理方法带来的图像变化效果并保存变化结果。

六、思考题

（1）图像分析和图像处理是不是一个概念？ 如果不是,两者有什么不同？

（2）不同的图像分割技术在使用上有什么选取原则？

（3）本次实验中所给出的大律法、最大熵法和势能差法,各自有什么特点？

（4）非锐度屏蔽滤镜在图像处理中有什么作用？

（5）本次实验中用到了哪几种变形处理？ 各自有什么特点？

实验 8　彩色摄像机色彩模式实验

一、实验要求

1. 实验目的

（1）了解彩色面阵 CCD 的工作方法、彩色图像视频信号的组成及传输方法。

（2）理解 RGB、YUV 及其他常用色彩模式。

2. 预习要求

(1) 了解彩色面阵 CCD 采集彩色图像的原理。

(2) 了解 RGB、HSL、YUV 等色彩模式的视频信号分解原理。

二、实验原理

目前简单的摄录一体机多采用单片 CCD 彩色摄像单元,其基本组成包括变焦镜头、CCD 摄像器件、亮度处理电路、色度处理电路、镜头控制电路、同步信号发生器、稳压电源、导像器电路、操作控制电路等,其中核心部件是 CCD 摄像器件。

CCD 摄像器件的感光面上覆盖有棋盘格滤色片,使不同感光单元上照射进不同颜色的光,以便从 CCD 芯片上提取和分离出彩色信号,以使用一片 CCD 器件产生出 R、G、B 三种基色信号或 Y、R−Y、B−Y 信号束。CCD 驱动脉冲发生器主要产生 CCD 工作时所需的水平和垂直驱动脉冲以及取样脉冲等,经驱动放大器放大后驱动 CCD 器件的光电荷运动。

1. 单片 CCD 摄像机的彩色编码原理

目前家用单片 CCD 摄像机广泛采用图 7-11 所示的由 Y'(黄)、M(紫)、C(青)和 G(绿)组成的补色棋盘格滤色器排列方式(这里 Y' 不是指亮度 Y)。

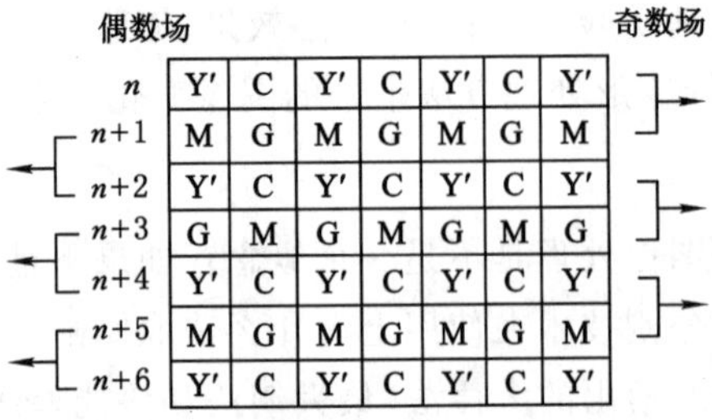

图 7-11　单片 CCD 摄像机补色棋盘格滤色器排列方式

图中第 n 行是黄色与青色滤色器相间放置;第 $n+1$ 行是紫色与绿色滤色器相间放置;第 $n+2$ 行与第 n 行完全一致;第 $n+3$ 行显然与第 $n+1$ 行一样是紫色和绿色滤色器相间放置,但两者相差 180 度(相位颠倒过来)。这种单片 CCD 采用的是场积累方式读取信号电荷。

图两侧的箭头表示偶数场和奇数场(或叫第一场和第二场)的读取方式。设在奇数场 n 行和 $n+1$ 行混合后同时读取;$n+2$ 行和 $n+3$ 行混合后同时读取。在偶数场 $n+1$ 行和 $n+2$ 行混合后同时读取;$n+3$ 行和 $n+4$ 行混合后同时读取。下面我们看一下如何从读取的信号电荷中提取亮度信号 Y 以及色差信号

R－Y 和 B－Y。

2. 亮度信号的提取

根据相加混色原理可知,红色和蓝色相加得紫色;红色和绿色相加得黄色;绿色和蓝色相加得青色。这种相加混合关系可简单表示为:

$$M=R+B$$
$$Y'=R+G \qquad\qquad (7.53)$$
$$C=G+B$$

如果拍摄亮度均匀的白色物体时,奇数场前两排(n 行和 $n+1$ 行)合成信号为:

$$(Y'+M)+(C+G)=(R+G+R+B)+(G+B+G)=2R+3G+2B$$
$$(7.54)$$

奇数场次两排($n+2$ 行与 $n+3$ 行)合成信号为:

$$(Y'+G)+(C+M)=(R+G+G)+(G+B+R+B)=2R+3G+2B$$
$$(7.55)$$

以后的合成信号均与前面重复。同理,偶数场前两排($n+1$ 行和 $n+2$ 行)和次两排($n+3$ 行和 $n+4$ 行)的合成信号也均等于 $2R+3G+2B$,其实这就是亮度信号的表达式。只要合理设计各滤色器的光谱特性曲线,$2R+3G+2B$ 信号就可以十分接近于亮度信号。因此,只要将相邻两行相加读取便可以直接得到亮度信号 $Y=2R+3G+2B$ 输出。

3. 色差信号的提取

色差信号的提取要比亮度信号复杂得多。由于棋盘格状滤色器的设置,CCD 表面上不同感光点接收到的色光不同,使每行读取信号具有一定的规律性,根据这一规律性通过运算电路处理就能获得色差信号。

在奇数场工作期间,n 行和 $n+1$ 行的信号电荷被读取。在这一行周期内,取样保持器 1 输出的信号均为青加绿$(C+G)=G+B+G=2G+B$ 信号,取样保持器 2 输出的均为黄加紫$(Y'+M)=R+G+B+R=2R+G+B$ 信号。这两个信号经差分放大器做减法运算,其结果为:$(2R+G+B)-(2G+B)=2R-G$。由于绿色光谱曲线很接近于亮度信号的光谱曲线,所以 $2R-G$ 相当于 $2R-Y$。同时控制 R 路平衡电路的增益,可改变红路信号的幅度,因此可把差分放大器输出 $2R-G$ 充当 R－Y 色差信号输出。

在下一行周期内,$n+2$ 行和 $n+3$ 行的信号电荷被读取。信号经差分放大器相减得:$R+2G-(G+R+2B)=G-2B$。

同样,由于绿色信号接近于亮度信号,再通过控制 B 路增益,就可以认为 $-(2B-G)=-(B-Y)$,经倒相后就可以得到$(B-Y)$色差信号。

以上是奇数场情况,偶数场情况相似,不再一一分析。这种将滤色器按棋盘格排列的彩色编码方式简单易行,具有较高的分辨力和灵敏度,但$(R-Y)$和$(B-Y)$两个色差信号每行交替出现,需经行延时线和切换电路才能得到两个连续的色差信号,这种方式因此称为行顺序彩色编码方式。

4. RGB 色彩模式

对彩色 CCD 的颜色获取有了一定了解后我们来看看 RGB 色彩模式。RGB 色彩模式是工业界的一种颜色标准,是通过对红(R)、绿(G)、蓝(B)三个颜色的变化以及它们相互之间的叠加来得到各式各样的颜色,R、G、B 即是代表红、绿、蓝三个通道的颜色,这个标准几乎包括了人类视力所能感知的所有颜色,是目前运用最广的颜色系统之一。

RGB 色彩模式使用 RGB 模型为图像中每一个像素的 R、G、B 分量分配一个 0~255 范围内的强度值。例如:纯红色 R 值为 255,G 值为 0,B 值为 0;灰色的 R、G、B 三个值相等(除了 0 和 255);白色的 R、G、B 都为 255;黑色的 R、G、B 都为 0。RGB 图像只使用三种颜色,使它们按照不同的比例混合,就可以在屏幕上重现 16 777 216 种颜色。

在 RGB 模式下,对于彩色图像,它的显示来源于 R、G、B 三原色亮度的组合。针对目标的单色亮度、对比度,可以人为地分为"0~255"共 256 个亮度等级。"0"级表示不含有此单色,"255"级表示最高的亮度,或此像元中此色的含量为 100%。根据 R、G、B 的不同组合,就能表示出 256×256×256 种颜色。当一幅图像中的每个像素单元被赋予不同的 R、G、B 值,就能显示出五彩缤纷的颜色,形成彩色图像。

5. YUV 色彩模式

YUV(亦称 YcrCb)是被欧洲电视系统所采用的一种颜色编码方法(属于 PAL)。在现代彩色电视系统中,通常采用三管彩色摄影机或彩色 CCD 摄影机进行取像,然后把取得的彩色图像信号经分色、分别放大校正后得到 RGB,再经过矩阵变换电路得到亮度信号 Y 和两个色差信号 $R-Y$(即 U)、$B-Y$(即 V),最后发送端将亮度和色差三个信号分别进行编码,用同一信道发送出去。这种色彩的表示方法就是所谓的 YUV 色彩空间表示。采用 YUV 色彩空间的重要性是它的亮度信号 Y 和色度信号 U、V 是分离的。如果只有 Y 信号分量而没有 U、V 信号分量,那么这样表示的图像就是黑白灰度图像,这使得彩色电视信号可以兼容黑白电视机。其中"Y"表示明亮度,也就是灰阶值;而"U"和"V"表示的则是色度,作用是描述影像色彩及饱和度,用于指定像素的颜色。"亮度"是通过 RGB 输入信号来创建的,方法是将 RGB 信号的特定部分叠加到一起。"色度"则定义了颜色的两个方面——色调与饱和度,分别用 Cr 和 CB 来表示。其中,Cr 反映的是 RGB 输入信号红色部分与 RGB 信号亮度值之间的差异;而 CB 反映的是 RGB 输入信号蓝色部分与 RGB 信号亮度值之间的差异。

YUV 与 RGB 相互转换的公式如下(RGB 取值范围均为 0~255):

$$\begin{cases} Y=0.299R+0.587G+0.114B \\ U=-0.147R-0.289G+0.436B \\ V=0.615R-0.515G-0.100B \end{cases} \tag{7.56}$$

6. HSL 色彩模式

HSL 色彩模式是工业界的一种颜色标准,是通过对色调(Hue)、饱和度(Saturation)、亮度(Lum)三个颜色通道的变化以及它们相互之间的叠加来得到各式各样的颜色,HSL 即是代表色调、饱和度、亮度三个通道的颜色,这个标准几乎包括了人类视力所能感知的所有颜色,是目前运用最广的颜色系统之一。

HSL 色彩模式使用 HSL 模型为图像中每一个像素的 H、S、L 分量分配一个 0~255 范围内的强度值。HSL 图像只使用三种通道就可以使它们按照不同的比例混合,在屏幕上重现 16 777 216 种颜色。

7. YIQ 色彩模式

YIQ 色彩空间通常被北美的电视系统所采用,属于 NTSC(national television standards committee)系统。这里 Y 不是指黄色,而是指颜色的明视度,即亮度。其实 Y 就是图像的灰度值,而 I 和 Q 则是指色调,即描述图像色彩及饱和度的属性。在 YIQ 系统中,Y 分量代表图像的亮度信息,I、Q 两个分量则携带颜色信息,I 分量代表从橙色到青色的颜色变化,而 Q 分量则代表从紫色到黄绿色的颜色变化。将彩色图像从 RGB 转换到 YIQ 色彩空间,可以把彩色图像中的亮度信息与色度信息分开,分别独立进行处理。

RGB 和 YIQ 的对应关系用下面的方程式表示:

$$\begin{cases} Y=0.299R+0.587G+0.114B \\ I=0.596R-0.275G-0.321B \\ Q=0.212R-0.523G+0.311B \end{cases} \tag{7.57}$$

三、实验仪器

ZY12223B 面阵 CCD 综合实验仪 1 台,带有 USB2.0 输入端口的计算机 1 台(显示分辨率使用 1024×768)。

四、实验内容

(1) 正确安装外置 CCD 和被测物体放置屏,连接实验仪和计算机,打开电源和实验仪专用软件(具体步骤参考"本章实验 1"的相关步骤)。

(2) 弹起摄像头切换开关,使摄像头切换开关置于外置状态,摄像头切换指示灯常亮表明采集外置 CCD 摄像头的图像信号。

（3）将需要观测的如图 7-12 所示的图片安装在"被测物放置屏"上，将外置面阵 CCD 摄像头的镜头盖打开。

图 7-12　色彩模式实验卡

（4）运行"彩色面阵 CCD 综合实验平台"程序；选择实验列表中的"彩色摄像机色彩模式实验"。

（5）选择"数据采集"菜单下的"连续采集"命令，观察采集到的实际图像，如果图像不够清晰则需要适当调整被测物体或摄像头的焦距（具体调节方法参考"本章实验 1"的相关步骤）。

（6）选择"停止采集"命令，将采集到的图片通过选择"保存图片"命令进行保存，命名为"Test9_1"。

（7）点击"颜色统计"按钮，弹出的对话框显示该幅图像中一共含有的色彩种类。更换图片重新采集再统计色彩种类，结合实验原理所给出的资料，思考为什么有如此多的颜色，理解 RGB 色彩模式。

（8）点击"色彩模式分解"按钮，在弹出的对话框中选择分解方式 RGB，点击"分解"按钮，将生成分别仅含 R、G、B 三原色亮度值的三张图片，点击左上栏的"保存图片"按钮，将三张图片分别命名为"Test9_R""Test9_G""Test9_B"保存下来。利用软件右下栏显示的各点坐标的 R、G、B 值和灰度值，观察这三张图片和原图的差异，思考是否每张图片都去掉了其他原色。

（9）点击"色彩模式合成"按钮，注意此时不要把分解的三张图片关闭，否则将无法合成，在弹出的对话框中分别载入对应的原色分解图片，点击"合成"按钮，合成图片后点击其左上栏的"保存图片"按钮，命名为"Test9_2"。

（10）将"Test9_1"和"Test9_2"进行比较，通过比较图片任意点的 R、G、B 值和灰度值数值的大小，观察它们是否是同一幅图像，思考为什么会如此。

（11）点击"颜色统计"按钮，在弹出的对话框中分别选择分解方式 HSL、

YUV、YIQ 及 XYZ,观察分解出来的图片。并重复步骤(9)将图片按同一色彩模式进行合成,比较合成后的图片及原图片。结合实验原理中对这几种色彩模式的描述,思考它们各自的特点。

(12)关机结束实验(具体操作参考"本章实验 1"的相关步骤)。

五、数据与结果处理

(1)采集到原始图片,进行 RGB 分解后得到三原色图片,按照 R、G、B 的顺序进行保存,分析三原色图片和原彩色图片的关系。

(2)对 RGB 三原色图片进行合成,对合成图片和原图片进行比较,分析彩色图片 RGB 分解和合成的过程。

(3)对采集的彩色原图分别进行 HSL、YUV、YIQ 及 XYZ 方式的分解和合成操作,观察分解出来的图片,比较合成后的图片和原图的异同,并保存实验结果。

六、思考题

(1)人眼为什么会分辨出不同的颜色?色彩可以由哪几个特征来描述?

(2)本次实验对哪几种色彩模式进行了研究?它们各自有什么特点?

(3)人眼可以直接分辨多少种颜色出来?8 位的 RGB 色彩模式一共可以显示出多少种颜色?

实验 9　图像采集程序及图像运算程序设计

一、实验要求

1. 实验目的

(1)通过分析和学习视频采集示例、图像处理示例以及各自的源代码,理解彩色面阵 CCD 视频采集原理和典型图像处理算法。

(2)在阅读源代码实例的基础上,尝试根据自己的需要修改相应程序,加深对典型图像处理算法的理解。

2. 预习要求

(1)结合本章附录查阅相关资料,学习图像处理算法中常用的命令、函数、函数库等。

(2)阅读本章附录的软件编程指南和调用库函数,尝试改编图像处理程序。

二、实验原理

参见本章附录的软件编程指南。

三、实验仪器

ZY12223B 面阵 CCD 综合实验仪 1 台,带有 USB2.0 输入端口的计算机 1 台(显示分辨率使用 1024×768)。

四、实验内容

(1) 正确安装外置 CCD 和被测物体放置屏,连接实验仪和计算机,打开电源和实验仪专用软件(具体步骤参考"本章实验 1"的相关步骤)。

(2) 弹起摄像头切换开关,使摄像头切换开关置于外置状态,摄像头切换指示灯常亮表明采集外置 CCD 摄像头的图像信号。

(3) 运行"彩色面阵 CCD 综合实验平台"程序;选择实验列表中的"图像采集程序及图像运算程序设计"。

(4) 点击"程序示例"按钮,将打开示例文件夹,分为视频采集示例及图像处理示例两个部分,各部分都提供了 VC＋＋ 和 C＋＋builder 两种编译器的 demo。

(5) 运行相应程序,即可看到两种语言各自的示例及源代码。在图像处理示例中的矩形测量程序设计中,长度系数 M 和宽度系数 N 的计算方法如下:在被测物表面处放置水平方向实际尺寸为 L 的标尺,对标尺进行图像采集,通过移动鼠标,查看软件左下角的坐标值,算出标尺图像的水平尺寸像素点总数为 L_1,则 M 值即 $M=\dfrac{L}{L_1}$。同理将标尺在垂直方向进行测量便可求得 N 的值(在本章实验 2 中有详细的阐述)。

(6) 参考演示程序源代码及软件编程指南,感兴趣的学生可进行下面几个程序代码编写:

① 参考图像采集程序,自行编写图像采集程序。

② 参考矩形测量程序,自行编写自动测量圆的圆心坐标及圆面积程序。

③ 参考矩形测量程序,自行编写自动测量三角形的三顶点坐标及三角形面积程序。

④ 参考灰度线性变换程序,自行编写二值化及窗口二值化程序。

⑤ 参考水平方向镜像程序,自行编写垂直方向镜像及图像缩放处理程序。

⑥ 参考图像处理相关函数,尝试自行编写滤波窗口为 $1×3$ 的中值滤波程序。

(7) 关机结束实验(具体操作参考"本章实验 1"的相关步骤)。

五、数据与结果处理

调试并运行所编写的程序,记录程序改编结果。

六、思考题

(1)在图像采集程序编写时要注意哪些方面？

(2)在图像运算程序编写时要注意哪些方面？

附录 软件编程指南

1 快速入门

(1)常用函数介绍

此外列出了常用函数的简要功能,以便于用户查询和记忆。函数的详细调用方法,请参看函数名后所列页中对该函数的详细介绍。

① 打开和关闭

okOpenBoard

打开指定图像卡,返回其句柄,并以之前设置的参数进行初始化。所有对图像操作与控制的函数都要使用该句柄。

okCloseBoard

关闭已打开的指定图像卡,并存盘当前已设置的参数到初始化文件,然后释放该句柄所用资源。

② 系统信息

okGetBufferSize

获得为本卡使用的缓存大小及首幅的线性地址,并返回在当前大小设置下,缓存可存放图像的幅数。

okGetBufferAddr

获得缓存中指定帧的线性地址。用户可直接使用该地址进行图像处理。

③ 设置采集参数

okSetTargetRect

设置或获得视频源与目标体(如缓存、屏幕等)的窗口大小。

okSetVideoParam

设置并获得视频输入信号的调节选择参数(如源路、对比度、亮度等)。

okSetCaptureParam

设置并获得采集控制的调节选择参数(如采集间隔、格式、方式等)。

④ 视频采集

okCaptureTo

启动采集视频输入到指定目标体(如缓存、屏幕、帧存等),并立即返回。

okCaptureByBuffer

启动间接采集视频输入到屏幕、用户内存或文件,并立即返回。

okGetCaptureStatus

查询当前采集是否结束,或正在采集的帧号,或等待采集结束。

okStopCapture

停止当前的采集过程。

⑤ 文件读写

okSaveImageFile

从源目标体保存窗口图像到硬盘文件,等存盘完成后返回。

okLoadImageFile

把各种文件格式的图像文件装入到目标体窗口,等装入完成后返回。

(2)编程说明

用户所要直接调用的动态库都是 OKAPI32.DLL。其他动态库均为内部使用,用户无须也不能直接使用。

下面为一 C 语言的编程基本框架示例,详细请参考提供的演示程序源程序。

```
BOOL BasicProc(HWND hWnd)
{
    long lIndex,num;
    long lRGBForm;
    RECTrcVideo,rcBuffer;
    HANDLEhBoard;

    lIndex=-1;
    //open specified board
    hBoard=okOpenBoard(&lIndex);
    if(hBoard)
    { //if success
      Sleep(500); //waiting while for initilizing
      //－－－－－set basical parameter
      //this exam. select VIDEO 1 (if S－VIDEO 1 than 0x100)
      okSetVideoParam(hBoard,VIDEO_SOURCECHAN,0x0);
      //get current vga mode
      lRGBForm=LOWORD(okSetCaptureParam(hBoard,CAPTURE_SCRRGBFORMAT,
      -1));
      //set video source format to same as current vga
```

```
okSetVideoParam(hBoard,VIDEO_RGBFORMAT, lRGBForm);
//set target buffer format to same as current vga
okSetCaptureParam(hBoard,CAPTURE_BUFRGBFORMAT, lRGBForm);

//set video source rect as PAL
rcVideo. left=rcVideo. top=0;
rcVideo. right=768;
rcVideo. bottom=576;
okSetTargetRect(hBoard,VIDEO,&rcVideo);

//—————1 capture to SCREEN (alive on VGA)
//set target(here is VAG) rect
GetClientRect(hWnd,&rcScreen);
MapWindowPoints(hWnd,HWND_DESKTOP, (LPPOINT)&rcScreen,2);
okSetTargetRect(hBoard, SCREEN, &rcScreen );

//or okSetToWndRect(hBoard,hWnd);
if( okCaptureToScreen(hBoard) <0  )
MessageBox(NULL,"Can't directly capture on current VGA mode !","Error",MB
_OK);
//or okCaptureTo(hBoard,SCREEN,0,0);
Sleep(1000); //just waiting a while for aliving
okStopCapture(hBoard);

//—————2 capture to BUFFER
rcBuffer. left=rcBuffer. top=0;
rcBuffer. right=768;
rcBuffer. bottom=576;
//set target(here is buffer) rect
okSetTargetRect(hBoard, BUFFER, &rcBuffer);

//set to not waiting end, return immediately
okSetCaptureParam(hBoard, CAPTURE_SEQCAPWAIT, 0);
num=okGetBufferSize(hBoard,NULL,NULL);//
//you can here set your callback functions if necessary
//okSetSeqCallback(hBoard,BeginCapture,BackDisplay, EndCapture);
okCaptureTo(hBoard,BUFFER,0,num);//sequence capture to frame buffer
```

```
//way 1.
//while( okGetCaptureStatus(hBoard,0) ) {
//SleepEx(5,TRUE); //best do sleep when loop waitting
//}
//way 2.
okGetCaptureStatus(hBoard,1);

//close specified board
okCloseBoard(hBoard);
return TRUE;
}


return FALSE;
}
```

2 函数库综述

在开发库中,对经常要涉及的几项硬件通称为目标体(TARGET),并分别在 OKAPI32.H 作了宏定义。它们是:

① 视频源:**VIDEO**(视频输入):视频信号输入源;

② 采集目的体:

SCREEN(屏幕):VGA 显存(计算机显示器);

BUFFER(缓存):由设备驱动在主机内存中预申请的序列缓存。

以上这几项采集目标体是硬件,可以直接采入或输出的,采集时调用 okCaptureTo。

(1) 名词解释

连续采集(实时采):是由图像卡连续不断地向指定目的体一个指定的固定位置传送输入视频源当前的图像,这时如果输入视频源的图像是动态的,那么该位置的图像也一直是动态的、活动的。这种情况下,完全是硬件工作,CPU 是不被占用的。当目的体是显存时,由于这时可以直接在显示器上看到动态实时的图像,又习惯称为实时显示。

单帧采集:图像卡采集完紧跟采集指令后的一幅图像后,就停止不再采集了。单帧采集是序列采集的一个特例。

(2) 常用的几个结构变量定义

① 图像块信息结构

```
typedef struct _blockinfo {
    short       iType;//图像类型(如 BK、BM)
```

```
    short        iWidth;//宽度
    short        iHeight;//高度
    short        iBitCount;//像元位数
    short        iFormType;//图像格式
    short        lBlockStep;//图像块跨距的低字
    short        iHiStep;//图像块跨距的高字
    short        lTotal;//图像总帧数的低字
    short        iHiTotal;//图像总帧数的高字
    short        iInterval;//图像帧间隔数
    LPBYTE       lpBits;//图像数据指针/文件路径名
    LPBYTE       lpExtra;//额外数据(如调色板等)指针
} BLOCKINFO，＊LPBLOCKINFO；
```

② 序列文件信息结构

```
typedef struct { //file info for seq
    short        iType;//文件类型(SQ、JP)
    short        iWidth;//宽度
    short        iHeight;//高度
    short        iBitCount;//像元位数
    short        iFormType;//图像格式
    short        lBlockStep;//图像块跨距的低字
    short        iHiStep;//图像块跨距的高字
    short        lTotal;//图像总帧数的低字
    short        iHiTotal;//图像总帧数的高字
    short        iInterval;//图像帧间隔数
} SEQINFO；
```

(3) 常见错误码的意义

ERR_NOTFOUNDBOARD(1)

没有发现可正常使用的 OK 系列卡。可能是主机没有插接 OK 卡,或插接的 OK 卡连接不可靠,或卡有问题。

ERR_NOTFOUNDVXDDRV(2)

没有发现 OK 卡的设备驱动服务程序。可能是没有按即插即用方式正确安装 OK 卡的设备驱动,或没有插 OK 卡,或其他原因造成找不到 OK 卡的设备驱动服务程序。

ERR_NOTALLOCATEDBUF(3)

没有从主机内存中预申请到 OK 卡用的缓存。可能是没有正确安装 OK 卡的驱动程序,或没有设置申请缓存。

ERR_NOTFOUNDDRIVER(6)

没有找所用 OK 卡对应的驱动程序。可能是没有正确安装驱动程序,或某种原因造成了部分驱动程序的丢失。

ERR_DRVINITWRONG(12)

所用 OK 卡对应的驱动程序初始化时发生了错误。可能是该卡插接不好或硬件故障而导致不能正确控制该卡,或某种原因造成了驱动程序的损坏。

ERR_FORMNOTSUPPORT(14)

当前所用的 OK 卡不支持所设置的 RGB 数据位格式。

ERR_NOSPECIFIEDBOARD(16)

在主机中没有插接所指定的某类型的 OK 卡。这是在用户按指定卡类型打开 OK 卡时,由于在当前主机中没有找到可用的该类型的 OK 卡而发生的错误。

3 函数库详述

(1) 打开与关闭

HANDLE WINAPI okOpenBoard(long ＊lIndex);

① 功能:打开指定图像卡。从驱动程序自动生成的初始化文件(在 WINDOWS 目录下的 OKADRV. INI 中读出上次关闭前设置的参数(如是首次则用系统缺省值)进行初始化,并获得所需系统设置,创建该卡的引用句柄,以供各功能函数引用。

② 参数

lIndex:指定要打开的卡在已连接在机器中的所有 OK 系列图像卡的索引号(按插在主板 PCI 插槽中的先后顺序编号),该索引号是 0 起始;也可以是要打开卡的类型码,这时其低字为类型码,高字为同种类型卡顺序号。另外要注意该变量是以地址方式传递的,原因见下面的说明。对于初次使用的用户可以简单设其值为－1。这样设置就可以通过我们提供的设备管理器来随时改变用户程序的缺省选用卡。因此我们推荐用户这样调用(将 lIndex 赋值为－1)。

③ 返回值:如果调用成功,返回指定卡的引用句柄;如果未发现可用卡,返回 0(FALSE),详细错误码可通过调用 okGetLastError()获得。

④ 相关函数:okCloseBoard,okGetLastError()。

BOOL WINAPI okCloseBoard(HANDLE hBoard);

① 功能:关闭所指定的已打开图像卡,并存盘当前设置的参数到初始化文件(在 WINDOWS 目录下的 OKADRV. INI),以便下次打开时初始化之用,然后释放该句柄所用资源。

② 参数

hBoard：指定要关闭卡的引用句柄。

③ 返回值：返回 1(TRUE)。

④ 说明：不再使用某卡时，一定要调用该函数关闭该卡。

⑤ 相关函数：okOpenBoard。

（2）系统信息

Long WINAPI okGetLastError()；

① 功能：获得最后调用的错误码。

② 参数：无

③ 返回值：返回错误码。错误码的宏定义参见头文件 OKAPI32. H。

④ 说明：该函数只返回最后调用函数可能发生的错误码，前一次的已不存在。

⑤ 相关函数：okOpenBoard。

Long WINAPI okGetBufferSize（HANDLE hBoard，void ＊ ＊ lpLinear，DWORD ＊ dwSize）；

① 功能：获得本卡作为图像数据使用的静态缓存 BUFFER 的线性首地址和大小，及在当前设置下可存放图像的幅数（含有动态缓存块的部分）。如未通过 okLockBuffer 进行锁定过，则返回的也是整个缓存的线性基地址。

② 参数

hBoard：输入卡句柄。lpLinear——如 lpLinear 不为 NULL，返回线性基地址。

dwSize：如 dwSize 不为 NULL，返回本卡可用存图像的大小（以字节为单位）。对于支持屏蔽位的卡，返回的大小不含屏蔽位所用缓存部分。

③ 返回值：如果调用成功，返回在当前图像帧大小设置（包括宽，高和字节数/像元）下，缓存（含有动态缓存块部分）可存图像的帧数；否则返回 0(FALSE)。

④ 说明：输入参数 lpLinear 与 dwSize 均可以 NULL 指针作为输入，此时将不返回该参数的值。因而用户也可用此函数仅查询当前可用的总帧数。如果要查询设备驱动申请的静态缓存的大小，应调用函数 okGetAvailBuffer。

⑤ 相关函数：okGetAvailBuffer，okGetBufferAddr，okGetTargetSInfo，okSetCaptureParam。

LPVOID WINAPI okGetBufferAddr（HANDLE hBoard，long lNoFrame）；

① 功能：获得序列缓存（含有动态缓存块部分）中指定帧的线性地址。

② 参数

hBoard：输入卡句柄。

lNoFrame：指定在序列帧缓存中的帧序号。

③ 返回值：如果调用成功，返回在当前图像帧大小设置（包括宽、高和字节数/像元）下，指定帧的线性地址；否则返回 0(FALSE)。

④ 说明：如用户需要直接对缓存进行处理，要用此函数来得到指定帧的线性地址，而不能直接根据起始地址推算。

⑤ 相关函数：okGetBufferSize，okGetTargetSInfo，okSetCaptureParam。

LPVOID WINAPI okGetTargetInfo（HANDLE hBoard，TARGET tgt，long lNoFrame，short ＊ width，short ＊ height，long ＊ stride）；

① 功能：获得的目标体（BUFFER、SCREEN、FRAME）中指定帧的线性地址及宽高和行跨距。

② 参数

hBoard：输入卡句柄。

Tgt：指定目标体（可以是 BUFFER、SCREEN 或 FRAME）。

lNoFrame：指定在目标体中的帧序号。

Width：返回目标体的宽度（以像元为单位）。

Height：返回目标体的高度（以像元为单位）。

Stride：返回目标体的行跨距（以字节为单位）。

③ 返回值：如果调用成功，返回目标体当前设置下指定帧的线性地址；否则返回 0(FALSE)。

④ 说明：如用户需要对某目标体进行直接处理，要用此函数来得到指定帧的线性地址及其宽高和行跨距（前一行与后一行同一列位置之间的字节数）的信息，才可正确读写该目标体的数据。

⑤ 相关函数：okGetBufferSize，okGetBufferAddr，okSetCaptureParam。

Short WINAPI okGetTypeCode（HANDLE hBoard，LPSTRlp BoardName）；

① 功能：获得预指定句柄对应卡的类型码以及卡型号（字符串）。

② 参数

hBoard：输入卡句柄。

lpBoardName：返回当前卡句柄对应的卡型号名称（字符串）。lpBoardName＝NULL 时，只返回类型码。

③ 返回值：如果调用成功，返回当前卡句柄对应的卡类型码。

④ 说明：各卡的类型码定义参见 OKAPI32．H。

⑤ 相关函数：okOpenBoard，okGetBoardIndex，okGetBoardName。

（3）设置采集参数

Long WINAPI okSetTargetRect（HANDLE hBoard，TARGET target，

LPRECT lpTgtRect）；

① 功能：设置采集/回显的目标体的窗口（兴趣区 AOI）。视频源目标体（VIDEO）的源窗口与采集目的目标体（VGA 屏幕 SCREEN，帧缓存 BUFFER，帧存体 FRAME）的目的窗口均需用此函数来设置。

② 参数

hBoard：输入卡句柄。

target：要设置的目标体，可以是源目标体 VIDEO，也可以是目的目标体 SCREEN，BUFFER，FRAME 及 WINDOWS 窗口句柄其中之一。目标体的宏定义参见 OKAPI32.H。窗口句柄的坐标使用的就是用户区坐标，而非绝对坐标，如果从未设置过窗口句柄的坐标或设置使其坐标的 left=right，则采集到窗口句柄时使用与 SCREEN 相同的位置。

lpTgtRect：要设置目标体的窗口坐标。如果调用成功且其坐标值不完全正确（X 坐标要求 4 字节对齐），将会被调整为正确值。窗口坐标按 WINDOW 习惯，定义左上为闭坐标，右下为开坐标，即设定的图像窗口区域为，以（left，top）点为起始，宽度=right−left，高度=bottom−top。

设置 SCREEN 的窗口坐标时，如果是要设定到用户所打开的某一 WINDOWS 窗口，则要把该窗口的坐标转换成屏幕绝对坐标值。设置 WINDOW 窗口句柄的坐标时，直接使用该窗口句柄的用户区坐标。

注意：所设置目标体窗口的大小可以比当前卡所允许的大，但如果调用采集函数时，将自动调整窗口为允许的大小。如果想在没有调用采集函数之前，就保证设置的窗口符合当前卡所允许的大小。可以通过调用本函数，使 lpTgtRect=NULL，来实现要设置的目标体窗口与本卡的自动匹配。但当目标体是 WINDOW 窗口句柄时除外，当 lpTgtRect=NULL，意味着清除对 WINDOW 窗口句柄的采集坐标设置，而使用对 SCREEN 设置的坐标。

③ 返回值：如果调用成功，返回该目标体在当前窗口设置下可以支持的图像帧数；否则返回 0（FALSE）。

④ 说明：如果调用前设置 lpTgtRect 结构中的 .right 或 .bottom 为−1，则意味着要获得该目标体在系统中当前的窗口坐标设置，调用返回后，lpTgtRect 被填写为指定目标体的当前窗口坐标值。

注意：如果目标体是帧缓存，即 target=BUFFER，并且从未通过 okSetCaptureParam 设置过 CAPTURE_BUFBLOCKSIZE 或将其设置为 0，则帧缓存每一帧的大小（宽和高）将随 lpTgtRect 结构变量中的 right 和 bottom 变化而变化，即帧缓存的宽=lpTgtRect_right，高=lpTgtRect_bottom。

在采集之前，首先应调用此函数设置源窗口和目的窗口（BUFFER 或

SCREEN）。对于可以支持硬件缩小的采集卡，如：C20A，C30A 等，在缩放方式下（通过 okSetCaptureParam 中的 CAPTURE_CLIPMODE 设置），可以通过设置源窗口和目的窗口的大小不同（目的窗口大小只能小于等于源窗口的大小）来实现硬件采集缩小。如不需要缩小，则必须设置源窗口和目的窗口具有同样的大小，如果是在源窗口的中心通过剪切或左上角剪切方式可以仅设置目的窗口，这时的源窗口会由系统根据当前的剪切方式和目的窗口的大小自动设置。对于不支持硬件直接缩小的采集卡，如：M20A，M40A，M60A，M30，M70，RGB10A，RGB20A 等，则只支持中心剪切和左上角剪切两种方式，此时源窗口和目的窗口应设成同样的大小，如果不同则以目标体的大小为准。

在标准制式下，当 VIDEO_TVSTANDARD 设置为 PAL 制（即值 0）时，最大可设置窗口大小为 768×576；当设置为 NTSC 制（即值 1）时，最大可设置窗口大小为 640×480。当需要采集高分辨视频信号时，首先要通过调用 okSetVideoParam 设置 VIDEO_TVSTANDARD 的参数为非标准（即值 2），然后再通过调用 okSetCaptureParam 的 CAPTURE _ HORZPIXELS 和 CAPTURE_VERTLINES 的参数为相应的足够大的值（大于要采集窗口的大小），才可通过调用本函数设置视频源窗口（VIDEO）及目的窗口为高分辨的窗口大小。

通过此函数设置的目标体窗口坐标，在应用程序调用 okCloseBoard 之后自动存入该卡的当前通道的初始化配置文件中，在应用程序调用 okOpenBoard 之后，此函数将用对应卡的零号通道初始化配置文件中的目标体窗口坐标参数来进行图像卡的初始窗口坐标设置。

⑤ 相关函数：okSetVideoParam，okSetCaptureParam，okSetToWndRect，okOpenBoard，okCloseBoard。

BOOL WINAPI okSetToWndRect（HANDLE hBoard，HWND hWnd）；

① 功能：设置 WINDOW 窗口句柄 hWnd 所对应的用户区（Client）作为目标体 VGA 屏幕（SCREEN）的采集/回显窗口。

② 参数

hBoard：输入卡句柄。

hWnd：用户 WINDOWS 窗口句柄。

③ 返回值：如果调用成功，返回 1（TRUE）；否则返回 0（FALSE）。

④ 说明：该函数将读出 hWnd 的用户区（Client）的窗口坐标，然后转换成 VGA 的绝对坐标值，再调用 okSetTargetRect 来设置 SCREEN 的窗口坐标。

⑤ 相关函数：okSetTargetRect，okSetVideoParam，okSetCaptureParam。

Long WINAPI okSetVideoParam（HANDLE hBoard，WORD wParam，long

1Param)；

① 功能：设置并获得视频输入信号的调节参数（如对比度、亮度等）。

② 参数

hBoard：输入卡句柄。

wParam：指定设置视频项目，所支持的项目如下（可参见 OKAPI32. H 中的宏定义）。

- VIDEO_RESETALL(0)：重置所有项的参数值为系统缺省值。

- VIDEO_SOURCECHAN(1)：视频源路选择，1Param 指定源路，复合输入第一路为 0x00，Y/C（又称 S-Video）输入第一路为 0x100，RGB 输入第一路为 0x200，YUV 输入第一路为 0x400，以此类推。对于 MC20，四路合一画面，所以选择源路并不进行切换路，而是作为要调节对比度、亮度、色度和饱和度的当前源路；另外，HIWORD(1Param) 等于 1,2,3,4 分别对应四合一画面的左上、右上、左下和右下位置，等于零为不改变原有设置。系统初始的缺省设置是按上面的顺序放置。另外，当使 1Param＝0XFF 时，仅返回本卡可支持的复合输入路数；1Param＝0X1FF，仅返回本卡可支持的 Y/C 输入路数；1Param＝0X2FF，仅返回本卡可支持的 RGB 输入路数。

- VIDEO_BRIGHTNESS(2)：亮度调节，LOWORD(1Param) 为亮度调节值，范围 0～255。HIWORD(1Param) 为基色通道号，对非 RGB 分量输入卡，HIWORD(1Param) 必须为零；对 RGB 分量输入卡（如 OK_RGB10A）HIWORD(1Param) 为要调节的基色通道号，0 为红，1 为绿，2 为蓝。返回值的低 3 个字节，从低到高分别对应红、绿、蓝的当前值。

- VIDEO_CONTRAST(3)：对比度调节，LOWORD(1Param) 为对比度调节值，范围 0～255。HIWORD(1Param) 为基色通道号，对非 RGB 分量输入卡，HIWORD(1Param) 必须为零；对 RGB 分量输入卡（如 OK_RGB20A）HIWORD(1Param) 为要调节的基色通道号，0 为红，1 为绿，2 为蓝。返回值的低 3 个字节，从低到高分别对应红、绿、蓝的当前值。

- VIDEO_COLORHUE(4)：色调调节，1Param 为色调调节值，范围 0～255。只对彩色复合视频输入有效，如 C20A，C30A。RGB 输入无此设置。

- VIDEO_SATURATION(5)：饱和度调节，1Param 为饱和度调节值，范围 0～255。只对彩色复合视频输入有效，如 C20A，C30A。RGB 输入无此设置。

- VIDEO_RGBFORMAT(6)：设置视频 VIDEO 的 RGB 格式，1Param 为格式码，常用码有 FORM_RGB888(24 位)，FORM_RGB565(16 位)，FORM_GRAY8(8 位黑白)，详情参见 OKAPI32. H 中的宏定义。此设置只可设置成当

前卡支持的格式。当返回时，除低字（LOWORD）为格式码，另外高字（HIWORD）还放有比特数/像元（BitCount）。如不支持要设置的格式会返回—1。

- VIDEO_TVSTANDARD(7)：视频输入制式设置，1Param＝0 为 PAL 制，1Param＝1 为 NTSC 制，1Param＝2 为非标准。注意，当切换成某一标准制式（PAL 或 NTSC）时，系统会自动设置起始偏移、行采样像元和扫描行数及有效区大小为标准值。

- VIDEO_SIGNALTYPE(8)：视频输入信号类型，1Param 的低字（LOWORD）＝0 为逐行，1Param＝1 为隔行；1Param 的高字（HIWORD）＝0 为同步不开槽，1Param＝1 为同步开槽。

- VIDEO_RECTSHIFT(9)：视频输入信号有效区域起始位置，1Param 的低字（LOWORD）为水平（X）偏移，1Param 的高字（HIWORD）为垂直（Y）偏移。对于不同的卡、不同的信号源，这个参数有所不同。对于标准信号源，建议用户使用系统缺省值，而不要改变它。建议用户不要再用此项设置，而要用 VIDEO_RECTSHIFTEX(19) 来设置偏移值。

- VIDEO_SYNCSIGCHAN(10)：同步信号所在通道，LOWORD(1Param)＝0：在红通道（RED），LOWORD(1Param)＝1：在绿通道（GREEN），LOWORD(1Param)＝2：在蓝通道（BLUE），LOWORD(1Param)＝3：在复合同步通道（SYNC），LOWORD(1Param)＝4：行、场分离同步通道。HIWORD(1Param)＝0x000，RGB 输入 1，HIWORD(1Param)＝0x001，RGB 输入 2；HIWORD(1Param)＝0x100：复合视频输入 1，＝0x101：复合视频输入 2。当是复合视频输入时，LOWORD(1Param) 即无意义了。当设置了视频输入源路（VIDEO_SOURCECHAN）后，应通过此项设置其同步信号所在通道，一般同步信号应与视频输入源路是同路，但有的卡也可以不是。

- VIDEO_AUXMONCHANN(11)：MC30 选择辅助监视用输入源路。

- VIDEO_AVAILRECTSIZE(12)：视频输入信号有效区域大小，1Param 的低字（LOWORD）为水平方向（X）的像元数/扫描行，1Param 的高字（HIWORD）为垂直方向（Y）行数/帧。

- VIDEO_FREQSEG(13)：当 HIWORD(1Param)＝0 时，LOWORD(1Param)＝0：低频段（7.5～15MHz），LOWORD(1Param)＝1：中频段（15～30），LOWORD(1Param)＝2：高频段（30～60），LOWORD(1Param)＝3：超高频段（60～120），LOWORD(1Param)＝4：甚高频段（＞120）。当 HIWORD(1Param)＝1 时，LOWORD(1Param) 代表要设置的以兆赫兹为单位的频率。无论哪种设置方式，返回的都是频段值。

• VIDEO_LINEPERIOD(14)：设置回显时图像卡输出行周期，此项只对有输出功能的卡有效。当 1Param 的 HIWORD＝0 时，以 0.54 μs 为记数单位，即：LOWORD(1Param)＝0 约为 0.54 μs，1Param＝1 约为 1.08 μs，以此类推，1Param＝118 大约为 64 μs，最大 127，对应大约为 68 μs。当 1Param 的 HIWORD＝1 时，则以 0.1 μs 为记数单位，即：LOWORD(1Param)＝0 约为 0.1 μs，1Param＝1 约为 0.2 μs，以此类推。

• VIDEO_FRAMELINES(15)：设置回显时图像卡输出每帧的行数，此项只对有输出功能的卡有效，因此可用此功能来确定是否支持输出显示功能。1Param 的 LOWORD＝0：625 行，LOWORD＝1：1 249 行，LOWORD＝2：525 行，LOWORD＝3：1 049 行；或直接设置行数，如 LOWORD(1Param)＝1 249。对 M40，M60，M30 只有前 4 种行数有效。对于有输出功能的 OK 二代卡，1Param 的 HIWORD＝1 时为强制内同步输出，如设 1Param＝0XFFFF，则只返回当前设置的 HIWORD 的值，如不支持则返回－1。

• VIDEO_GAINADJUST(18)：增益调节，1Param 为增益调节值，范围 0～255。C30N，C33，C82，C20A，USB20A 有此功能。

• VIDEO_RECTSHIFTEX(19)：视频输入信号有效区域通用起始位置，1Param 的低字(LOWORD)为水平(X)偏移，1Param 的高字(HIWORD)为垂直(Y)偏移。对于相同的信号源，各 OK 卡的这个参数应基本一致。对于标准 PAL 信号源，缺省值都为(168,38)。建议不要再用 VIDEO_RECTSHIFT(9) 来设置偏移值。

1Param：对应 wParam 的参数值。意义详见上述。

③ 返回值：如果指定的项目或参数不被支持，返回－1；如果失败则返回－2；如果成功则返回该项目之前的参数值。

④ 说明：如果 1Param＝－1(GETCURRPARAM)，则仅返回该项目当前的参数值。通过此函数设置的视频输入参数，在应用程序调用 okCloseBoard 之后自动存入该卡的初始化配置文件中，在应用程序调用 okOpenBoard 之后，此函数将从对应卡的初始化配置文件中取出视频输入参数来进行图像卡的初始视频输入参数设置。已设置的参数如果没有改变将一直有效。所以当需要不同的设置时就要重新设置相应的参数。

⑤ 相关函数：okSetCaptureParam，okSetTargetRect，okCloseBoard，okOpenBoard。

Long WINAPI okSetCaptureParam（HANDLE hBoard，WORD wParam，long 1Param）；

① 功能：设置并获得采集控制参数(如采集格式、方式等)。

② 参数

hBoard：输入卡句柄。

wParam：指定设置采集项目，所支持的项目如下（可参见 OKAPI32.H 中的宏定义）。

- CAPTURE_RESETALL(0)：重置所有采集项的参数值为系统缺省值。
- CAPTURE_INTERVAL(1)：设置采集帧间隔。1Param＝0 为逐帧，1Param＝1 为隔一帧，以此类推。
- CAPTURE_CLIPMODE(2)：设置采集裁剪方式，当设置的视频源窗口与采集目标窗口大小不同时，1Param＝0 为缩放方式，1Param＝1 为中心化方式，即调整源窗口到视频源有效区中心，1Param＝2 为左上角对齐方式，即固定源窗口左上角位置而调整右下角位置。
- CAPTURE_SCRRGBFORMAT(3)：设置屏幕 SCREEN 的 RGB 格式，1Param 为格式码，常用码有 FORM_RGB888(24 位)，FORM_RGB565(16 位)，FORM_GRAY8(8 位黑白)，详情参见 OKAPI32.H 中的宏定义。返回时，低字(LOWORD)为格式码，高字(HIWORD)为比特数/像元(BitCount)。实际上设置本项是不必要的，因为系统内部已根据当前 VGA 的模式设置好了。但可以通过本函数获得当前屏幕 SCREEN 的格式。
- CAPTURE_BUFRGBFORMAT(4)：设置帧缓存 FRAME 的 RGB 格式，1Param 为格式码，常用码有 FORM_RGB888(24 位)，FORM_RGB565(16 位)，FORM_GRAY8(8 位黑白)，详情参见 OKAPI32.H 中的宏定义。可以设置成任意格式而不论当前卡是否支持。返回时，除低字(LOWORD)为格式码外，还有高字(HIWORD)为比特数/像元(BitCount)。
- CAPTURE_FRMRGBFORMAT(5)：设置帧存 FRAME 的 RGB 格式，1Param 为格式码，常用码有 FORM_RGB888(24 位)，FORM_RGB565(16 位)，FORM_GRAY8(8 位黑白)，详情参见 OKAPI32.H 中的宏定义。返回时，低字(LOWORD)为格式码，高字(HIWORD)为比特数/像元(BitCount)。如不支持要设置的格式会返回－1。
- CAPTURE_BUFBLOCKSIZE(6)：设置序列缓存每帧的固定大小，1Param 的低字(LOWORD)为缓存宽度 WIDTH(像元数/行)，1Param 的高字(HIWORD)为缓存高度 HEIGHT(像元数/列)。要读写缓存图像应通过调用函数 okSetTargetRect(hBoard,BUFFE,＆rect)，来设置缓存的窗口 rect 区域。如果设置的 rect.right 或 rect.bottom 大于对应的缓存宽度 WIDTH 或缓存高度 HEIGHT，则程序会自动使 WIDTH ＝ rect.right 或 HEIGHT ＝ rect.bottom。

注意：如设置 1Param＝0(缺省值既为 0)，则缓存每帧的大小随通过调用函数 okSetTargetRect(hBoard，BUFFE，&rect)来设置的缓存窗口的大小变化而变化，即 WIDTH＝rect. right，HEIGHT＝rect. bottom。

- CAPTURE_HARDMIRROR(7)：设置采集时是否作镜像变换，1Param 的最低位(bit0)代表水平(X)方向，1Param 的第二位(bit1)代表垂直(Y)方向。即 1Param＝0：无镜像，1Param＝1：X 镜像，1Param＝2：Y 镜像，1Param＝3：X，Y 都镜像。

- CAPTURE_VIASHARPEN(8)：设置采集时通过锐化增强滤波的滤波系数。1Param 值的范围为 0～15。目前只有 C20N，C30N，C20A，USB20A 支持此项功能。

- CAPTURE_VIAKFILTER(9)：设置采集时通过递归滤波的滤波系数。1Param＝0 即不做递归滤波。

- CAPTURE_SAMPLEFIELD(10)：设置帧采集方式，1Param＝0 逐场采集方式，即按场顺序存放，1Param＝1 逐帧采集方式，即按帧(由两场隔行存放构成)顺序存放，1Param＝2 按场采集隔行存放方式，1Param＝3 按上下场存放。注意，当在某一标准制式(PAL 或 NTSC)下，设置此项参数时，系统会自动设置行采样像元和扫描行数和有效区大小为标准值。

- CAPTURE_HORZPIXELS(11)：设置水平(X)方向总采集像元数，即总像元数/扫描行(含行消隐期)。只有支持可变行采集频率的卡可设置此项。

- CAPTURE_VERTLINES(12)：设置垂直(Y)方向信号源的扫描线数，即总行数/帧(含消隐行)。对于标准制式(PAL 和 NTSC)，此项由系统自动设置；对于非标准制式，此项则需要由用户根据所接信号源的实际扫描线数来设置。

- CAPTURE_ARITHMODE(13)：设置采集/回显时实时运算方式，目前只有 M60 和 M90 支持此项设置。1Param 的 LOWORD 为运算方式，LOWORD(1Param)＝0 无运算，1Param＝1：源－帧存，1Param＝2：帧存－源，1Param＝3：源＋帧存，1Param＝4：带符号的源－帧存，1Param＝5：带符号的帧存－源。M60 只支持前 4 项设置。1Param 的 HIWORD 为运算的输出目标，HIWORD(1Param)＝0：只对输出显示，1Param＝1：只对采集的数据，1Param＝2：同时对两者。此功能只有 M90 支持。

- CAPTURE_TO8BITMODE(14)：设置高比特转换成 8 比特的方式。对于支持高比特 10 位采集的卡(如 M30，M70)，当采集的目的体设置为 8 比特时，其数据转换的方式。当 1Param 的高字即 HIWORD(1Param)为零时，采用线性变换方式，即把 10 位值域 0～1 023 线性缩小(即除 4)到 0～255。当 1Param 的高字即 HIWORD(1Param)为非零时,采用截取灰度段(256个值)的方式,1Param 的低字即 LOWORD(1Param)为截取的起始值 offset。即把 offset～offset+255 变换到 0～255,低于 offset 的置为 0,高于 offset+255 的置为 255。但采集的目的体不为 8 比特时,此设置不起作用。目前有 M30,M70 支持此项设置。

• CAPTURE_SEQCAPWAIT(15):设置采集方式。1,设置调用采集(包括间接采集)或回显函数为单帧或序列方式时是否等待结束才返回。Bit0=0:不等结束立即返回方式,Bit0=1:等结束后才返回方式。注意,如果是实时采或循环序列(采集/回显)状态,则只能是立即返回方式。2,设置采集过程中,在回调用户编写的回调函数之前是否等待采集结束。Bit1=0,不等采集结束就调用回调函数,这是一种并行工作方式,即硬件采集过程与用户回调函数所做工作同时进行;Bit1=1,等采集结束后再调用回调函数。这是串行工作方式,即硬件采集过程完全结束后,才会去执行用户回调函数所做的工作。当采集数据量很大时(如用 RGB20 采集逐行信号),采集需占用 PCI 大量时间,如这时回调函数所做工作也需占用较多 PCI 时间[如涉及显卡(VGA)的操作],就会干扰采集的正常进行,这时就需要通过本设置使回调函数在采集完成后再进行(不过这时就难以实现逐帧并行采集处理了),或回调函数什么也不做。

此设置将控制函数 okCaptureTo、okCaptureByBuffer 的采集等待方式和 okPlaybackFrom、okPlaybackByBuffer 的回显等待方式及是否采集结束才调用回调函数。系统缺省设置为不等待方式。

• CAPTURE_TRIGCAPTURE(17):设置外触发硬件控制采集的方式。LOWORD(1Param)=0:立即采集,既正常方式;=1:等到外触发采集一幅图。当 LOWORD(1Param)不等于零时,HIWORD(1Param)=0,外触发来时立即采集;=1,延迟一幅图像的时间再采集。

1Param:对应 wParam 的参数值。意义详见上述。

③ 返回值:如果指定的项目或参数不被支持,返回—1;如果失败则返回—2;如果成功则返回该项目之前的参数值。

④ 说明:如果 1Param=—1(GETCURRPARAM),则仅返回该项目当前的参数值。

通过此函数设置的采集参数,在应用程序调用 okCloseBoard 之后自动存入该卡的初始化配置文件中,在应用程序调用 okOpenBoard 之后,此函数将从对应卡的初始化配置文件中取出采集参数来进行图像卡的初始视频采集参数设置。已设置的参数如果没有改变将一直有效。所以当需要不同的设置时就要重新设置相应的参数。

⑤ 相 关 函 数：okSetVideoParam，okSetTargetRect，okCloseBoard，okOpenBoard。

（4）视频采集

BOOL WINAPI okCaptureSingle（HANDLE hBoard，TARGET Dest，LONG lStart）；

① 功能：采集视频输入一帧到指定目标体。这里的目标体可以是 VGA 屏幕（SCREEN）、帧缓存（BUFFER）、帧存体（FRAME）。可以不等采集结束立即返回，也可以等采集结束再返回。

② 参数

hBoard：输入卡句柄。

Dest：要采集到的目标体，可以是 SCREEN、BUFFER 或 FRAME。目标体的宏定义参见 OKAPI32.H。

lStart：采集到目标体的起始帧序号（起始为 0），对于只有一帧的目标体，如 SCREEN，该值只能为 0。

③ 返回值：如果调用成功，返回该目标体所支持的最大帧数；如果失败（如由于格式不支持等）返回 0（FALSE）；如果该目标体不被支持则返回—1。

④ 说明：此函数等价于 okCaptureTo(hBoard，Dest，lStart，1)。

⑤ 相 关 函 数：okGetCaptureStauts，okStopCapture，okCaptureByBuffer，okSetTargetRect， okSetVideoParam， okSetCaptureParam， okCaptureTo，okCaptureByBufferEx。

BOOL WINAPI okCaptureActive（HANDLE hBoard，TARGET Dest，LONG lStart）；

① 功能：实时采集视频输入到指定目标体。这里的目标体可以是 VGA 屏幕（SCREEN）、帧缓存（BUFFER）、帧存体（FRAME）。

② 参数

hBoard：输入卡句柄。

Dest：要采集到的目标体，可以是 SCREEN，BUFFER 或 FRAME。目标体的宏定义参见 OKAPI32.H。

lStart：采集到目标体的起始帧序号（起始为 0），对于只有一帧的目标体，如 SCREEN，该值只能为 0。

③ 返回值：如果调用成功，返回该目标体所支持的最大帧数；如果失败（如由于格式不支持等）返回 0（FALSE）；如果该目标体不被支持则返回—1。

④ 说明：此函数等价于 okCaptureTo(hBoard，Dest，1Param，0)。

⑤ 相 关 函 数：okGetCaptureStauts，okStopCapture，okCaptureByBuffer， okSetTargetRect，okSetVideoParam，okSetCaptureParam，okCaptureByBufferEx，okCaptureTo。

HANDLE WINAPI okCaptureThread（HANDLE hBoard，TARGET Dest，LONG lStart，lParam lNoFrame）；

① 功能：采集视频输入到指定目标体。这里的目标体可以是 VGA 屏幕（SCREEN）、帧缓存（BUFFER）、帧存体（FRAME）。可以单帧采集也可以进行多帧采集，可以不等采集结束立即返回，也可以等采集结束再返回。

② 参数

hBoard：输入卡句柄。

Dest：要采集到的目标体，可以是 SCREEN、BUFFER 或 FRAME。目标体的宏定义参见 OKAPI32.H。

lStart：采集到目标体的起始帧序号（起始为 0），对于只有一帧的目标体，如 SCREEN，该值只能为 0。

lNoFrame：采集帧数或采集方式。该值如果大于零（＞0），即采到目标体的帧数，此时为序列采集方式。如果 lNoFram 大于目标体的最大帧数（Total），当逐帧采集到目标体的位置超过 Total 时，将重置回到起始（序号 0）位置继续开始逐帧采集，如此按方式 mode(n%total) 采集，直到采完 1Param 帧为止。如果等于零（＝0），为连续采集（即实时采）方式，一直采集视频输入到 wParam 指定的位置直到通过调用 okStopCapture 才会停止。连续采集时无回调支持。如果等于一1，为循环序列采集方式，即从 wParam 指定的位置开始序列采集，当达到目标体的最大帧数（Total）时将回到起始（序号 0）位置继续开始逐帧采集，如此无限循环下去，直到通过调用 okStopCapture 才会停止。

③ 返回值：如果调用成功，返回该采集函数的线程句柄；如果失败（如由于格式不支持等）返回 0（FALSE）；如果该目标体不被支持则返回一1。

④ 说明：该函数为线程控制方式的序列采集函数。除单采一帧时同样支持回调函数外，等价于 okCaptureTo。

⑤ 相关函数：okGetCaptureStauts，okStopCapture，okCaptureByBuffer，okSetTargetRect，okSetVideoParam，okSetCaptureParam，okCaptureByBufferEx，okCaptureTo。

BOOL WINAPI okCaptureSequence（HANDLE hBoard，LONG lStart，lParam lNoFrame）；

① 功能：中断控制的序列采集视频输入到缓存（BUFFER）。不等采集结束立即返回。

② 参数

hBoard：输入卡句柄。lStart：采集到目标体的起始帧序号（起始为 0）。lNoFrame：采集帧数或采集方式。lNoFrame＞0 时，要采集的帧数；lNoFrame＝0 时，不启动采集，仅用来查询所打开的卡是否支持本函数，如不支持，返回－1，如支持，则返回可用来序列采集的缓存帧数；lNoFrame＝－1 时，在可用的缓存帧内循环采集。

③ 返回值：如果调用成功，返回该目标体所支持的最大帧数；如果失败（如由于格式不支持等）返回 0(FALSE)；不支持返回－1。

④ 说明：该函数为中断控制方式的后台序列采集函数，功能和参数的设置均类似于 okCatprueThread，并支持回调，支持缓存锁定，但仅在有中断支持的卡上起作用，目前在 WIN95/98/ME 上可以使用该函数的卡只有 M10、M20H、M30、M40、M60、M70、RGB20、C30N。在 WINNT4/2K/XP 上则绝大部分卡都支持，只有部分老卡（如 C20、C80 等)不支持。需要注意的是由于是中断控制方式，所以序列采集时图像不会丢帧，但回调是线程，当有大量的其他后台、线程操作时，回调的帧号可能会不连续（跳帧号）。

⑤ 相 关 函 数：okGetCaptureStauts, okStopCapture, okCaptureByBuffer, okSetTargetRect，okSetVideoParam，okSetCaptureParam，okCaptureByBufferEx, okCaptureTo。

BOOL WINAPI okCaptureTo（HANDLE hBoard，TARGET target，LONG wParam，LPARAM 1Param）；

① 功能：采集视频输入到指定目标体。这里的目标体可以是 VGA 屏(SCREEN)、帧缓存(BUFFER)、帧存体(FRAME)。缺省状态下为不等采集结束立即返回。如果要立即读取数据，需要调用函数 okGetCaptureStauts，以确认采集结束后，再读取数据。

② 参数

hBoard：输入卡句柄。

target：要采集到的目标体，可以是 SCREEN、BUFFER 或 FRAME。目标体的宏定义参见 OKAPI32.H。

wParam：采集到目标体的起始帧序号（起始为 0)，对于只有一帧的目标体，如 SCREEN，该值只能为 0。

1Param：采集帧数或采集方式。如果 1Param 值大于零(＞0)，即采到目标体的帧数，此时为序列采集方式，1Param＝1 时为序列采集的特例单帧采集，但单帧采集时无回调支持。如果 1Param 大于目标体的最大帧数(Total)，当逐帧采集到目标体的位置超过 Total 时，将重置回到起始(start)位置继续开始逐帧采集，如此按方式 mode(n％ total)采集，直到采完 1Param 帧为止。如果

1Param 值等于零（＝0），为连续采集（即实时采）方式，一直采集视频输入到 wParam 指定的位置直到通过调用 okStopCapture 才会停止。连续采集时无回调支持。如果 1Param 值等于—1，为循环序列采集方式，即从 wParam 指定的位置开始序列采集，当达到目标体的最大帧数（Total）时将回到起始（start）位置继续开始逐帧采集，如此无限循环下去，直到通过调用 okStopCapture 才会停止。亦可通过—N 来指定在 N 帧内循环采集，如—2，即在 2 帧内循环。

③ 返回值：如果调用成功，返回该目标体所支持的最大帧数；如果失败（如由于格式不支持等）返回 0（FALSE）；如果该目标体不被支持则返回—1。

④ 说明：此函数为完全硬件支持的采集。当为循环序列采集方式，或序列采集，但为不等结束返回方式时，本函数启动一序列采集的线程，然后立即返回调用它的程序，如果需要终止正在进行中的采集过程，可随时通过调用 okStopCapture 终止该过程。当为单帧或序列采集，并且为等待结束返回方式时，则采集全部完成后才会返回调用它的程序。通过调用函数 okSetCaptureParam 的 CAPTURE_SEQCAPWAIT 来设置单帧采集或序列采集时，是不等结束返回方式还是等结束返回方式，以及采集过程中的回调方式是立即回调用户程序还是等采集结束再回调。

注意，如是序列采集，该函数将从被调用时刻之后开始的一帧/场进行序列采集。

⑤ 相关函数：okSetTargetRect，okGetCaptureStauts，okStopCapture，okCaptureByBuffer，okCaptureByBufferEx，okSetVideoParam，okSetCaptureParam。

BOOL WINAPI okCaptureToScreen（HANDLE hBoard）；

① 功能：启动连续采集视频输入到 VGA 屏幕（SCREEN），并立即返回。

② 参数

hBoard：输入卡句柄。

③ 返回值：如果调用成功，返回 1（TRUE）；否则返回 0（FALSE）。

④ 说明：此函数是为实时采集时书写简捷而设的，实际只是函数 okCaptureTo 的一个特例，即 okCaptureTo（hBoard，SCREEN，0，0）。

⑤ 相关函数：okSetCaptureParam，okGetCaptureStauts，okCaptureTo，okSetTargetRect，okStopCapture，okSetVideoParam。

HANDLE WINAPI okCaptureByBuffer（HANDLE hBoard，TARGET Dest，long start，long num）；

① 功能：间接（通过帧缓存 BUFFER）采集视频输入到指定目标体。这里的目标体可以是屏幕（SCREEN）、WINDOWS 窗口句柄、用户内存 MEMORY 或文件 FILE。可以单帧采集也可以进行多帧采集，可以不等采集结束立即返回，

也可以等采集结束再返回。

当直接采到 SCREEN(VGA)有格式问题或冲突时,可以选择此函数;或当需要采到用户程序申请的(虚)内存 MEMORY 时,也可以选择此函数。

② 参数

hBoard:输入卡句柄。

Dest:要采集到的目标体,可以是 SCREEN、BUFFER、窗口句柄、用户内存指针,或含有用户内存指针的 BLOCKINFO 结构变量指针,或文件名字符串指针。BLOCKINFO 结构的定义参见 OKAPI32. H。

start:采集到目标体的起始帧序号(起始为 0)。

num:要采集的帧数,当该值大于零时,将从 start 开始直到采集完 num 帧为止。如采到用户内存 MEMORY 时,该值必须小于用户内存可存放的最大帧数。当该值等于零时,将连续采集到 start 位置,直到通过调用 okStopCapture 终止为止。

注意:本间接采集函数不支持循环序列采集方式。num 必须大于等于零。本间接采集函数支持采集时的回调函数。

③ 返回值:如果调用成功,返回线程句柄;否则返回 0(FALSE)。

④ 说明:此函数为间接采集。通常状态下,它是一线程,通过两帧缓存交替传送到屏幕、窗口、内存或文件的。采集帧的大小和格式取缓存 BUFFER 当前的设置值。如果本卡支持中断控制方式,并通过 okSetCaptureParam 函数 CAPTURE_MISCCONTROL 中的 BIT0 或 BIT1 设置成了中断控制方式,则是用本卡可用所有缓存循环序列采集。如果需要终止正在进行中的采集过程,可随时通过调用 okStopCapture 终止该过程。本函数启动一序列连续采集进程。注意,从帧缓存交替传送到目的体是通过调用 okConvertRec 或 okSaveImageFile 来完成的,所以要注意当前的场传送方式。

如果输入目的体是窗口句柄,采集到目标的坐标位置,就是对该句柄设置的坐标,如从未通过 okSetTaregtRect 函数设置过或已用 NULL 清除,则使用对 SCREEN 设置的窗口坐标。

如果输入目的体是内存指针,应先清零第一个字节。如果输入是 BLOCKINFO 结构变量指针,则必须设置结构变量中的元素 iType = BLKHEADER,lpBits 为用户内存指针。其余结构元素将由该函数根据缓存 BUFFER 当前的设置值填写。

如果指定的是文件名,该函数将采图像到该文件中,注意,如果该文件已经存在,本函数不会删除它,而只是按指定的位置写入。如果用户需要新建文件,应首先删除同名文件,然后再调用此函数。

如果指定的文件名是".SEQ"或".AVI"，则产生一序列格式文件。如文件名是单幅格式文件".BMP"或".JPG"，则自动产生序列编号的多个 BMP 或 JPG 文件。

BLOCKINFO 结构的定义和序列文件 SEQ 的格式参见 OKAPI32.H；BMP、AVI、JPG 文件格式参见有关资料。

本函数也可指定目的体为帧缓存(BUFFER)，使该函数仅采集到帧缓存并不再传送，而通过设置回调函数来传送图像到自己需要的目的区。

当为序列采集但为不等结束返回方式时，本函数启动一序列采集过程然后立即返回调用它的程序，如果需要终止正在进行中的采集过程，可随时通过调用 okStopCapture 终止该过程。当为单帧或序列采集，并且为等待结束返回方式时，则采集全部完成后才会返回调用它的程序。通过调用函数 okSetCaptureParam 的 CAPTURE_SEQCAPWAIT 来设置单帧采集或序列采集时，是不等结束返回方式还是等结束返回方式。

⑤ 相关函数：okConvertRect，okSaveImageFile，okGetCaptureStauts，okStopCapture，okCaptureTo，okCaptureByBufferEx。

BOOL WINAPI okCaptureByBufferEx（HANDLE hBoard，long fileset，TARGET dest，long start，long num）；

① 功能：间接(通过帧缓存 BUFFER)采集视频输入到指定目标体。这里的目标体可以是屏幕(SCREEN)、WINDOWS 窗口句柄、用户内存 MEMORY 或文件 FILE。可以单帧采集也可以进行多帧采集，可以不等采集结束立即返回，也可以等采集结束再返回。

当直接采到 SCREEN(VGA)有格式问题或冲突时，可以选择此函数；或当需要采到用户程序申请的(虚)内存 MEMORY 时，也可以选择此函数。

② 参数

hBoard：输入卡句柄。

fileset：当是 JPG 文件时，是质量因子。

Dest：要采集到的目标体，可以是 SCREEN、BUFFER、用户内存指针，或含有用户内存指针的 BLOCKINFO 结构变量指针，或文件名字符串指针。BLOCKINFO 结构的定义参见 OKAPI32.H。

start：采集到目标体的起始帧序号(起始为 0)。

num：要采集的帧数，当该值大于零时，将从 start 开始直到采集完 num 帧为止。如采到用户内存 MEMORY 时，该值必须小于用户内存可存放的最大帧数。当该值等于零时，将连续采集到 start 位置，直到通过调用 okStopCapture 终止为止。

注意:本间接采集函数不支持循环序列采集方式。num 必须大于等于零。本间接采集函数支持采集时的回调函数。

③ 返回值:如果调用成功,返回 1(TRUE);否则返回 0(FALSE)。

④ 说明:此函数为 okCaptureByBuffer 功能扩展,增加存序列 JPG 文件时,图像质量因子选项。

⑤ 相关函数:okConvertRect,okSaveImageFile,okGetCaptureStauts,okStopCapture,okCaptureTo,okCaptureByBuffer。

long WINAPI okGetCaptureStatus(HANDLE hBoard,BOOL bWait);

① 功能:获得当前采集或回显状态。

② 参数

hBoard:输入卡句柄。

bWait:是否等待标志,1(TRUE)等待结束,0(FALSE)不等结束即返回。

③ 返回值:返回当前采集/回显状态。如果不在采集也不在回显状态,或已采集结束,则返回 0(FALSE)。如果是在连续采集(实时采)或回显状态,则返回当前目标体,即:1 帧缓存 BUFFER,−1 屏幕 SCREEN,−2 帧存 FRAME,−3 监视器 MONITOR。否则返回 0(FALSE)。如果是在序列或循环序列采集/回显状态(目标体可以是帧缓存 BUFFER、用户内存 MEMORY 或文件 FILE)则返回当前正在采集/回显的帧位置序号(注意:这里起始为 1。只有 okGetCaptureStatus 和 okStopCapture 这两个函数是这样)。

④ 说明:此函数既用来获得采集状态,也用来获得回显状态。在不等结束即返回方式下的单帧或序列采集/回显时,要知道是否完成就可以通过此函数来获悉,并可以通过 bWait=TRUE,使该函数直到在采集/回显完成后才返回。但如果是在连续采集/回显状态,则不论 bWait 是否为 TRUE 均立即返回当前采集/回显的目标体。在循环序列采集/回显时,则立即返回当前采集的帧序号。

注意:如果是循环以不等待的方式调用此函数查询状态,则不要死循环调用,如:while(okGetCaptureStatus(hBoard,0));而应使用插入等待的循环调用,如:do{Sleep(10);}while(okGetCaptureStatus(hBoard,0))。

⑤ 相关函数:okPlaybackByBuffer,okCaptureByBuffer,okPlaybackFrom,okCaptureTo,okStopCapture。

BOOL WINAPI okStopCapture(HANDLE hBoard);

① 功能:终止当前的采集或回显过程。

② 参数

hBoard:输入卡句柄。

③ 返回值:返回当前采集/回显状态。如果不在采集也不在回显状态,则返

回 0(FALSE)。如果是在连续采集或回显状态,则返回当前目标体,即:1 帧缓存 BUFFER,－1 屏幕 SCREEN,－2 帧存 FRAME,－3 监视器 MONITOR;否则返回 0(FALSE)。如果是在序列采集状态(目标体可以是帧缓存 BUFFER、用户内存 MEMORY 或文件 FILE),则返回当前采集/回显的帧位置序号(注意:这里起始为 1。只有 okGetCaptureStatus 和 okStopCapture 这两个函数是这样)。

④ 说明:此函数既用来终止采集过程,也用来终止回显过程。当在不等结束方式下的单帧或序列(采集/回显)过程中,或循环序列及连续(采集/回显)过程中,都可以随时通过此函数来终止当前采集/回显过程。该函数将在被调用时的一场结束时,才真正结束。

⑤ 相关函数:okGetCaptureStatus,okCaptureByBuffer,okPlaybackFrom,okPlaybackByBuffer,okCaptureTo。

(5) 文件读写

Long WINAPI okSaveImageFile(HANDLE hBoard, LPSTR szFileName, long first, TARGET target, long start, long num);

① 功能:从源目标体存图像窗口(RECT)到硬盘,等存盘完成后返回。这里的源目标体可以是 VGA 屏幕(SCREEN)、帧缓存(BUFFER)、帧存体(FRAME)以及带有用户内存 MEMORY 地址的 BLOCKINFO 指针。

② 参数

hBoard:输入卡句柄。

szFileName:存盘文件名。可以是".SEQ"".AVI"".BMP"".JPG"或".RAW"为后缀的文件名。

如果存 SEQ 文件,但是希望图像数据是 JPG 压缩的,可以按如下格式输入文件名"AA.SEQ,JPG,60"。其中",JPG,60"表示图像数据是 JPG 压缩的,60 是 JPG 的质量控制因子,所存图像的文件名仍为"AA.SEQ"。

如果存".AVI",但需要是压缩的,目前支持 MotionJPEG 和 MPEG4,如需要存 MJPEG,输入文件名后跟",MJPG",缺省质量因子为 60,如需自己指定可再后跟系数,如"AA.AVI,MJPG,70"。需要存 MPEG4,输入文件名后跟",MPG4",如"AA.AVI,MPG4"。

first:对于 SEQ、AVI 文件,该参数是从序列文件中的第几幅开始存的(起始为 0)。对于 BMP 文件,first＝0,按标准 BMP 格式存放,即把目标体的格式转换为 8 位(黑白)或 24 位(彩色)来存放;first＝1,则按支持扩展格式的 BMP 存放,即按目标体当前的格式存放而不论它是否 8 位或 24 位,注意,如此时目标体的格式是 16 位或 32 位,生成的 BMP 图像文件,一般的应用软件(如

PaintBrush 等)因不支持这些扩展格式而不能读出。

对于 JPG 文件,该参数是质量控制因子(1～100)。1:保质最差(但压缩比最大),100 保质最好(压缩比最小)。当 0 为缺省设置,等价于值 50。当目标体的格式为非 8 位(黑白)和 24 位(彩色)时,该函数将自动转换成这两种格式再进行压缩。

target:源目标体。

start:源目标体开始读取的帧序号(起始为 0)。

num:要存盘图像幅数,应该大于 0。

③ 返回值:如果是".SEQ"文件,返回文件的总长度(以字节为单位);如果是".BMP"".JPG"或".RAW"文件,返回单个文件的长度(以字节为单位);如果失败返回零。

④ 说明:存 SEQ 文件不进行格式转换,因而文件将按目的体的数据位数格式存放。SEQ 序列图像文件的格式为,头 20 字节(即结构变量 SEQINFO,详细参见头文件 OKAPI32.H)是序列图像的格式信息,紧跟其后按行顺序存放各帧原始格式图像数据。

如果是".SEQ"文件,函数将从从序列文件的第 iFirst 幅开始,存 num 幅图像。如果输入的文件名已存在,将不会被删除。因此,要新建文件需调用前自行删除。RAW 格式的图像文件,是按行顺序存原始格式的图像数据,紧跟数据尾部为图像宽(2 字节)和图像高(2 字节)。RAW 格式仅限于 8 位格式。

如果是".BMP"".JPG"或".RAW"单幅格式文件,并且 num＝1,则只存一幅单幅格式(如 BMP)的图像文件,如果是存某一单幅格式文件且 num＞1,则存多幅单幅格式(如 BMP)的图像文件。多幅的单幅格式(如 BMP)图像文件的命名规则如下:如果给定的文件名已含有数字(如:"OK1000.BMP"),则函数以第一个出现的数字串,1000 开始顺序加 1,来命名各文件名,最多可到"OK9999.BMP";如果给定的文件名不含有数字(如:"OK.BMP"),则函数在给定的主名最后自动附加三位数字,从 000 开始顺序加 1,来命名之后的各文件名,最多可到"OK999.BMP"。注意:不要只用数字来定义文件名,应至少含有 1 个字母。

⑤ 相关函数:okLoadImageFile,okCaptureByBuffer。

Long WINAPI okLoadImageFile(HANDLE hBoard, LPSTR szFileName, long first, TARGET target, long start, long num);

① 功能:把图像文件装入到目标体窗口,等装入完成后返回。这里的目标体可以是 VGA 屏幕(SCREEN)、帧缓存(BUFFER)、帧存体(FRAME)以及带有用户内存 MEMORY 地址的 BLOCKINFO 指针。

② 参数

hBoard：输入卡句柄。

SzFileName：图像文件名。可以是". SEQ"". AVI"". M2V"". BMP"". JPG"". RAW"". TIF"或". GIF"格式的文件名。

first：对于 SEQ、AVI、M2V 序列文件，该参数是从序列文件中的第几幅开始读（起始为 0）。对于 RAW 文件，如非零，则 LOWORD 为指定的宽度，HIWORD 为指定的高度。

target：目的目标体。

start：目的目标体开始装入的帧序号（起始为 0）。

num：要装入的图像幅数，应该大于 0；如等于 0，则不装入图像，而只返回文件中的图像幅数。

③ 返回值：如果是". SEQ"或". AVI"文件，返回文件中图像的幅数；如果是". M2V"只有在 num＝0 时，返回文件中图像的幅数；如果是". BMP"". JPG"". RAW"". TIF"或". GIF"文件，返回单个文件的图像数据长度（以字节为单位）；如果失败返回零。

④ 说明：装入文件时，如与目的体格式不一致，且目的体格式是不可变的，如 SCREEN、FRAME，则进行数据格式转换；如是可变的，如 BUFFER，则不进行数据格式转换，而是改变目的体格式。

如果是 SEQ、. AVI、M2V 文件，函数将从序列文件的第 first 幅开始，读出 num 幅图像。

如果是单幅格式（如 BMP）的图像文件并且 num＝1，则读单幅格式（如 BMP）的图像文件，如果是单幅格式（如 BMP）的图像文件且 num＞1，则读多幅的单幅格式（如 BMP）的图像文件。多幅单幅格式（如 BMP）的图像文件，名字规则约定如下：如果给定的文件名已含有数字，如："OK100. BMP"，则函数以 100 开始顺序加 1，认定以下的各文件名；如果给定的文件名不含有数字（如："OK. BMP"），则函数在给定的主名后自动附加三位数字，从 000 开始顺序加 1，来认定以下的各文件名。

⑤ 相关函数：okSaveImageFile，okPlaybackFromFile。

4　彩色面阵 CCD 图像处理示例程序

（1）加载动态链接库

① 动态链接库及其导出函数

程序中需加载的动态链接库是 ZY_PIC. dll，该动态链接库包含四个导出函数，其导出函数名及主要功能如下：

ZY_ReadBmp（HBITMAP hbmp）；

将 hbmp 指向的图像读取到内存中。若读取成功，返回 TRUE，否则返回

FALSE。

ZY_WriteBmp（HBITMAP * hbmp）；

将内存中图像写入到 hbmp。若写入成功,返回 TRUE,否则返回 FALSE。

ZY_GetPointColor（int x,int y,int * n_Red,int * n_Green,int * n_Blue）；

该函数的输入值为 x、y,输出值为 n_Red、n_Green、n_Blue。该函数的主要功能为获取指定坐标点（x,y）的 RGB 值,并将该指定坐标点的 RGB 值分别赋给 n_Red、n_Green、n_Blue。

ZY_SetPointColor（int x,int y,int n_Red,int n_Green,int n_Blue）；

该函数的输入值为 x、y,输出值为 n_Red、n_Green、n_Blue。该函数的主要功能为设置指定坐标点（x,y）的 RGB 值,并将该指定坐标点的 RGB 值分别设置为 n_Red、n_Green、n_Blue。

② 动态加载 ZY_PIC. dll 动态链接库。

· 将动态链接库 ZY_PIC. dll 拷贝到应用程序目录下。

· 在应用程序中声明导出函数,声明语句如下:

typedef bool(__stdcall * pZY_ReadBmp)(HBITMAP hbmp);

typedef bool(__stdcall * pZY_WriteBmp)(HBITMAP * hbmp);

typedef void(__stdcall * pZY_GetPointColor)(int x,int y,int * n_Red, int * n_Green,int * n_Blue);

typedef void(__stdcall * pZY_SetPointColor)(int x,int y,int n_Red,int n_Green,int n_Blue);

· 在应用程序中需要加载 ZY_PIC. dll 的地方使用 LoadLibrary()加载该动态链接库。语句如下:

HINSTANCE hInst＝LoadLibrary("ZY_PIC. DLL");

· 使用 GetProcAddress()获取需要调用函数的指针,语句如下:

ZY_ ReadBmp ＝（pZY _ ReadBmp）::GetProcAddress (hInst," ZY _ ReadBmp");

ZY_ WriteBmp ＝（pZY _ WriteBmp）::GetProcAddress (hInst," ZY _ WriteBmp");

ZY_GetPointColor ＝（pZY _ GetPointColor）::GetProcAddress(hInst, "ZY_GetPointColor");

ZY_ SetPointColor ＝（pZY _ SetPointColor）::GetProcAddress(hInst, "ZY_SetPointColor");

获取到需调用函数的指针后就可以像使用本地函数一样来调用这些引入函数。

• 当不再使用动态链接库 ZY_PIC. dll 时或应用程序退出时,使用 FreeLibrary()来释放此 dll,语句如下:

    FreeLibrary(hInst)。

(2) 主要功能

① 测量给定矩形的长宽及矩形中心

思路:逐行扫描位图,获取每个坐标点的像素信息,当遇到第一个像素为(0, 0,0)的点(黑点)时,记录下该点的坐标(sx,sy),然后扫描 sx 所在行遇到第一个像素为(255,255,255)的点时,记录下该点的坐标(rx,sy),接着扫描 sy 所在列遇到第一个像素为(255,255,255)的点时,记录下该点的坐标(sx,by),从而得到该矩形的长为[(rx−sx) • cdxs],该矩形的宽为[(by−sy) • kdxs],该矩形的中心坐标为[(rx−sx)/2+sx]+[(by−sy)/2+sy]。其中 cdxs、kdxs 分别为长度比例系数、宽度比例系数。

具体代码如下:

```
CBitmap bitmap1;
bitmap1. LoadBitmap(IDB_BITMAP1);
//IDB_BITMAP1 为给定的矩形位图资源
bitmap1. GetBitmap(&bm);//获取图像资源信息并赋给 bm
ZY_ReadBmp(bitmap1);//读取图像
    int n_Red,n_Green,n_Blue;
    int sx,sy,rx,by,i,j;
    bool find=false;
    //查找矩形左上角
    for(j=0;j<bm. bmHeight;j++)
    {
        for(i=0;i<bm. bmWidth;i++)
        {
            ZY_GetPointColor(i,j,&n_Red,&n_Green,&n_Blue);
            if(! find && n_Red==0 && n_Green==0 && n_Blue==0)
            {
                sx=i;
                sy=j;
                find=true;
                break;
            }
        }
        if(find)
```

```
        break；
}
//查找矩形右上角
for(i＝sx；i＜bm. bmWidth；i＋＋)
{
    ZY_GetPointColor(i,sy,＆n_Red,＆n_Green,＆n_Blue)；
    if(n_Red＝＝255 ＆＆ n_Green＝＝255 ＆＆ n_Blue＝＝255)
    {
        rx＝i；
        break；
    }
}
    //查找矩形左下角
    for(j＝sy；j＜bm. bmHeight；j＋＋)
    {
        ZY_GetPointColor(sx,j,＆n_Red,＆n_Green,＆n_Blue)；
        if(n_Red＝＝255 ＆＆ n_Green＝＝255 ＆＆ n_Blue＝＝255)
        {
            by＝j；
            break；
        }
    }
    //显示输出
    UpdateData(TRUE)；
    //将控件中的值传递给与其相关联的变量
    int cdxs＝m_cdxs；
    //m_cdxs 为与 IDC_EDIT7(长度系数)控件关联的 int 变量
    int kdxs＝m_xishu；
    //m_xishu 为与 IDC_EDIT3(宽度系数)控件关联的 int 变量
    m_length＝((rx－sx) * cdxs)；//长
    //m_length 为与 IDC_EDIT4(显示长)控件关联的 int 变量
    m_width＝((by－sy) * kdxs)；//宽
    //m_width 为与 IDC_EDIT5(显示宽)控件关联的 int 变量
    m_zx＝((rx－sx)/2＋sx)＋((by－sy)/2＋sy)；
    //矩形中心坐标
    //m_zx 为与 IDC_EDIT6(显示矩形中心)控件关联的 int 变量
    m_mj＝m_length * m_width；//面积
```

```
        UpdateData(FALSE);//将各变量值传给控件
        bitmap1.Detach();//取消绑定
    }
```

② 灰度线性变换

灰度变换可使图像动态范围加大,图像对比度扩展,清晰度提高,特征明显,因此是图像增强的重要手段。灰度变换既可以是线性变换又可以是非线性变换。

这里灰度线性变换是指用一个线性单值函数对图像中的每一个像素作线性扩展,即假设 $f(x)$ 为原灰度值,则 $F(x) = A \cdot f(x) + B$ 为线性变化后的灰度值。

具体代码如下:

```
UpdateData(TRUE);//获取斜率和截距
CBitmap bitmap1;
bitmap1.LoadBitmap(IDB_BITMAP2);//装载位图
bitmap1.GetBitmap(&bm);//获得位图信息
int n_Red,n_Green,n_Blue;
ZY_ReadBmp(bitmap1);//读取图像
for(int i=0;i<bm.bmHeight;i++)
{
    for(intj=0;j<bm.bmWidth;j++)
    {
        ZY_GetPointColor(i,j,&n_Red,&n_Green,&n_Blue);
        //获取像素
        //求新像素值
        n_Red=m_k * n_Red+m_b;
        n_Green=m_k * n_Green+m_b;
        n_Blue=m_k * n_Blue+m_b;
        //防止溢出
        if(n_Red>255)
          n_Red=255;
        if(n_Green>255)
          n_Green=255;
        if(n_Blue>255)
          n_Blue=255;
        ZY_SetPointColor(i,j,n_Red,n_Green,n_Blue);//修改像素
    }
```

```
}
//输出图像
HBITMAP h；
ZY_WriteBmp(&h)；
m_st4.ModifyStyle(1,SS_BITMAP|SS_CENTERIMAGE)；
//设置位图格式 m_st4 为与 IDC_PIC4 关联的 CStatic 变量
m_st4.SetBitmap(h)；　//将 h 指向的位图显示在控件 IDC_PIC4 上
bitmap1.Detach()；
```

③ 水平方向镜像

图像的水平镜像操作是将图像左半部分和右半部分以图像垂直中轴线为中心进行对换；设原图像的宽度为 w，高度为 h，变换后，图的宽度和高度不变。水平镜像变换如下式所示：

$$\begin{bmatrix} x_0 \\ y_0 \\ 1 \end{bmatrix} = \begin{bmatrix} x_1 \\ y_1 \\ 1 \end{bmatrix} \begin{bmatrix} -1 & 0 & 0 \\ 0 & 1 & 0 \\ w & 0 & 1 \end{bmatrix}$$

具体代码如下：

```
if(! bitmap1.m_hObject)
{
    bitmap1.LoadBitmap(IDB_BITMAP3)；
    bitmap1.GetBitmap(&bm)；
}
int n_sRed,n_sGreen,n_sBlue;//左部分点像素
int n_eRed,n_eGreen,n_eBlue;//右部分点像素
ZY_ReadBmp(bitmap1);//读取 bmp
int n_width=bm.bmWidth；
int n_height=bm.bmHeight；
for(int j=0;j<n_height;j++)
{
    for(int i=0;i<n_width/2;i++)
    {
        //获取像素
        ZY_GetPointColor(i,j,&n_sRed,&n_sGreen,&n_sBlue)；
        ZY_GetPointColor(n_width-i,j,&n_eRed,&n_eGreen,&n_eBlue)；
        //交换像素
        ZY_SetPointColor(i,j,n_eRed,n_eGreen,n_eBlue)；
        ZY_SetPointColor(n_width-i,j,n_sRed,n_sGreen,n_sBlue)；
```

```
    }
}
//输出图像
HBITMAP h;
ZY_WriteBmp(&h);
m_st5.ModifyStyle(1,SS_BITMAP|SS_CENTERIMAGE);
m_st5.SetBitmap(h);
bitmap1.Detach();
```

本章参考文献

[1] 徐熙平,张宁.光电检测技术及应用[M].2 版.北京:机械工业出版社,2016.

[2] 郭培源,付扬.光电检测技术与应用[M].2 版.北京:北京航空航天大学出版社,2011.

[3] 王晓曼,等.光电检测与信息处理技术[M].北京:电子工业出版社,2013.

[4] 应智锋.基于 CCD 图像处理的二维尺寸检测系统[D].南京:南京理工大学,2007.

[5] 常奇峰.基于 VC++的数字图像处理软件开发[D].南京:南京航空航天大学,2010.

[6] 李晓杰,任建伟,刘洪兴,等.面阵 CCD 光谱响应测试及不确定度评估[J].激光与光电子学进展,2014,51(11):140-147.

[7] 杜培强.面阵 CCD 图像采集处理系统的设计与实现[D].重庆:重庆大学,2011.

[8] 姚希.数字图像处理技术及其应用[J].电子技术与软件工程,2017(18):87-88.

[9] 王常青.数字图像处理与分析及其在故障诊断中的应用研究[D].武汉:华中科技大学,2012.

[10] 张铮,王艳平,薛桂香.数字图像处理与机器视觉:Visual C++与 Matlab 实现[M].北京:人民邮电出版社,2010.

[11] 左飞.图像处理中的数学修炼[M].北京:清华大学出版社,2017.

第八章 LED 显示综合实验

实验 1 一位数码管驱动实验

一、实验要求

1. 实验目的

(1) 掌握 STC89C52 单片机的使用。

(2) 掌握 STC89C52 程序的下载方法及串口的相关设置。

(3) 了解数码管每个断码和字母的对应关系。

(4) 了解共阳极数码管的编码原理。

2. 预习要求

认真阅读实验仪的实验原理部分,重点掌握数码管每个管脚对数码管的控制范围。

二、实验原理

(1) 数码管的管脚说明如图 8-1 所示。

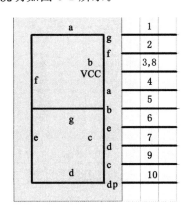

图 8-1 数码管的管脚说明

数码管的管脚说明具体如下:

1—g;2—f;3—VCC;4—a;5—b;6—e;7—d;8—VCC;9—c;10—dp

（2）数码管额定电流：30～40 mA。

（3）Dis[16]={0xc0,0xf9,0xa4,0xb0,0x99,0x92,0x82,0xf8,0x80,0x90,
0x88,0x83,0xc6,0xa1,0x86,0x8e}。

Dis[0]—>0　　Dis[1]—>1　　Dis[2]—>2　　Dis[3]—>3

Dis[4]—>4　　Dis[5]—>5　　Dis[6]—>6　　Dis[7]—>7

Dis[8]—>8　　Dis[9]—>9　　Dis[10]—>A　　Dis[11]—>B

Dis[12]—>C　　Dis[13]—>D　　Dis[14]—>E　　Dis[15]—>F

例如：

当数码管显示 0 时，a—b—c—d—e—f 被点亮，即第 2,4,5,6,7,9 脚接低电平（0 V），其余接高电平（5 V），对应一个 unsigned char 的 8 位数据。a 对应最低位，b 对应次低位，dp 对应最高位，即 1100 0000＝0xc0；其他数字的显示方法与此类似。

（4）利用 keil4.70A 生成 HEX 文件的工程设置。

软件设置界面如图 8-2 所示。

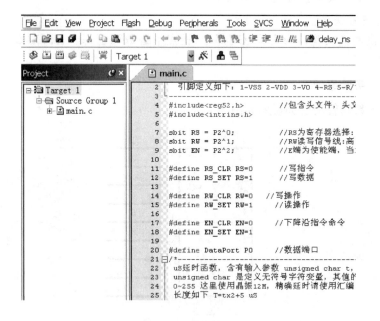

图 8-2　软件设置界面

用鼠标右击 Target 1 后再单击 Options for Target 'Target 1'，进入如图 8-3 所示界面。

切换到 Output 标签下，具体设置参考图 8-4。

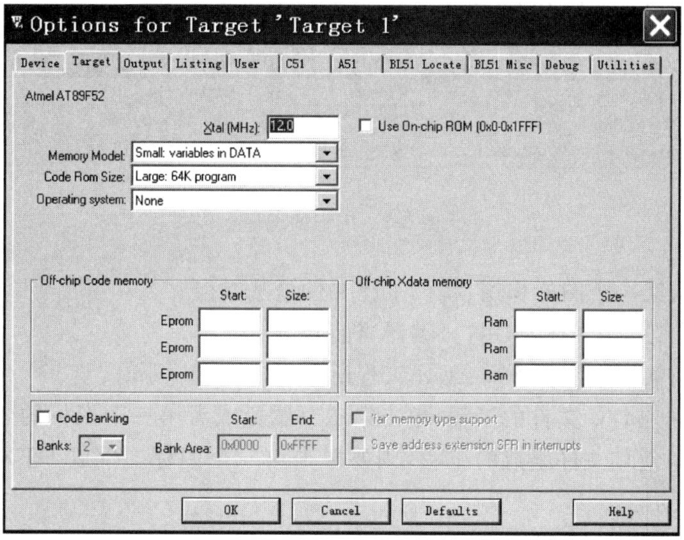

图 8-3　Target 1 的属性选项卡

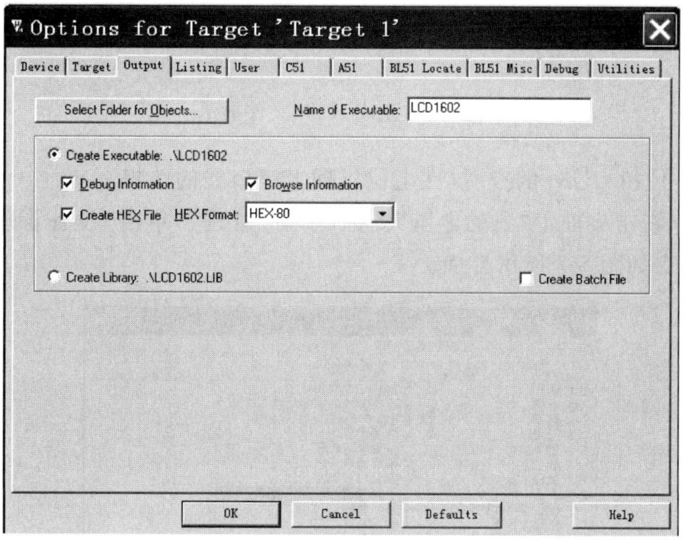

图 8-4　输出方式设置

单击“OK”完成设置。

(5) 工程的编译。

工程的编译如图 8-5 所示。

C:\Documents and Settings\Administrator\桌面\源程序\LCD1602\
File Edit View Project Flash Debug Peripherals Tools SVCS Window Help
delay_ns
Target 1

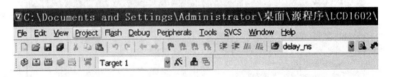

图 8-5　工程的编译

左下角第一个图标作用:编译工程文件语法错误。

左下角第二个图标作用:只编译当前 C 文件。

左下角第三个图标作用:编译工程所有 C 文件。

对只有一个 C 文件的工程,单击第二个图标或者第三个图标的效果是一样的。对由多个 C 文件组成的工程,则要单击第三个图标。生成 HEX 文件提示如图 8-6 所示。

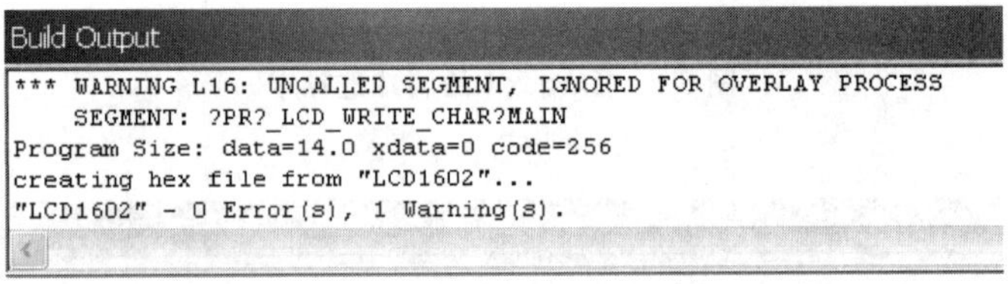

Build Output
*** WARNING L16: UNCALLED SEGMENT, IGNORED FOR OVERLAY PROCESS
SEGMENT: ?PR?_LCD_WRITE_CHAR?MAIN
Program Size: data=14.0 xdata=0 code=256
creating hex file from "LCD1602"...
"LCD1602" - 0 Error(s), 1 Warning(s).

图 8-6　生成 HEX 文件提示

(6) 上位机 COM 的查看(在上位机插上串口线的前提下)。

用鼠标右击桌面上“我的电脑”图标,单击“管理”,单击“设备管理器”,单击“端口”,进入如图 8-7 所示界面。

计算机管理
文件(F) 操作(A) 查看(V) 窗口(W) 帮助(H)
计算机管理(本地)
系统工具
事件查看器
共享文件夹
本地用户和组
性能日志和警报
设备管理器
存储
磁盘碎片整理程序
磁盘管理
服务和应用程序
2012-20141120KX
DVD/CD-ROM 驱动器
IDE ATA/ATAPI 控制器
处理器
磁盘驱动器
存储卷
端口 (COM 和 LPT)
USB-SERIAL CH340 (COM4)
计算机
监视器
键盘
人体学输入设备
声音、视频和游戏控制器
鼠标和其它指针设备
通用串行总线控制器
网络适配器
系统设备
显示卡

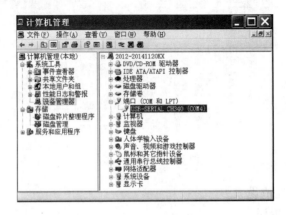

图 8-7　上位机 COM 端口查看

（7）STC 下载器的使用。

双击"STC-ISP"程序，打开 STC89C52 的下载软件，进入如图 8-8 所示界面。

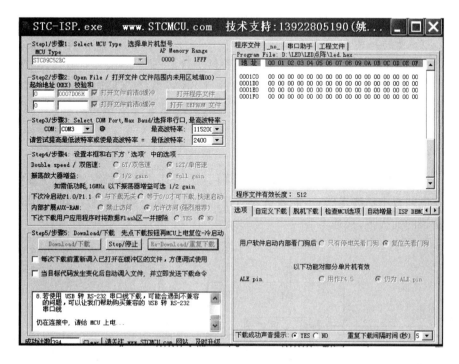

图 8-8　STC 下载器操作界面

其中必需的选项：

MCU Type：STC89C52RC；

COM：COM4；

波特率：最高 115 200，最低 2 400（其他波特率有兴趣的可以自己试试）。

下载程序时，单击"打开程序文件"，找到生成的 HEX 文件，选中，单击 "Download/下载"。STC89C52 为冷启动，在下载程序之前，单片机是断电的。当左下角出现提示"请给单片机上电"时，接通单片机的电源。当下载器出现如图 8-9 所示的提示时，程序下载完成。

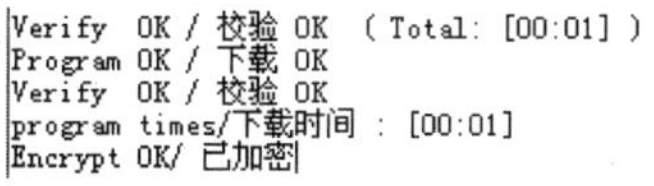

```
Verify OK / 校验 OK  (Total: [00:01])
Program OK / 下载 OK
Verify OK / 校验 OK
program times/下载时间 : [00:01]
Encrypt OK/ 已加密
```

图 8-9　程序下载成功提示

(8) 在 C 语言中屏蔽语句。

//:屏蔽单行语句

/*......*/:屏蔽……代表的语句

三、实验仪器

(1) MXY8000-9 LED 显示综合实验仪 1 台。

(2) 上位机电脑 1 台,装有驱动软件:USB 转串口,KEIL2,KEIL4.70A2,STC_ISP_V488,一位数码管驱动程序。

(3) 连接线若干。

四、实验内容

(1) 在仪器断电的条件下,按照原理图(图 8-10)搭建电路(注:图中虚线部分在电路板中已经走线,不需要搭建),仔细检查电路的接线是否正确,在确定没有错误的前提下,接通电源。

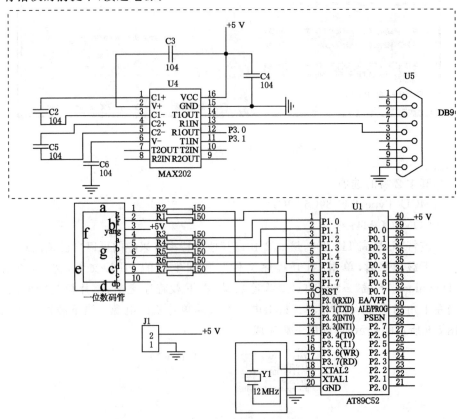

图 8-10　实验电路图

（2）在数码管上显示 0～F 的奇数（十六进制）：

```
for(i＝0;i＜16;i＋＋)
{
    if(i%2)
    {
        P1＝Dis[i];
    }
    delay(200);
}
```

打开一位数码管文件夹，双击"LCD1602"打开工程文件；在 while(1)循环中只保留上述代码，屏蔽其他代码，编译工程，下载程序，观察实验现象。

（3）在数码管上显示 0～F 的偶数（十六进制）：

```
for(i＝0;i＜16;i＋＋)
{
    If((i%2)＝＝0)
    {
        P1＝Dis[i];
    }
    delay(200);
}
```

在 while(1)循环中只保留上述代码，屏蔽其他代码，编译工程，下载程序，观察实验现象

（4）在数码管上显示 0～F（十六进制数）：

```
for(i＝0;i＜16;i＋＋)
{
    P1＝Dis[i];
    delay(200);
}
```

在 while(1)循环中只保留上述代码，屏蔽其他代码，编译工程，下载程序，观察实验现象。

（5）结束实验后将实验平台的电源关掉，再将所用的配件放回配件箱。

五、数据与结果处理

首先使用以上实验内容中的代码，编译工程，下载程序，观察实验现象。然后根据需要尝试修改以上代码，编译、下载并观察实验现象，保存修改的代码。

六、思考题

(1) 修改以上代码,能否显示十进制的数字?

(2) 能否通过修改显示代码,显示数码管的任意一段?

实验 2　四位数码管驱动实验

一、实验要求

1. 实验目的

(1) 掌握 STC89C52 单片机的使用。

(2) 强化 C 语言编程。

(3) 掌握四位数码管动态显示原理。

(4) 学会使用四位数码管作为显示输出。

2. 预习要求

(1) 认真阅读 MXY8000-9 实验仪有关数码管动态扫描的原理。

(2) 查阅相关资料,了解多位数码管的显示应用。

二、实验原理

1. 四位数码管的管脚定义

四位数码管的管脚定义如图 8-11 所示。

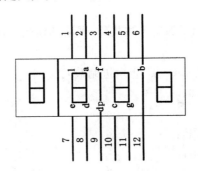

图 8-11　四位数码管的管脚定义

四位数码管各管脚具体定义如下:

1—第一个数码管的公共阳极　　　　4—第二个数码管的公共阳极

5—第三个数码管的公共阳极　　　　12—第四个数码管的公共阳极

2—a　　　　3—f　　　　6—b　　　　7—e

8—d　　　　9—dp　　　10—c　　　11—g

公共阳极数码管的所有段都是连接在一起的,当 VCC1,VCC2,VCC3,VCC4 都接＋5 V 时,数码管 2 管脚接 150 Ω 电阻,再接地,四个数码管的 a 段都被点亮。

2. 数码管的级联放大形式

为保证数码管有足够的亮度,不同的数码管之间采用了如图 8-12 所示的级联放大形式。

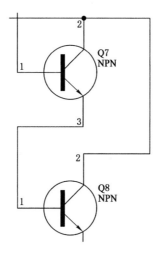

图 8-12　数码管的级联放大形式

3. 数码管的动态扫描原理

在程序执行的任意时刻,都只有一个数码管是被点亮的。由于每个数码管依次被点亮的间隔非常短,利用人眼的视觉暂留效果,在人眼看来四个数码管是同时被点亮的,这也是点阵屏的扫描原理。存在这样一个规律:如果间隔时间过长,数码管会更亮一些,但数码管之间的闪烁会很严重;如果间隔时间太短,数码管几乎不闪烁,但数码管的亮度会变暗。因此需要合理设置数码管的扫描间隔。

三、实验仪器

(1) MXY8000-9 LED 显示综合实验仪 1 台。

(2) 上位机电脑 1 台,装有驱动软件:USB 转串口,KEIL4.70A,KEIL2,STC_ISP_V488,LED 动态扫描驱动程序。

(3) 连接线若干。

四、实验内容

(1) 在仪器断电的条件下,按照如图 8-13 所示的原理图搭建电路(注:图中虚线部分在电路板中已经走线,不需要再搭建),仔细检查电路的接线是否正确,在确定没有错误的前提下,接通电源。

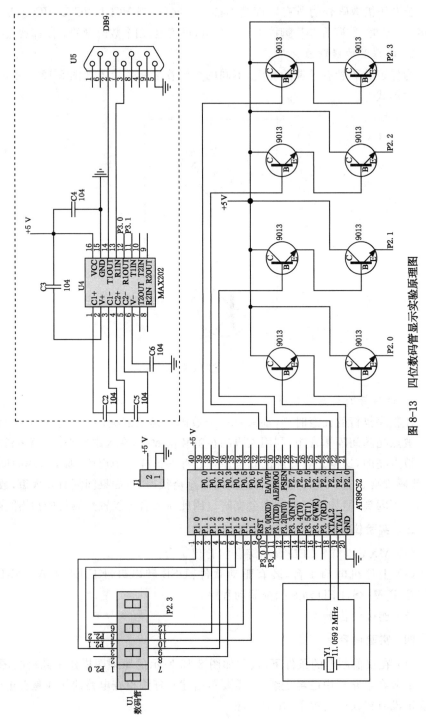

图 8-13 四位数码管显示实验原理图

（2）打开源程序，在数码管上显示字符 helo(HELO)。

```
P00＝1；
P01＝0；
P02＝0；
P03＝0；
P1＝helo[0]；
Delay(25)；


P00＝0；
P01＝1；
P02＝0；
P03＝0；
P1＝helo[1]；
Delay(25)；


P00＝0；
P01＝0；
P02＝1；
P03＝0；
P1＝helo[2]；
Delay(25)；


P00＝0；
P01＝0；
P02＝0；
P03＝1；
P1＝helo[3]；
Delay(25)；
```

在 while(1)循环中只保留上述代码，屏蔽其他代码，编译工程，下载程序，观察实验现象。helo[0]定义在程序的开头。

（3）打开源程序，在数码管上显示 0～9999(依次显示)。

```
temp＋＋；
if(temp＝＝9999)
temp＝0；
```

dispbuf[3]＝(uchar)(temp/1000)；

dispbuf[2]＝(uchar)(temp％1000/100)；

dispbuf[1]＝(uchar)(temp％1000％100/10)；

dispbuf[0]＝(uchar)(temp％1000％100％10)；

Display()；

Delay(100)；

在 while(1)循环中只保留上述代码,屏蔽其他代码,编译工程,下载程序,观察实验现象。

(4) 循环点亮数码管的上下左右的段位。

i＝800；

P00＝1；

P01＝0；

P02＝0；

P03＝0；

P1＝0xfe；

Delay(i)；

P00＝0；

P01＝1；

P02＝0；

P03＝0；

P1＝0xfe；

Delay(i)；

P00＝0；

P01＝0；

P02＝1；

P03＝0；

P1＝0xfe；

Delay(i)；

P00＝0；

P01＝0；

P02＝0；

```
P03＝1；
P1＝0xfe；
Delay(i)；


P00＝0；
P01＝0；
P02＝0；
P03＝1；
P1＝0xfd；
Delay(i)；


P00＝0；
P01＝0；
P02＝0；
P03＝1；
P1＝0xfb；
Delay(i)；


P00＝0；
P01＝0；
P02＝0；
P03＝1；
P1＝0xf7；
Delay(i)；


P00＝0；
P01＝0；
P02＝1；
P03＝0；
P1＝0xf7；
Delay(i)；


P00＝0；
P01＝1；
```

```
P02＝0；
P03＝0；
P1＝0xf7；
Delay(i)；


P00＝1；
P01＝0；
P02＝0；
P03＝0；
P1＝0xf7；
Delay(i)；


P00＝1；
P01＝0；
P02＝0；
P03＝0；
P1＝0xef；
Delay(i)；


P00＝1；
P01＝0；
P02＝0；
P03＝0；
P1＝0xdf；
Delay(i)；
```

在 while(1)循环中只保留上述代码,屏蔽其他代码,编译工程,下载程序,观察实验现象。然后尝试改变 i 的值,例如令 i＝1,编译工程,下载程序,观察实验现象。

(5) 结束实验后将实验平台的电源关掉,再将所用的配件放回配件箱。

五、数据与结果处理

首先使用以上实验内容中的代码编译工程,下载程序,观察实验现象。然后根据需要尝试修改以上代码,编译、下载并观察实验现象,保存修改的代码。

六、思考题

(1) 本实验中使用的是四位数码管,如果换成八位数码管,程序将如何修改？

（2）能否在四位数码管上显示数字的滚动效果？

实验 3　8×8 点阵驱动实验

一、实验要求

1. 实验目的

（1）学习使用 STC89C52 单片机。

（2）强化 C 语言编程。

（3）学会使用 LEDDOT V0.2 扫描汉字，生成点阵显示码。

（4）理解点阵显示汉字的原理，利用 8×8 点阵显示汉字。

2. 预习要求

（1）阅读实验原理有关 8×8 点阵显示和 LEDDOT V0.2 使用的内容，了解本实验的基本原理。

（2）查阅相关资料，了解 LED 点阵显示的原理和实现方法。

二、实验原理

1. LEDDOT V0.2 使用方法

单击"LEDDOT V0.2"，进入程序界面。

文字编辑：在左上侧的"文字编辑框"内可输入要显示的汉字，在左下侧的带有红色格线的预览框内可显示预览效果，"文字编辑框"右侧的滚动条可调整字体显示的大小，点击滚动条左侧的三角号（或者向左拖动滚动条）可缩小显示的字体，点击滚动条右侧的三角号（或者向右拖动滚动条）可放大显示的字体。预览框上面左侧的滚动条可调整字体在点阵的显示位置，单击滚动条左侧的三角号（或者向左侧拖动滚动条）可使字体左移，单击滚动条右侧的三角号（或者向右拖动滚动条）可使字体右移；预览框上面右侧的滚动条改变显示区域的大小，使用方法同上。

扫描设置：单击工具栏"设置"按钮，单击"字模显示方式"选择单行；单击工具栏"设置"按钮，单击"字模提取方式"选择逐行；单击工具栏"设置"按钮，单击"字模提取格式"选择 C51。

保存编码：将软件右下方生成的编码复制粘贴到单片机源程序中的指定位置，编译下载后观察显示结果。

2. 点阵显示汉字的原理

该 8×8 点阵，共 16 个控制管脚，8 个阴极和 8 个阳极。P1 口控制点阵的阴极,P2 口控制点阵的阳极。每一个时刻最多有 8 个 LED 灯同时亮,由于点阵扫描的间隔很小,在程序中又加了一定的延时,利用人的视觉暂留效果,会看到需要点亮的部分同时点亮的效果。

三、实验仪器

(1) MXY8000-9 LED 显示综合实验仪 1 台。

(2) 8×8 点阵 LED 屏 1 个。

(3) 上位机电脑 1 台,装有驱动软件:USB 转串口,KEIL4.70A,KEIL2,STC_ISP_V488,8×8 点阵底层驱动。

(4) 连接线若干。

四、实验内容

(1) 在仪器断电的条件下,按照如图 8-14 所示的原理图搭建电路(注:图中虚线部分在电路板中已经走线,不需要再搭建)。插上 8×8 点阵 LED 屏,LED 背面的数字 1 和 16 与电路板的数字 1 和 16 是对应的。仔细检查搭建电路,在保证没有错误的前提下,给电路供电。

(2) 打开源程序,静态显示一个汉字。

xianshi(dis1);

打开工程,在 while(1)循环中只包含以上代码,屏蔽其他代码,编译文件,下载程序,观察实验现象。

(3) 汉字的闪烁。

uchar n＝150;

while(n－－)

{

　　xianshi(dis1);

　　P1＝0xff;

　　delay(70);

}

在 while(1)循环中只包含以上代码,屏蔽其他代码,编译文件,下载程序,观察实验现象。

(4) 汉字浏览。

　　uchar n＝150;

　　while(n－－)

　　{

　　　　xianshi(dis0);

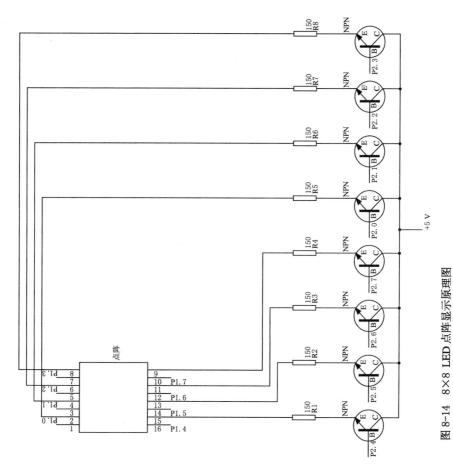

图 8-14 8×8 LED 点阵显示原理图

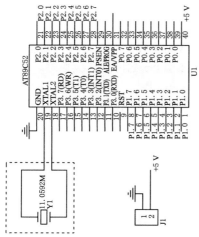

```
        }
        n=150;
        while(n－－)
        {
                xianshi(dis1);
        }
```

在 while(1)循环中只包含以上代码,屏蔽其他代码,编译文件,下载程序,观察实验现象。

(5)结束实验后将实验平台的电源关掉,再将所用的配件放回配件箱。

五、数据与结果处理

首先使用以上实验内容中的代码编译文件,下载程序,观察实验现象。然后根据需要尝试修改以上代码,编译、下载并观察实验现象,保存修改的代码。

六、思考题

利用 LED 点阵如何显示动态画面? 和静态显示有什么不同?

实验 4　利用 8×8 点阵动态音频显示实验

一、实验要求

1. 实验目的

(1)认识音频放大电路。

(2)认识音频显示电路。

(3)了解 8×8 点阵的应用,拓宽视野。

2. 预习要求

(1)认真阅读本实验的实验原理部分,了解电路中各个芯片的作用。

(2)查阅相关资料,了解音频放大芯片 LM386 的内部放大原理。

二、实验原理

1. 音频放大芯片 LM386

音频放大芯片 LM386 是一种音频集成功放,具有自身功耗低、增益可调、电源电压范围大、外接元件少、波形失真小等优点,被广泛应用在低电压消费产品中。LM386 的管脚定义如图 8-15 所示。

2. 点阵的控制

(1)改变显示模式(按住按键小于 1.5 s)

慢闪 1 式(显示器显示"S1"):在此模式下,显示刷新速度最慢,视觉感觉

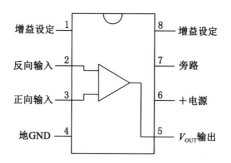

图 8-15 音频放大芯片 LM386 的管脚示意图

良好。

快闪式(显示器显示"F"):在此模式下,显示刷新频率很快,动感。

慢闪 2 式(显示器显示"S2"):在此模式下,显示刷新频率适中。

本芯片复位即工作在"慢闪 2 式"模式下,短按一次按键就改变一次模式。

(2) 改变信号检测灵敏度(按住按键大于 1.5 s)

较低灵敏度(显示器显示"L"):在此模式下,能够过滤较弱的干扰信号,对电源的杂波反应不敏感。

较高灵敏度(显示器显示"H"):在此模式下,能够检测出更弱的音频信号,对电源的杂波反应敏感。

适中灵敏度(显示器显示"M"):在此模式下,信号检测灵敏,对电源的杂波要求不高。

(3) 进入测试模式

先按住按键不放,上电,芯片自动进入测试模式。测试模式下,可以测试 LED 的亮度和线路的好坏。

三、实验仪器

(1) MXY8000-9 LED 显示综合实验仪 1 台。

(2) 8×8 点阵 1 个。

(3) 上位机电脑(或者手机)1 台,音频线 1 根,耳机 1 个。

(4) 连接线若干。

四、实验内容

(1) 在仪器断电的条件下,按照如图 8-16 所示的原理图搭建电路(注:图中虚线部分在电路板中已经走线,不再需要搭建),仔细检查电路,在确定没有错误的前提下,接通电源。

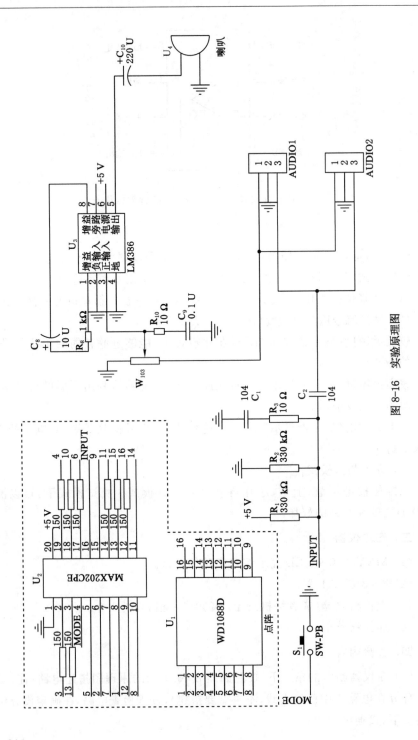

图 8-16　实验原理图

（2）利用点阵显示音频脉冲波形,同时用喇叭输出声音。通过音频线将电路板上的接口和手机(或电脑)接在一起,在手机(或电脑)上播放音乐,调节电位器可改变喇叭的输出音量,直到自己感觉输出音量最佳为止。

（3）利用点阵显示音频脉冲波形,同时插上耳机,此时可以把 LM386 的输入断开,打开音乐,观察脉冲波形是否与音乐的音调高低吻合。

（4）在完成以上实验内容的基础上,改变点阵的显示模式(有多种模式可供选择),观察点阵显示现象的变化。

（5）结束实验后将实验平台的电源关掉,再将所用的配件放回配件箱。

五、数据与结果处理

观测音乐音调和脉冲波形,分析音乐音调和脉冲波形显示之间的关系。

实验 5　RGB 三基色 LED 调色实验

一、实验要求

1. 实验目的

掌握三基色混色原理。

2. 预习要求

认真阅读 MXY8000-9 LED 显示综合实验仪实验指导,掌握混色原理。

二、实验原理

1. 三基色

三基色是指红、绿、蓝三色,人眼对红、绿、蓝最为敏感,几乎所有颜色都可以通过红、绿、蓝三色按照不同的比例合成产生。同样绝大多数单色光也可以分解成红、绿、蓝三种色光。这是色度学的最基本原理,即三基色原理。红、绿、蓝三基色按照不同的比例相加合成的混色称为相加混色,除了相加混色法之外还有相减混色法,可根据需要相加或相减调配颜色。

2. 混色原理

（1）自然界中的绝大部分彩色都可以由三种基色按一定比例混合得到;反之,任意一种彩色均可被分解为三种基色。

（2）作为基色的三种颜色,是相互独立的,即其中任何一种基色都不可能由另外两种基色混合来产生。

（3）由三基色混合而得到的彩色光的亮度等于参与混合的各基色的亮度之和。

（4）三基色的比例决定了混合色的色调和色饱和度。

3. 光照度调节方法

在本实验中,电流和光照度近似成正比,调整电流,也就是调节支路中的接入电阻,即可调节相应支路的光照度。

4. 三基色表

常见颜色的 R、G、B 三基色值如表 8-1 所示,完整的三基色表则对每一种颜色给出其 R、G、B 值。

表 8-1

	R	G	B	值		R	G	B	值
黑 色	0	0	0	#000000	黄 色	255	255	0	#FFFF00
暖灰色	128	128	105	#808069	金黄色	255	215	0	#FFD700
白 色	255	255	255	#FFFFFF	瓜 色	227	168	105	#E3A869
红 色	255	0	0	#FF0000	赫 色	160	82	45	#A0522D
印度红	176	23	31	#B0171F	蓝 色	0	0	255	#0000FF
番茄红	255	99	71	#FF6347	深蓝色	25	25	112	#191970
橘 红	255	69	0	#FF4500	孔雀蓝	51	161	201	#33A1C9

5. 三基色 LED 的管脚

如图 8-17 所示,左侧三个管脚,自上而下依次为:blue+、green+、red+,右侧三个管脚,自上而下依次为:blue−、green−、red−。

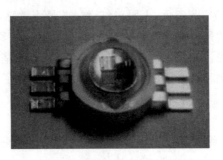

图 8-17 三基色 LED 的管脚

三、实验仪器

MXY8000-9 LED 显示综合实验仪 1 台,连接线若干。

四、实验内容

（1）在仪器断电的条件下，按照如图 8-18 所示的原理图搭建电路（注：图中虚线部分在电路板中已经走线，不再需要搭建），认真检查接线是否正确，在确定连线没有错误的前提下接通电源。

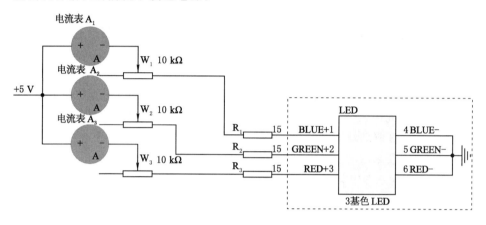

图 8-18　实验原理图

（2）LED 灯发黄色光。断开蓝色 LED 灯支路，调节 LED 红和 LED 绿两个支路的电位器，使串联在该支路的电流表示数均为 255 mA，观察 LED 灯发出的颜色。

（3）LED 灯发白色光。调节 LED 红、LED 绿和 LED 蓝三个支路的电位器，使串联在该支路的电流表示数均为 255 mA，观察 LED 灯发出的颜色。

（4）LED 灯发出彩色光。调节 LED 红、LED 绿和 LED 蓝三个支路的电位器，使串联在该支路的电流表示数分别表示某种色彩的 R、G、B 值，观察发出的光的颜色变化。

（5）结束实验后将实验平台的电源关掉，再将所用的配件放回配件箱。

五、数据与结果处理

通过旋转 LED 灯的红、绿和蓝三个支路的电位器，改变通过 LED 灯三基色支路的电流值，根据 R、G、B 三基色表，观察 R、G、B 值和实际 LED 发光颜色，加深对彩色 R、G、B 三基色分解和合成的理解。

六、思考题

如果 LED 灯实际的发光颜色和三个支路电流对应的 R、G、B 色彩有色差，可能的产生原因是什么？如何校准 LED 灯的发光色谱并矫正色差？

实验 6　线阵 CCD 驱动系统设计实验

一、实验要求

1. 实验目的

（1）掌握用双踪迹示波器观测 TCD1206SUP 线阵 CCD 驱动脉冲的频率、幅度、周期和各路驱动脉冲之间的相位关系等的测量方法。

（2）通过对 TCD1206SUP 典型线阵 CCD 驱动脉冲的时序和相位关系的观测，掌握线阵 CCD 的基本工作原理和驱动特性，尤其要掌握 RS 复位脉冲与 F1、F2 驱动脉冲间的相位关系，分析它对 CCD 输出信号有何影响。掌握 SH 转移脉冲与 F1、F2 驱动脉冲间的相位关系，掌握电荷转移的几个过程。

2. 预习要求

阅读实验原理中关于 TCD1206SUP 线阵 CCD 的介绍，了解线阵 CCD 工作原理。

二、实验原理

TCD1206SUP 是一种高灵敏度、低暗电流、2 160 像元的线阵 CCD 图像传感器。该传感器可用于传真、图像扫描和 OCR。该器件的内部信号预处理电路包含采样保持和输出预放大电路。它包含一列 2 160 像元的光敏二极管，当扫描一张 B4 的图纸时，可达到 8 线/毫米（200DPI）的精度。

1. TCD1206SUP 型线阵 CCD 性能指标

像敏单元数目：2 160 像元；

像敏单元大小：14 μm×14 μm×14 μm（相邻像元中心距为 14 μm）；

光敏区域：采用高灵敏度 PN 结作为光敏单元；

时钟：二相（5 V）；

内部电路：包含采样保持电路和输出预放大电路；

封装形式：22 脚 DIP 封装；

时钟脉冲电压（V_ϕ）：-0.3～8 V；

转移脉冲电压（V_{SH}）：-0.3～8 V；

复位脉冲电压（V_{RS}）：-0.3～8 V；

电源电压（V_{OD}）：-0.3～15 V；

工作温度（T_{opr}）：-25～60 ℃；

贮藏温度（T_{stg}）：-40～100 ℃。

2. 电路原理图

电路原理图如图 8-19 所示。

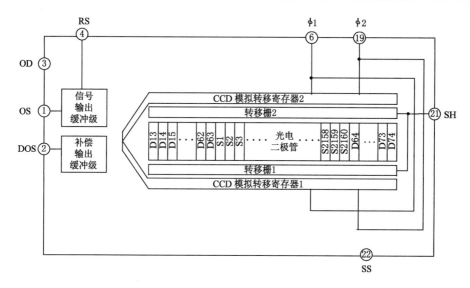

图 8-19　TCD1206SUP 型线阵 CCD 电路原理图

3. TCD1206SUP 型线阵 CCD 的管脚定义

TCD1206SUP 型线阵 CCD 的管脚定义如图 8-20 所示。

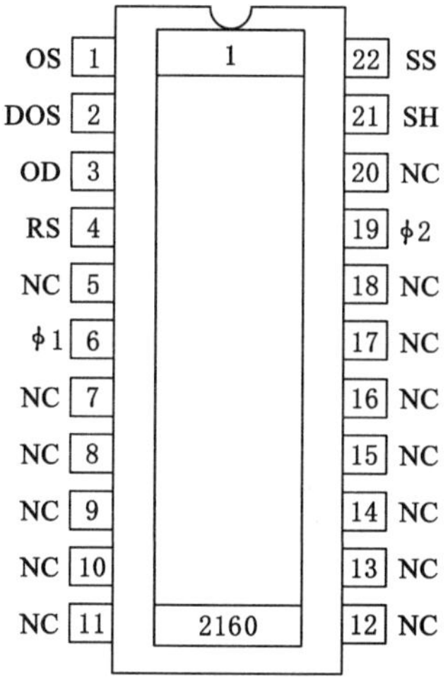

$\phi 1$	时钟 1
$\phi 2$	时钟 2
SH	转移栅
RS	复位栅
NC	未连接
OS	信号输出
DOS	补偿输出
OD	电源
SS	地

图 8-20　管脚定义

4. 光学/电子特性参数

$T_a = 25$ ℃，$V_{OD} = 12$ V，$V_\phi = V_{RS} = V_{SH} = 5$ V（脉冲），$f_\phi = 0.5$ MHz，$f_{RS} = 1$ MHz，t_{int}（积分时间）$= 10$ ms，光源为日光荧光灯。

光学/电子特性参数如表 8-2 所示。

表 8-2 光学/电子特性参数

特　　性	符　　号	最小值	典型值	最大值	单位	注　释
灵敏度	R	33	45	56	V/lx	见注释 1
光响应非均匀性	$PRNU$	—	—	10	％	见注释 2
寄存器不平衡性	RI	—	—	3	％	见注释 3
饱和输出电压	V_{SAT}	1.5	1.7	—	V	见注释 4
饱和曝光量	SE	—	0.037	—	Lux	见注释 5
暗信号电压	V_{DRK}	—	1	2	mV	见注释 6
暗信号非均匀性	$DSNU$	—	2	3	mV	见注释 6
直流电源功耗	P_D	—	80	120	mW	
总转移效率	TTE	92	—	—	％	
输出阻抗	Z_O	—	—	1	kΩ	
动态范围	DR	—	1 700	—		见注释 7
直流信号输出电压	V_{OS}	3.5	4.5	6.0	V	见注释 8
直流补偿输出电压	V_{DOS}	3.5	4.5	6.0	V	见注释 8
直流差动误差电压	$\mid V_{OS}-V_{DOS}\mid$	—	20	100	mV	

注释 1：在 2 854 K，W-Lamp 灯光下的灵敏度是 135 V/lx(典型值)。

注释 2：此为 50％饱和曝光量(典型值)下测定。

$PRNU$ 定义为：$PRNU=\dfrac{\Delta I}{\bar{I}}\times100\%$

其中，$\bar{I}$ 为均匀光照度下全部输出信号的平均值；ΔI 为输出信号与 $\bar{I}$ 的最大偏差值。

注释 3：此为 50％饱和曝光量(典型值)下测定。

RI 定义如下：

$$RI=\dfrac{\sum\limits_{n=1}^{2\,159}\mid I_n-I_{n+1}\mid}{2\,159\times\bar{I}}\times100\%$$

其中，I_n 与 I_{n+1} 为像敏单元的输出信号；$\bar{I}$ 为所有输出信号的平均值。

注释 4：V_{SAT} 为所有有效像敏单元的最小饱和输出电压。

注释 5：SE 定义如下：$SE=\dfrac{V_{SAT}}{R}$。

注释 6：V_{DRK} 为所有有效像敏单元的暗信号电压平均值。

$DSNU$ 是在 V_{MDK} 为最大暗信号电压时，V_{DRK} 与 V_{MDK} 的差值(图 8-21)。

注释 7：DR 定义为：$DR=\dfrac{V_{SAT}}{V_{DRK}}$。

因 V_{DRK} 与 t_{int}(积分时间)成比例，所以 t_{int} 越短则 DR 值越大。

注释 8：直流信号输出电压与直流补偿输出电压定义如图 8-22 所示。

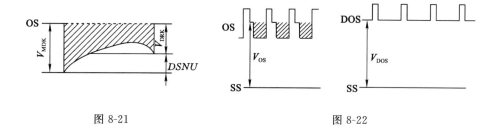

图 8-21 图 8-22

5. 工作条件

工作条件如表 8-3 所示。

表 8-3　工作条件

特　　性		符　号	最小值	典型值	最大值	单　位
时钟脉冲电压	高电平	V_ϕ	4.5	5	5.5	V
	低电平		0	0.2	0.5	
转移脉冲电压	高电平	V_{SH}	4.5	5	5.5	V
	低电平		0	0.2	0.5	
复位脉冲电压	高电平	V_{RS}	4.5	5	5.5	V
	低电平		0	0.2	0.5	
电源电压		V_{OD}	11.4	12.0	13.0	V

6. 时钟特性

时钟特性($T_a = 25\ ℃$)如表 8-4 所示。

表 8-4　时钟特性

特　　性	符　号	最小值	典型值	最大值	单　位
时钟脉冲频率	f_ϕ	—	0.5	1.0	MHz
复位脉冲频率	f_{RS}	—	1.0	2.0	MHz
时钟电容	C_ϕ	—	350	400	pF
转移栅电容	C_{SH}	—	10		pF
复位栅电容	C_{RS}	—	10		pF

7. 时序图

时序图如图 8-23 所示。

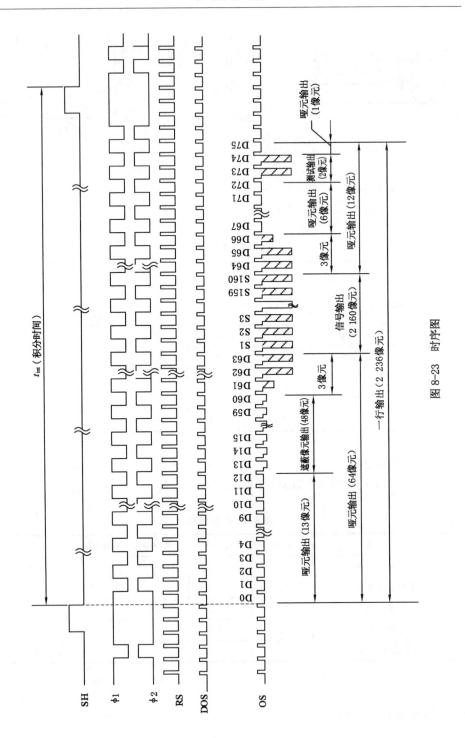

图 8-23　时序图

8. 时序要求

时序要求及参数设定如图 8-24 和表 8-5 所示。

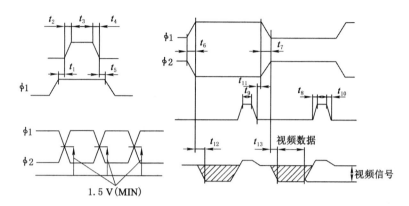

图 8-24　时序要求示意图

表 8-5　时序要求

特性描述	符号	最小值	典型值 (见注释9)	最大值	单位
SH 与 φ1 的脉冲间隔	t_1,t_5	0	100	—	ns
SH 脉冲上升时间,下降时间	t_2,t_4	0	50	—	ns
SH 脉冲宽度	t_3	200	1 000	—	ns
φ1,φ2 脉冲上升时间,下降时间	t_6,t_7	0	60	100	ns
RS 脉冲上升时间,下降时间	t_8,t_{10}	0	20	—	ns
RS 脉冲宽度	t_9	40	250	—	ns
φ1,φ2 与 RS 脉冲间隔	t_{11}	100	125	—	ns
视频数据延迟时间(见注释10)	t_{12},t_{13}	—	90	—	ns

注释9:典型值是在 $f_{RS}=1$ MHz 条件下测定的。

注释10:负载电阻为 100 kΩ。

9. 特性曲线图

特性曲线图如图 8-25 所示。

10. 驱动电路图

驱动电路图如图 8-26 所示。

三、实验仪器

(1) MXY8000-9 LED 显示综合实验仪 1 台。

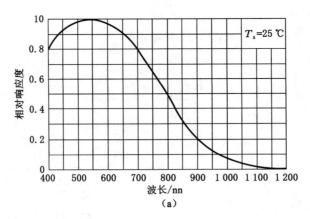

（a）

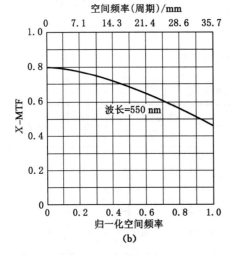

（b）

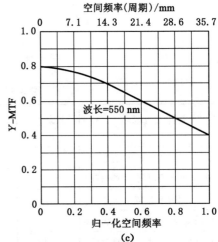

（c）

图 8-25 特性曲线图

（a）光谱特性曲线；（b）X 轴方向调制传输函数；（b）Y 轴方向调制传输函数

（2）线阵 CCD 驱动系统组件 1 块。

（3）双踪迹同步示波器（推荐使用数字示波器，带宽应在 50 MHz 以上）1 台。

（4）连接线若干。

（5）CPLD 烧写器 1 个。

（6）电脑 1 台（装有 Quartus II 软件）。

四、实验内容

（1）调试示波器待用，将示波器的地线与实验仪上的 GND 连接好，取出双

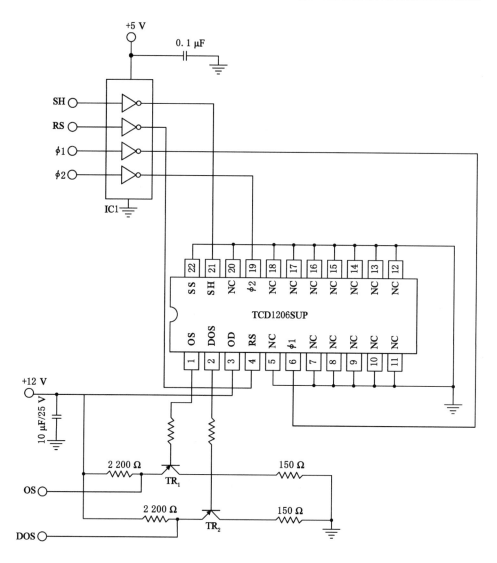

图 8-26　驱动电路图

踪迹同步示波器的测试笔(或称探头)待用。打开示波器电源,选择自动测试方式,调整显示屏上出现的扫描线处于便于观察的位置。

(2) 启动计算机,确认实验程序下载软件已经安装到计算机系统内,若没有安装则应按软件使用说明提示的方法安装软件。

(3) 取出线阵 CCD 驱动系统组件,按如图 8-27 所示的原理图搭建电路(图中虚线部分电路在电路板中已经走线,不需要再搭建),电阻 RV 和 RW 暂不接。

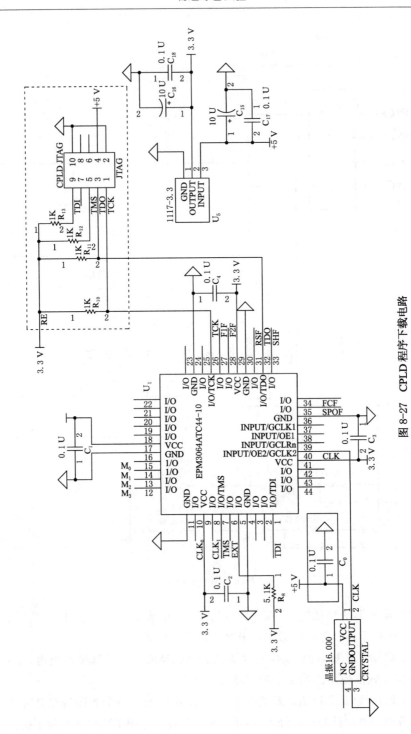

图 8-27 CPLD 程序下载电路

（4）K1 拨码开关的 1、2、3、4 脚在电路板上已连在一起,只引出 1 脚;K2 拨码开关的 1、2 脚在电路板上已连在一起,只引出 1 脚;板上 RE 插孔接 3.3 V。

（5）先将 CPLD 程序下载电路按如图 8-27 所示搭建完成后,再继续搭建实验电路如图 8-28 所示,仔细检查电路连接是否正确,然后再进行下面实验。

（6）给 CPLD 下载程序,步骤如下:

① 打开实训平台电源开关,将下载线的下载口一端连接在 CPLD 编程及测试组件板上,USB 口一端连接在电脑主机箱上;双击"Quartus II"图标进入如图 8-29 所示的软件界面。

② 勾选"Run the Quartus II software"选项卡,在弹出的"是否创建新项目"对话框中选择"否"。选择工具栏中"Tools"下拉菜单的"Programmer"选项,进入如图 8-30 所示的程序下载界面。

③ 点击"Add File"选项框添加文件,选择要下载的程序,点击"打开"按钮,进入图 8-31 所示界面,勾选"Program/Configure"所对应的选项框,点击侧面"Start"选项框,开始下载程序。当右上角进度条显示 100% 时表示程序下载成功,即可关闭软件。

（7）驱动脉冲相位的测量。

① 开机后,拨动 CCD 驱动系统组件板上的拨码开关,使 CCD 积分时间和驱动频率都为 0 挡。拨码开关示意图及其对应挡位关系如图 8-32 所示。图中 K1 的 1、2、3、4 分别代表积分时间 M3、M2、M1、M0,拨码键向左拨代表 0,向右拨代表 1;图中 K2 的 1、2 分别代表积分时间 CLK1、CLK0,拨码键向左拨代表 0,向右拨代表 1。

② 调节示波器使 CH$_1$ 扫描线在上,CH$_2$ 扫描线在下,然后用 CH$_1$ 为同步输入,对照实验原理所给出的 TCD1206 的驱动波形进行下面的测试实验。打开测试平台主机上的总电源开关,将示波器测试笔 CH$_1$ 接到线阵 CCD 驱动系统组件板上的 CCD-21 插孔中,该插孔即转移脉冲 SH 的探测点。先仔细调节示波器的触发脉冲电平旋钮使示波器显示波形稳定,即表示示波器已被 SH 同步,再调节示波器的扫描频率"旋钮"或"按键",使 SH 脉冲的宽度适合观测,以能够观察到一个或两个周期为最佳。然后,用测试笔 CH$_2$ 分别接到线阵 CCD 驱动系统组件板上的 CCD-6 插孔（F$_1$ 信号测试点）和 CCD-19 插孔（F$_2$ 信号测试点）中,观测 SH 与 F$_1$、F$_2$ 的相位关系。为更清楚地观测,可以将示波器的扫描频率加快,使 SH 的正脉冲展宽,能清楚地观测到 SH 与 F$_1$、F$_2$ 的相位关系,注意观测 SH 脉冲的下降沿发生在 F$_1$ 脉冲的"高"还是"低"电平的位置上。

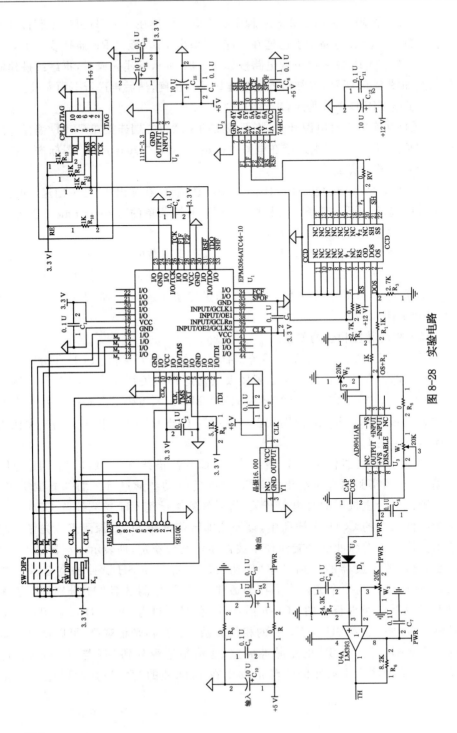

图 8-28 实验电路

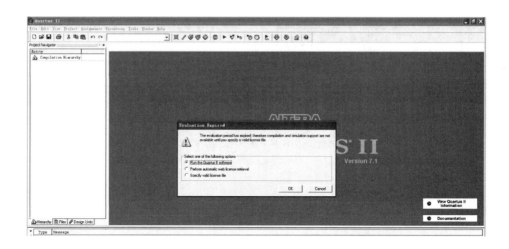

图 8-29　Quartus II 软件主界面

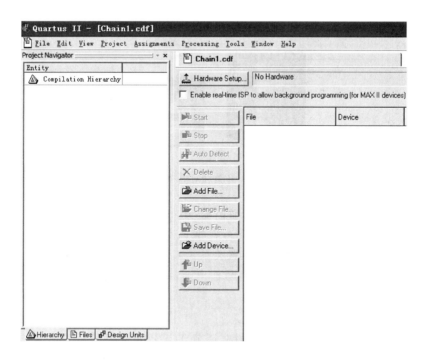

图 8-30　程序下载界面

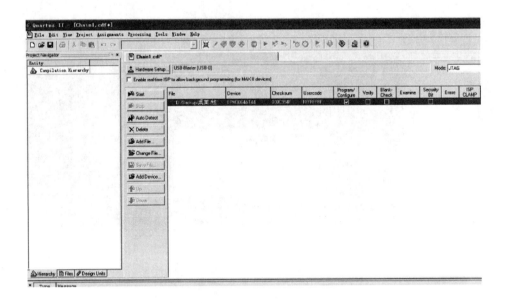

图 8-31　程序下载界面

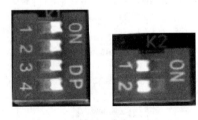

图 8-32　拨码开关和对应挡位关系图

③ 将测试笔 CH_1 移至 F_1 信号输出端,用示波器探头 CH_2 分别测量 F_2、RS(CCD-4 插孔)、SP 信号($U2$-12 插孔),观测 F_1 与 F_2、RS、SP 信号之间的相位关系,注意 RS 脉冲与 F_1、F_2 的边沿位置关系。

④ 用测试笔 CH_1 探头接 SP 信号输出端,用 CH_2 探头测量 RS,观测 SP 与 RS 信号之间的相位关系。

(8)驱动频率和积分时间测量。

① 通过拨动拨码开关 K2 拨码键,调节 TCD1206SUP 的驱动频率。

② 用示波器测量线阵 CCD 芯片 TCD1206SUP 分别在 4 个驱动频率下的驱动脉冲 F_1、F_2 和复位脉冲 RS 的周期、频率等参数,并分别填入表8-6 中。

表 8-6 驱动频率与周期

驱动频率 f	CLK1	CLK0	项 目	F_1	F_2	RS
0 挡	0	0	周期/μs			
			频率/kHz			
1 挡	0	1	周期/μs			
			频率/kHz			
2 挡	1	0	周期/μs			
			频率/kHz			
3 挡	1	1	周期/μs			
			频率/kHz			

③ 将 CCD 的驱动频率设置为 0 挡,积分时间也设置为 0 挡。用测试笔 CH_1 测量 FC(以它为同步信号),用测试笔 CH_2 测量 SH,观察两者的周期是否相同,记录 FC 信号的周期。拨动拨码开关 K1、K2 的拨码键对积分时间和驱动频率进行调节,并将不同驱动频率挡和积分时间挡下的 FC 周期填入表 8-7 中。观测调整积分时间设置时驱动频率 f 是否跟随变化? 调整驱动频率 f 时积分时间 t_{int}(SH 的周期)是否跟随变化?

表 8-7 积分时间的测量

驱动频率 0 挡						驱动频率 1 挡					
积分时间/挡	M3	M2	M1	M0	FC 周期/ms	积分时间/挡	M3	M2	M1	M0	FC 周期/ms
0	0	0	0	0		0	0	0	0	0	
1	0	0	0	1		1	0	0	0	1	
2	0	0	1	0		2	0	0	1	0	
3	0	0	1	1		3	0	0	1	1	
4	0	1	0	0		4	0	1	0	0	
5	0	1	0	1		5	0	1	0	1	
6	0	1	1	0		6	0	1	1	0	
7	0	1	1	1		7	0	1	1	1	
8	1	0	0	0		8	1	0	0	0	
9	1	0	0	1		9	1	0	0	1	
10	1	0	1	0		10	1	0	1	0	

表 8-7（续）

驱动频率 0 挡						驱动频率 1 挡					
积分时间/挡	M3	M2	M1	M0	FC 周期/ms	积分时间/挡	M3	M2	M1	M0	FC 周期/ms
11	1	0	1	1		11	1	0	1	1	
12	1	1	0	0		12	1	1	0	0	
13	1	1	0	1		13	1	1	0	1	
14	1	1	1	0		14	1	1	1	0	
15	1	1	1	1		15	1	1	1	1	

驱动频率 2 挡						驱动频率 3 挡					
积分时间/挡	M3	M2	M1	M0	FC 周期/ms	积分时间/挡	M3	M2	M1	M0	FC 周期/ms
0	0	0	0	0		0	0	0	0	0	
1	0	0	0	1		1	0	0	0	1	
2	0	0	1	0		2	0	0	1	0	
3	0	0	1	1		3	0	0	1	1	
4	0	1	0	0		4	0	1	0	0	
5	0	1	0	1		5	0	1	0	1	
6	0	1	1	0		6	0	1	1	0	
7	0	1	1	1		7	0	1	1	1	
8	1	0	0	0		8	1	0	0	0	
9	1	0	0	1		9	1	0	0	1	
10	1	0	1	0		10	1	0	1	0	
11	1	0	1	1		11	1	0	1	1	
12	1	1	0	0		12	1	1	0	0	
13	1	1	0	1		13	1	1	0	1	
14	1	1	1	0		14	1	1	1	0	
15	1	1	1	1		15	1	1	1	1	

（9）二值化处理方法。

典型 CCD 输出信号与二值化处理的时序图如图 8-33 所示。图中 FC 信号为行同步脉冲，FC 的上升沿对应于 CCD 的第一个有效像元输出信号，其下降沿为整个输出周期的结束。U_o 为经过反相放大后的输出电压信号。为了提取图 8-33 所示 U_0 信号(U3-6 插孔)所表征的边缘信息,采用如图 8-34 所示的固定阈值二值化处理电路。该电路中,电压比较器 LM393 的正输入端接 CCD 的输出信号 U_0,而反相输入端接到电位器 W_3 的动端,产生可调的阈值电平,可以通过调节电位器对阈值电平进行设置,构成阈值二值化电路。经固定阈值二值化电路输出的信号波形被定义为 TH,它为方波脉冲。

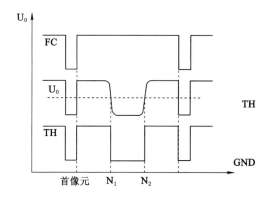

图 8-33 典型 CCD 输出信号与二值化处理的时序图

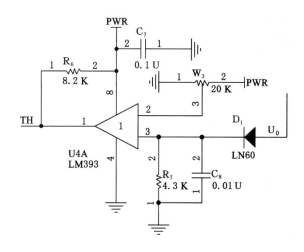

图 8-34 固定阈值二值化处理电路

将 CCD 的驱动频率设置为 0 挡,积分时间也设置为 0 挡,同时用一张黑纸遮住线阵 CCD 芯片 TCD1206SUP 的部分像元(注意环境光照不要太强,否则输出信号饱和,影响实验效果),可以通过示波器观测到输出信号 U_0(CH_1 表笔)和二值化信号 TH(CH_2 表笔)的波形,比较两者的区别。通过调节

图 8-34 中 20K 电位器的阻值改变阈值电平,观察二值化信号 TH 波形的变化。

(10) 结束实验后将实验平台的电源关掉,再将所用的配件放回配件箱。

(11) 注意事项如下:

① 器件玻璃封装窗口上的灰尘或污点将使 CCD 器件的光学性能下降,可使用浸透酒精的棉球轻轻擦拭表面。同时请注意器件的机械振动或过热也会导致玻璃窗口的损坏。

② 请将器件保存在合适的包装盒或导电泡沫中以避免静电损伤。

③ 由于该 CCD 传感器是红外光敏感型的,所以红外发光元件会导致该 CCD 传感器的分辨率以及 *PRNU* 下降。

五、数据与结果处理

(1) 将测得的波形与相位关系与实验原理所示 TCD1206SUP 的驱动波形对照,分析光电平台上线阵相机的真正驱动脉冲与手册上所给脉冲之差异。

(2) 观察驱动脉冲 F_1、F_2 和复位脉冲 RS 之间的相位关系,尤其注意复位脉冲 RS 与 F_1 之间的相位关系,分析为什么复位脉冲 RS 产生于 F_1 由高变低之后的一段时间。

(3) 观察并保存各输出信号波形,与实验原理中的理论波形进行比较,分析差异产生的可能原因。

六、思考题

(1) 从 TCD1206SUP 输出的信号是模拟信号还是数字信号?

(2) 要想通过线阵 CCD 元件实现对物体的自动识别,还需要哪些步骤?

本章参考文献

[1] 董廷山. LED 显示屏制作项目实训[M]. 北京:机械工业出版社,2016.

[2] 曹振华. LED 显示屏组装与调试全攻略[M]. 北京:电子工业出版社,2013.

[3] 刘传标,赵强,刘晓锋. LED 显示器件封装现状及发展趋势[J]. 中国照明电器,2017(7):31-35.

[4] 陈中,朱代忠. 基于 STC89C52 单片机的控制系统设计[M]. 北京:清华大学出版社,2015.

第九章　硅光电池及光敏电阻综合实验

实验1　光敏电阻实验

一、实验要求

1. 实验目的

了解光敏电阻工作原理、光照特性、伏安特性和光谱特性。

2. 预习要求

(1) 阅读实验原理,了解光敏电阻光照特性、伏安特性和光谱特性的测试方法。

(2) 查阅相关资料,了解光敏电阻的应用。

二、实验原理

光敏电阻又叫光感电阻,是利用半导体的光电效应制成的一种电阻值随入射光的强弱而改变的电阻器。入射光强,电阻减小,入射光弱,电阻增大。光敏电阻一般用于光的测量、光的控制和光电转换(将光的变化转换为电的变化)。通常光敏电阻都制成薄片结构,以便吸收更多的光能。当它受到光的照射时,半导体片(光敏层)内就激发出电子-空穴对,参与导电,使电路中电流增强。

光敏电阻的主要参数有亮电阻、暗电阻、光电特性、光谱特性、频率特性、温度特性。在光敏电阻两端的金属电极之间加上电压,其中便有电流通过,受到适当波长的光线照射时,电流就会随光强的增加而变大,从而实现光电转换。光敏电阻没有极性,属于纯电阻器件,使用时可接直流电也可接交流电。

用于制造光敏电阻的材料主要是金属的硫化物、硒化物和碲化物等半导体材料。通常采用涂敷、喷涂、烧结等方法,在绝缘衬底上制作很薄的光敏电阻体及梳状欧姆电极,然后接出引线,封装在具有透光镜的密封壳体内,以免受潮影响其灵敏度。在黑暗环境里,它的电阻值很高,当受到光照时,只要光子能量大于半导体材料的价带宽度,则价带中的电子吸收一个光子的能量后可跃迁到导带,并在价带中产生一个带正电荷的空穴,这种由光照产生的电子-空穴对增加了半导体材料中载流子的数目,使其电阻率变小,从而造成光敏电阻阻值下降。光照越强,阻值越低。入射光消失后,由光子激发产生的电子-空穴对将逐渐复合,光敏电阻的阻值也就逐渐恢复原值。

当无光照时,光敏电阻值(暗阻)很大,电路中电流很小。当光敏电阻受到一定波长范围的光照时,它的阻值(亮电阻)急剧减少,因此电路中电流迅速增加。光敏电阻的暗电阻越大,而亮电阻越小,则性能越好,也就是说,暗电流要小,光电流要大,这样的光敏电阻的灵敏度就高。实际上,大多数光敏电阻的暗电阻往往超过 1 MΩ,甚至高达 100 MΩ,而亮电阻即使在正常白昼条件下也可降到 1 kΩ 以下,可见光敏电阻的灵敏度是相当高的。

在将光敏电阻应用于感光元件时,首先要明确该光敏电阻的基本特性,这包括光照特性、伏安特性和光谱特性等。

三、实验仪器

SGY-11 型硅光电池及光敏电阻综合实验仪。

四、实验内容

1. 光敏电阻暗电阻和亮电阻的测量

(1) 图 9-1 是光敏电阻实验原理图。

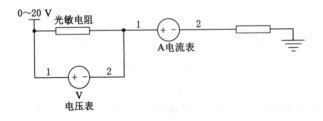

图 9-1 光敏电阻实验原理

(2) 安装好普通白光源、照度计探头及遮光筒,将主机箱的恒流电源与普通光源的两个插孔相连,将恒流电源幅度旋钮逆时针方向慢慢旋到底。打开主机箱电源,顺时针方向慢慢调节恒流电源幅度旋钮,使主机箱照度计显示 1 000 lx(可根据实际情况选择)。关闭电源。

(3) 撤下照度计连线及探头,换上光敏电阻。光路连接如图 9-1 所示。

(4) 光敏电阻与光源之间用遮光筒连接。打开电源,调节 0~20 V 电源幅度旋钮(输出 8 V),观察电压表的读数稳定后,读取电流表的值(亮电流)$I_{亮}$和电压表的值 $U_{亮}$。

(5) 将恒流电源幅度旋钮逆时针方向慢慢旋到底后,调节 0~20 V 电源幅度旋钮(输出 8 V),观察电压表的读数稳定后,读取电流表的值(暗电流)$I_{暗}$和电压表的值 $U_{暗}$。关闭电源。

（6）根据以下公式，计算亮电阻和暗电阻

$$R_亮 = U_亮 / I_亮 ; R_暗 = U_暗 / I_暗$$

（7）光敏电阻在不同的光照度下有不同的亮电阻和暗电阻；在不同的测量电压（U）下有不同的亮电阻和暗电阻。

2. 光敏电阻光照特性测量

光敏电阻的测量电压（$U_测$）固定时，光敏电阻的光电流随光照度变化而变化，它们之间的关系是非线性的。调节恒流电源得到不同的光照度（测量方法同以上实验），测得数据填入表 9-1，并作曲线图。

表 9-1　光敏电阻光照特性数据表

光照度/lx	0	1 000	2 000	3 000	4 000	5 000	6 000
光电流/μA							

3. 光敏电阻伏安特性测量

在一定的光照度下，光电流随外加电压的变化而变化。测量时，根据表9-2，给定光照度，调节 0～20 V 电压（由电压表监测），测得流过光敏电阻的电流，记录数据填入表 9-2 中，并作不同光照度下的三条伏安特性曲线。

表 9-2　光敏电阻伏安特性数据表

光照度/lx	电压/V				
	1	2	3	4	5
1 000					
2 000					
…					

4. 光敏电阻光谱特性测量

光敏电阻对不同波长的光，接收的光灵敏度是不一样的，这就是光敏电阻的光谱特性。实验时线路接法如图 9-1 所示。在光路装置中先用照度计窗口对准遮光筒，调节恒流电源幅度旋钮，得到 1 000 lx 的光照度。更换不同的光源（注意，更换光源时应重新调节光照度），可得到对应各种颜色的光。作光谱特性时，需调节 0～20 V 电源幅度旋钮，使光敏电阻工作在固定电压（如＋10 V）下。根据光敏电阻在某一固定工作电压（＋10 V）、同一光照度（1 000 lx）、不同波长（颜色）时的电流值，就可作出其光谱特性曲线。实验数据填入表 9-3。

表 9-3 光敏电阻光谱特性数据表

颜色	波长/nm	1 000 lx 光照度下的电流（光照度可根据实际情况调节）
红	650	
橙	610	
黄	570	
绿	530	
蓝	450	
紫	400	
白		

五、数据与结果处理

（1）分析光敏电阻的工作原理。

（2）分析光敏电阻的光照特性，并画出光照特性曲线。

（3）分析光敏电阻的伏安特性，并画出伏安特性曲线。

（4）分析光敏电阻的光谱特性，并画出光谱特性曲线。

六、思考题

（1）光敏电阻的光谱特性对应用光敏电阻作为测光元件有何影响？

（2）温度对光敏电阻的光照特性、伏安特性和光谱特性有何影响？

实验 2　硅光电池实验

一、实验要求

1. 实验目的

了解硅光电池的光照特性、伏安特性和光谱特性，熟悉其应用。

2. 预习要求

（1）阅读实验原理，了解硅光电池光照特性、伏安特性和光谱特性的测试方法。

（2）查阅相关资料，了解硅光电池的应用。

二、实验原理

硅光电池是一种直接把光能转换成电能的半导体器件。它的结构很简单，核心部分是一个大面积的 PN 结。把一只透明玻璃外壳的点接触型二极管与一块微安表接成闭合回路,当二极管的管芯(PN 结)受到光照时,就会看到微安表的表针发生偏转,显示出回路里有电流,这种现象称为光生伏特效应。硅光电池的 PN 结面积要比二极管的 PN 结面积大得多,所以受到光照时产生的电动势和电流也大得多。

三、实验仪器

SGY-11 型硅光电池及光敏电阻综合实验仪。

四、实验内容

1. 硅光电池的光照特性实验

图 9-2 为电路连接图。

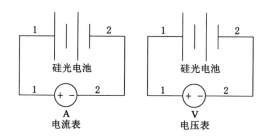

图 9-2 电路连接图

打开主机箱电源,将照度计探头用遮光筒与光源连接起来,调节接入光源的输出调节旋钮,使照度计显示 500 lx。拿走照度计探头,把硅光电池连到遮光筒上,将主机箱的电压表接到光电实验器件模板上硅光电池的电压表接口,测出 500 lx 照度下的开路电压。把电压表的引线断开后,将主机箱的电流表串接到光电实验器件模板上硅光电池的电流表接口,测出 500 lx 光照度下的短路电流。重复以上方法,测出光照度为 500 lx,…,1 500 lx 时的硅光电池的开路电压和短路电流,将数据填入表 9-4,并作出光照特性曲线图。

表 9-4 硅光电池的光照特性数据表

光照度/lx	500	1 000	1 500	2 000	2 500	3 000
短路电流/μA						
开路电压/V						

2. 硅光电池的光谱特性实验

硅光电池在不同波长的光照下,产生不同的光电流和光生电动势。拧下光源前盖,分别拧上各种颜色的光源。用不同颜色的光源得到不同波长的光。在相同的光照度(500 lx)下,将测量结果填入表 9-5,并作出光谱特性曲线图。

表 9-5　硅光电池的光谱特性数据表

波长/nm	红	橙	黄	绿	蓝	紫	白
光生电动势/mV							
光电流/mA							

五、数据与结果处理

(1)分析硅光电池的工作原理。

(2)分析硅光电池的光照特性,并画出光谱特性曲线。

六、思考题

(1)硅光电池的光谱特性对应用其作为发电元件有何影响?

(2)温度对硅光电池的光照特性和光谱特性有何影响?

本章参考文献

[1] 钟丽云.光电检测技术的发展及应用[J].激光杂志,2000,21(3):1.

[2] 雷玉堂.光电检测技术[M].2 版.北京:中国计量出版社,2009.

[3] 张志伟,曾光宇,张存林.光电检测技术[M].4 版.北京:清华大学出版社,2018.

[4] 徐熙平,张宁.光电检测技术及应用[M].2 版.北京:机械工业出版社,2016.

[5] 郭培源,付扬.光电检测技术与应用[M].2 版.北京:北京航空航天大学出版社,2011.

[6] 王晓曼,等.光电检测与信息处理技术[M].北京:电子工业出版社,2013.

[7] 杨东,轩克辉,董雪峰.光敏电阻的特性及应用研究[J].山东轻工业学院学报(自然科学版),2013,27(2):49-52.

[8] 刘栋,谢泉,房迪.光敏电阻的特性研究[J].电子技术与软件工程,2016(20):149-150.

第十章　光敏传感器光电特性测试实验

　　凡是将光信号转换为电信号的传感器称为光敏传感器,也称为光电式传感器。它可直接用于检测由光照度变化引起的非电量,如光强等;也可间接用于检测能转换成光量变化的其他非电量,如零件直径、表面粗糙度、位移、速度、加速度及物体形状、工作状态识别等。光敏传感器具有非接触、响应快、性能可靠等特点,因而在工业自动控制及智能机器人中得到了广泛应用。

　　光敏传感器的物理基础是光电效应,通常分为外光电效应和内光电效应两大类。在光辐射作用下电子逸出材料的表面,产生光电子发射现象,则称为外光电效应或光电子发射效应。基于这种效应的光电器件有光电管、光电倍增管等。另一种现象是电子并不逸出材料表面,则称为是内光电效应。光电导效应、光生伏特效应都属于内光电效应。好多半导体材料的很多电学特性都因受到光的照射而发生变化,因此也是属于内光电效应范畴。本实验所涉及的光敏电阻、光敏二极管、光敏三极管、硅光电池等均是内光电效应传感器。

　　本实验使用的仪器是 FB815 型光敏传感器光电特性实验仪,其结构如图10-1 所示。该实验仪由光敏电阻、光敏二极管、光敏三极管、硅光电池四种光敏传感器及可调电源、电阻箱(用户自备)、数字万用表、九孔接线板与光学暗箱所组成。

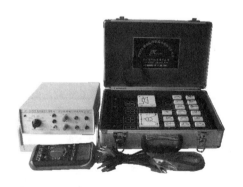

图 10-1　FB815 型光敏传感器光电特性实验仪

1. 光学暗箱

光学暗箱的大小为 360 mm×280 mm×110 mm,中间位置是九孔实验板,学生可以在上面按自己的需要搭建实验电路,在箱子的左侧有编号 L_1,L_2,…,L_8 的接线孔,从里面直接连到箱子左侧的外面。实验时将外用电源、测量万用表及变阻箱通过不同的接线口接入箱里的实验电路,当箱子密封以后,里面就与外界完全隔绝,工作时照明光路是置于暗箱中进行的,从而消除杂散光对实验的影响。图 10-2 是暗箱结构示意图。

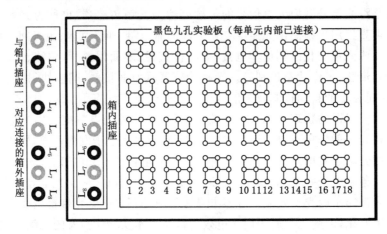

图 10-2　暗箱结构示意图

2. JK-30 工作电源

本实验仪配有 JK-30 工作电源(图 10-3)。主要提供两路工作电压:一路光电源输出,供白炽灯发光,电压 0～12 V 连续可调;另一路传感器工作电源,有 ±2 V、±4 V、±6 V、±8 V、±10 V、±12 V 挡可选,以保证实验的不同需要。光敏传感器上的光照度可以通过调节光电源的电压或改变光源与传感器之间的距离(不同孔位)调节。"光电源输出"端内部接有 1 Ω 的电阻,A 符号两端测量到的电压值即可读作输出电流值。

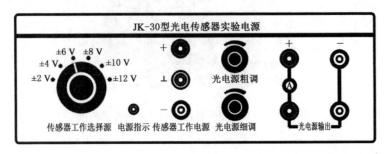

图 10-3　FB518 型光敏传感器光电特性实验仪专用电源

3. 其他实验配件

其他实验配件如图 10-4 所示。

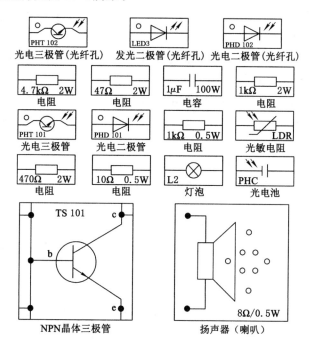

图 10-4　FB815 型光敏传感器光电特性实验仪其他实验配件

实验 1　光敏电阻和硅光电池基本特性测试实验

一、实验要求

1. 实验目的

(1) 了解光敏电阻的基本特性,测量其伏安特性曲线和光照特性曲线。

(2) 了解硅光电池的基本特性,测量其伏安特性曲线和光照特性曲线。

2. 预习要求

(1) 阅读实验原理,了解光敏电阻和硅光电池基本特性及其测量方法。

(2) 查阅相关文献,了解光敏电阻和硅光电池的应用。

二、实验原理

1. 光电效应

(1) 光电导效应

当光照射到某些半导体材料上时,到达材料内部的光子能量足够大,某些电子吸收光子的能量,从原来的束缚态变成导电的自由态,这时在外电场的作用下,流过半导体的电流会增大,即半导体的电导会增大,这种现象叫光电导效应。它是一种内光电效应。

光电导效应可分为本征型和杂质型两类。本征型光电导效应是指能量足够大的光子使电子离开价带跃入导带,价带中由于电子离开而产生空穴,在外电场作用下,电子和空穴参与导电,使电导增加。杂质型光电导效应则是指能量足够大的光子使施主能级中的电子或受主能级中的空穴跃迁到导带或价带,从而使电导增加。杂质型光电导的长波限比本征型光电导要长得多。

(2)光生伏特效应

在无光照时,半导体 PN 结内部有自建电场。当光照射在 PN 结及其附近时,在能量足够大的光子作用下,在结区及其附近就产生少数载流子(电子、空穴对)。载流子在结区外时,靠扩散进入结区;在结区中时,则因电场 E 的作用,电子漂移到 N 区,空穴漂移到 P 区。结果使 N 区带负电荷,P 区带正电荷,产生附加电动势,此电动势称为光生电动势,此现象称为光生伏特效应。

2. 光敏传感器的基本特性

光敏传感器的基本特性包括伏安特性、光照特性等。光敏传感器在一定的入射光照度下,光敏元件的电流 I 与所加电压 U 之间的关系称为光敏器件的伏安特性。改变光照度则可以得到一组伏安特性曲线。它是传感器应用设计时的重要依据。光敏传感器的感光灵敏度与入射光强之间的关系称为光照特性,有时光敏传感器的输出电压或电流与入射光强之间的关系也称为光照特性,它也是光敏传感器应用设计时选择参数的重要依据之一。

3. 光敏电阻

利用具有光电导效应的半导体材料制成的光敏传感器称为光敏电阻。目前光敏电阻应用极为广泛,其工作过程为,当光敏电阻受到光照时,发生内光电效应,光敏电阻电导率的改变量为:

$$\Delta\sigma = \Delta p e \mu_p + \Delta n e \mu_n \tag{10.1}$$

式中,e 为电子电荷量;Δp 为空穴浓度的改变量;Δn 为电子浓度的改变量;μ 表示迁移率。当两端加上电压 U 后,光电流为:

$$I_{ph} = \frac{A}{d}\Delta\sigma U \tag{10.2}$$

式中,A 为与电流垂直的表面积;d 为电极间的间距。在一定的光照度下,$\Delta\sigma$ 为恒定的值,因而光电流和电压呈线性关系。对于光敏电阻的伏安特性,不同的光强下可以得到不同的伏安特性,表明电阻值随光照度发生变化。光照度不变的情况下,电压越高,光电流也越大,而且没有饱和现象。当然,与一般电阻一样光敏电阻的工作电压和电流都不能超过规定的最高额定值。

对于光敏电阻的光照特性,不同的光敏电阻的光照特性是不同的,但是在大多数的情况下,曲线的形状都是类似的。由于光敏电阻的光照特性是非线性的,因此不适宜作线性敏感元件,这是光敏电阻的缺点之一。所以在自动控制中光敏电阻常用作开关量的光电传感器。

4. 硅光电池

硅光电池是目前使用最为广泛的光伏探测器之一。它的特点是工作时不需要外加偏压,接收面积小,使用方便,缺点是响应时间长。

当光照射硅光电池的时候,将产生一个由 N 区流向 P 区的光生电流 I_{ph};同时由于 PN 结二极管的特性,存在正向二极管管电流 I_D,此电流方向与光生电流方向相反。所以实际获得的电流为:

$$I = I_{ph} - I_D = I_{ph} - I_0 \left[\exp\left(\frac{eU}{nkT}\right) - 1 \right] \tag{10.3}$$

式中,U 为结电压;I_0 为二极管反向饱和电流;n 为理想系数,表示 PN 结的特性,通常在 1 和 2 之间;k 为玻耳兹曼常量;T 为绝对温度。短路电流是指负载电阻相对于光电池的内阻来讲很小时的电流。在一定的光照度下,当光电池被短路时,结电压 $U=0$,从而有:

$$I_{SC} = I_{ph} \tag{10.4}$$

负载电阻在 20 Ω 以下时,短路电流与光照度有较好的线性关系,而当负载电阻过大时,线性会变差。

开路电压则是指负载电阻远大于光电池的内阻时硅光电池两端的电压,而当硅光电池的输出端开路时有 $I=0$,由式(10.3)、式(10.4)可得开路电压为:

$$U_{OC} = \frac{nkT}{q} \ln\left(\frac{I_{SC}}{I_0} + 1\right) \tag{10.5}$$

开路电压与光照度之间为对数关系,因而具有饱和性。因此,把硅光电池作为敏感元件时,应该把它当作电流源的形式使用,即利用短路电流与光照度呈线性的特点,这是硅光电池的主要优点。

三、实验仪器

FB815 型光敏传感器光电特性实验仪。

四、实验内容

1. 相对光照度的调校

实验前通过调节光电源的电压,可改变白炽灯亮度,直至达到硅光电池模块标签纸上厂方所标定的光照度数据,则校准到一个相对光照度,以方便实验。

在第一孔位插上白炽灯模块,在第五孔位插上硅光电池模块,按照图10-5所示连接好实验线路(用接线插头连接 L_8、L_7 孔),调节光电源的电压,使硅光电池光电流 I_{SC} 达到模块后面标签纸所标光电流数值,这样就调定第五孔位处光照度为标签纸所标光照度值。第五孔位后各孔位处的光照度详见本章附录(按离开光源不同距

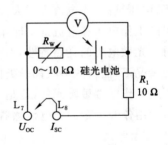

图 10-5　硅光电池伏安特性测试电路图

离处的光照度与距离平方成反比计算出)。此后须保持白炽灯亮度,不要再调光电源电压。

2. 硅光电池的特性测试

(1) 实验线路图

实验线路图如图 10-5 所示。

测光电流 I_{SC}:用接线插头连接 L_8、L_7 孔,把电阻箱 R_W 调到零(短路),电压表测量取样电阻 R_1 两端电压,$I_{SC} = \dfrac{U_{R_1}}{10\ \Omega}$(近似值)。

测开路电压 U_{OC}:接线插头拔出 L_7 孔,电压表显示即开路电压。

(2) 硅光电池的伏安特性测试

按照图 10-5 所示连接好实验线路,光源用白炽灯,将待测硅光电池模块插入第五孔位。在相对光照度已调校好的光照度下,依次由小增大改变电阻箱 R_W 的阻值,然后测硅光电池的开路电压 U_{OC} 和光电流 I_{SC},这里要求至少测出 10 个数据点,以绘出完整的伏安特性曲线。再把硅光电池模块插入第五孔位后面孔位,以选择不同的光照度(至少改变 3 个孔位),重复上述实验。

根据实验数据(表 10-1、表 10-2、表 10-3)画出硅光电池的一组伏安特性曲线。

表 10-1　硅光电池的伏安特性测试数据表(光照度(孔位):　　)

R_W/Ω										
U_{OC}/V										
U_{R_1}/V										
I_{SC}/A										

表 10-2　硅光电池的伏安特性测试数据表（光照度（孔位）：　　　　）

R_W/Ω										
U_{OC}/V										
U_{R_1}/V										
I_{SC}/A										

表 10-3　硅光电池的伏安特性测试数据表（光照度（孔位）：　　　　）

R_W/Ω										
U_{OC}/V										
U_{R_1}/V										
I_{SC}/A										

（3）硅光电池的光照特性测试

实验线路如图 10-5 所示，电阻箱调到 0 Ω。在相对光照度已调校好的光照度下，将硅光电池模块插入第五孔位。测出该光照度下硅光电池的开路电压 U_{OC} 和短路电流 I_{SC} 数据，其中短路电流为 $I_{SC}=\dfrac{U_{R_1}}{10\ \Omega}$（近似值），然后逐步将硅光电池模块插入第六孔位、第七孔位、第八孔位等，改变光照度（8～10 个孔位），重复测出开路电压和短路电流。

根据实验数据（表 10-4）画出硅光电池的光照特性曲线。

表 10-4　硅光电池的光照特性测试数据表

照度/孔位	5	6	7	8	9	10	11	12	13	14
U_{OC}/V										
U_{R_1}/V										
I_{SC}/A										

3．光敏电阻的特性测试

（1）光敏电阻的伏安特性测试

按图 10-6 接好实验线路，光源用白炽灯。将检测用光敏电阻模块插入第五孔位，连接 U_{CC} 电源。在相对光照度已调校好的光照度下，测出加在光敏电阻上 U_{CC} 电压分别为：2 V，4 V，6 V，8 V，10 V，12 V 时电阻 R 两端的电压 U_R，从而得到 6 个光电流数据 $I_{ph}=\dfrac{U_R}{1\ k\Omega}$，同时算出此时光敏电阻的阻值，即

$R_g = \dfrac{U_{CC} - U_R}{I_{ph}}$。然后再把硅光电池插入第五孔位后面孔位,以选择不同的光照度(至少改变 3 个孔位),重复上述实验。

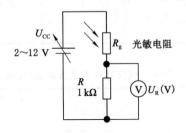

图 10-6　光敏电阻的伏安特性测量电路

根据实验数据(表 10-5、表 10-6、表 10-7)画出光敏电阻的一组伏安特性曲线。

表 10-5　光敏电阻的伏安特性测试数据表(光照度(孔位):　　)

U_{CC}/V	2	4	6	8	10	12
U_R/V						
R_g/Ω						
I_{ph}/A						

表 10-6　光敏电阻的伏安特性测试数据表(光照度(孔位):　　)

U_{CC}/V	2	4	6	8	10	12
U_R/V						
R_g/Ω						
I_{ph}/A						

表 10-7　光敏电阻的伏安特性测试数据表(光照度(孔位):　　)

U_{CC}/V	2	4	6	8	10	12
U_R/V						
R_g/Ω						
I_{ph}/A						

（2）光敏电阻的光照特性测试

按图 10-6 接好实验线路，光源用白炽灯。将检测用光敏电阻模块插入第五孔位，连接 U_{CC} 电源。U_{CC} 电源调定为某一电压，在此电压下测出光敏电阻在光照度逐步"由强减弱"的各孔位光电流数据，即 $I_{ph} = \dfrac{U_R}{1\ k\Omega}$，同时算出此时光敏电阻的阻值，即 $R_g = \dfrac{U_{CC} - U_R}{I_{ph}}$。这里要求测出 10 个不同光照度下（对应不同孔位）的光电流数据，以使所得到的数据点能够绘出较完整的光照特性曲线。

根据实验数据（表 10-8、表 10-9、表 10-10）画出光敏电阻的一组光照特性曲线。

表 10-8　光敏电阻的光照特性测试数据表（U_{CC} 电压：　）

光照度/孔位										
U_R/V										
I_{ph}/A										

表 10-9　光敏电阻的光照特性测试数据表（U_{CC} 电压：　）

光照度/孔位										
U_R/V										
I_{ph}/A										

表 10-10　光敏电阻的光照特性测试数据表（U_{CC} 电压：　）

光照度/孔位										
U_R/V										
I_{ph}/A										

五、数据与结果处理

（1）根据实验数据画出硅光电池的一组伏安特性曲线和光照特性曲线。

（2）根据实验数据画出光敏电阻的一组伏安特性曲线和光照特性曲线。

（3）分析比较硅光电池和光敏电阻伏安特性曲线和光照特性曲线。

六、思考题

（1）硅光电池和光敏电阻在作为感光元件上有什么异同？

（2）温度对硅光电池和光敏电阻伏安特性及光照特性可能具有什么影响？

实验 2　光敏二极管和光敏三极管基本特性测试实验

一、实验要求

1. 实验目的

(1) 了解光敏二极管的基本特性,测出它的伏安特性和光照特性曲线。

(2) 了解光敏三极管的基本特性,测出它的伏安特性和光照特性曲线。

(3) 了解光纤传感器的基本特性及光纤通信的原理。

2. 预习要求

(1) 了解光敏二极管和光敏三极管的感光原理和基本特性。

(2) 了解测量光敏二极管和光敏三极管伏安特性及光照特性的方法。

(3) 了解光纤传感器的基本特性及应用。

二、实验原理

　　光敏二极管的伏安特性相当于向下平移了的普通二极管,光敏三极管的伏安特性和光敏二极管的伏安特性类似。但光敏三极管的光电流比同类型的光敏二极管大好几十倍,零偏置电压时,光敏二极管有光电流输出,而光敏三极管则无光电流输出。原因是它们都能产生光生电动势,只因光敏三极管的集电结在无反向偏置电压时没有放大作用,所以此时没有电流输出(或仅有很小的漏电流)。光敏二极管和光敏三极管的光照特性亦呈良好线性。光敏二极管的电流灵敏度一般,而光敏三极管的电流灵敏度高些,但在强光时则有饱和现象,这是由于电流放大倍数的非线性所致,对信号的检测不利。故一般在作线性检测元件时,应选择光敏二极管而不能用光敏三极管。

三、实验仪器

　　FB815 型光敏传感器光电特性实验仪,示波器。

四、实验内容

1. 光敏二极管的特性测试实验

(1) 光敏二极管的伏安特性测试实验

　　按图 10-7 连接好实验线路,光源用白炽灯,将检测用光敏二极管模块插入第五孔位,连接 U_{CC} 电源。在相对光照度已调校好的光照度下,测出加在光敏二极管上 U_{CC} 电压分别为:2 V,4 V,6 V,8 V,10 V,12 V 时电阻 R_1 两端的电压 U_{R_1},从而得到 6 个加在光敏二极管上的偏置电压与产生的光电流的关系数据,其中光电流 $I_{\text{ph}} = \dfrac{U_{\text{R}_1}}{1\ \text{k}\Omega}$(1 kΩ 为取样电阻),以后逐步减小光照度(至少改变 3 个孔位),重复上述实验。

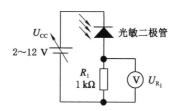

图 10-7　光敏二极管伏安特性测试电路图

根据实验数据(表 10-11、表 10-12、表 10-13)画出光敏二极管的一组伏安特性曲线。

表 10-11　光敏二极管伏安特性测试数据表(光照度(孔位)：　　)

U_{CC}/V	2	4	6	8	10	12
U_{R_1}/V						
I_{ph}/A						

表 10-12　光敏二极管伏安特性测试数据表(光照度(孔位)：　　)

U_{CC}/V	2	4	6	8	10	12
U_{R_1}/V						
I_{ph}/A						

表 10-13　光敏二极管伏安特性测试数据表(光照度(孔位)：　　)

U_{CC}/V	2	4	6	8	10	12
U_{R_1}/V						
I_{ph}/A						

(2) 光敏二极管的光照特性测试

实验线路如图 10-7 所示,选择一个偏置电压,在此偏置电压下测出光敏二极管在光照度由强逐步减弱的各孔位光电流数据,其中 $I_{ph}=\dfrac{U_{R_1}}{1\ \text{k}\Omega}$(1 kΩ 为取样电阻)。这里要求测出 10 个不同光照度下(对应不同孔位)的光电流数据,以使所得到的数据点能够绘出较完整的光照特性曲线。然后改变偏置电压,重复上述步骤,要求至少测出 3 个不同的偏置电压下的数据。

根据实验数据(表 10-14、表 10-15、表 10-16)画出光敏二极管的一组光照特性曲线。

表 10-14　光敏二极管光照特性测试数据表(偏置电压：　　)

光照度(孔位)							
U_{R_1}/V							
I_{ph}/A							

表 10-15　光敏二极管光照特性测试数据表(偏置电压：　　)

光照度(孔位)							
U_{R_1}/V							
I_{ph}/A							

表 10-16　光敏二极管光照特性测试数据表(偏置电压：　　)

光照度(孔位)							
U_{R_1}/V							
I_{ph}/A							

2. 光敏三极管的特性测试实验

(1) 光敏三极管的伏安特性测试实验

按图 10-8 连接好实验线路，光源用白炽灯，将检测用光敏三极管模块插入第五孔位，连接 U_{CC} 电源。在相对光照度已调校好的光照度下，测出加在光敏三极管上 U_{CC} 电压分别为：2 V，4 V，6 V，8 V，10 V，12 V 时电阻 R_1 两端的电压 U_{R_1}，从而得到 6 个加在光敏三极管上的偏置电压与产生的光电流 I_C 的关系数据，其中光电流 $I_C = \dfrac{U_{R_1}}{1\ k\Omega}$(1 kΩ 为取样电阻)，以后逐步减小相对光强(至少改变 3 个孔位)，重复上述实验。

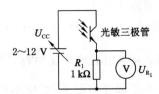

图 10-8　光敏三极管伏安特性测试电路图

根据实验数据(表 10-17、表 10-18、表 10-19)画出光敏三极管的一组伏安曲线。

表 10-17　光敏三极管伏安特性测试数据表(光照度(孔位)：　　)

U_{CC}/V	2	4	6	8	10	12
U_{R_1}/V						
I_{C}/A						

表 10-18　光敏三极管伏安特性测试数据表(光照度(孔位)：　　)

U_{CC}/V	2	4	6	8	10	12
U_{R_1}/V						
I_{C}/A						

表 10-19　光敏三极管伏安特性测试数据表(光照度(孔位)：　　)

U_{CC}/V	2	4	6	8	10	12
U_{R_1}/V						
I_{C}/A						

(2) 光敏三极管的光照特性测试实验

实验线路如图 10-8 所示。选择一个偏置电压,在此偏置电压下测出光敏三极管在光照度由强逐步减弱的各孔位光电流数据,其中 $I_{\text{C}} = \dfrac{U_{\text{R}_1}}{1 \text{ k}\Omega}$(1 kΩ 为取样电阻)。这里要求测出 10 个不同光照度下(对应不同孔位)的光电流数据,以使所得到的数据点能够绘出较完整的光照特性曲线。

然后改变偏置电压,重复上述步骤,要求至少测出 3 个不同的偏置电压下的数据。

根据实验数据(表 10-20、表 10-21、表 10-22)画出光敏三极管的一组光照特性曲线。

表 10-20　光敏三极管光照特性测试数据表(偏置电压：　　)

光照度(孔位)						
U_{R_1}/V						
I_{C}/A						

表 10-21　光敏三极管光照特性测试数据表(偏置电压:　　　)

光照度(孔位)								
U_{R_1}/V								
I_C/A								

表 10-22　光敏三极管光照特性测试数据表(偏置电压:　　　)

光照度(孔位)								
U_{R_1}/V								
I_C/A								

3. 光纤传感器原理及其应用

(1) 光纤传感器基本特性研究

图 10-9 和图 10-10 分别是用光敏二极管和光敏三极管构成的光纤传感器原理图。图中 LED3 为红光发射管,提供光纤光源;光通过光纤传输后由光敏二极管或光敏三极管接收。LED3,PHT102,PHD102 上面的光纤插孔用于插入光纤用。学生可以选择做以下方面的实验内容。

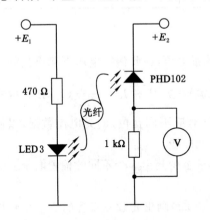 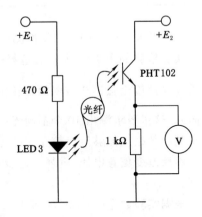

图 10-9　光敏二极管　　　　　　　　图 10-10　光敏三极管
光纤传输特性测试线路　　　　　　　　光纤传输特性测试线路

通过改变红光发射管供电电流的大小来改变光强,分别测量通过光纤传输后,光电三极管和光电二极管上产生的光电流,得出它们之间的函数关系。注意:流过红光发射管 LED3 的最大电流不要超过 40 mA;光电三极管的最大集成电极电流为 20 mA,功耗最大为 75 mW/(25 ℃)。

保持红外发射管供电电流的大小不变,即光强不变,通过改变光纤的长短来测量产生光电流的大小与光纤长短之间的函数关系(定性)。

(2) 光纤通信的基本原理与演示

实验时按图 10-11 进行接线,可在 1 输入端输入音频信号(可另配 Jk-7 信号源),幅度调到合适值,在 2 输出端喇叭盒发出声响,用示波器可观察 3 输出端波形;改变信号的幅度和频率,接收的声响和波形也将随之改变。注意:流过 LED 3 的最高峰值电流为 180 mA(1 kHz)。

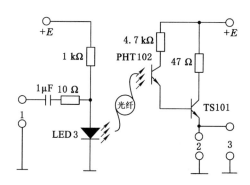

1—接信号源;2—接扬声器(或耳机);3—接示波器。

图 10-11　光纤传输实验线路图

注:如果额外配置高精度数字万用表和高精度电位差计还可测量光电二极管和光电三极管更多的数据。

五、数据与结果处理

(1) 根据实验数据画出光敏二极管的一组伏安特性曲线和光照特性曲线。

(2) 根据实验数据画出光敏三极管的一组伏安特性曲线和光照特性曲线。

(3) 比较分析光敏二极管和光敏三极管的伏安特性和光照特性。

六、思考题

(1) 作为光纤传感器,对光敏元件有什么要求?

(2) 光敏二极管和光敏三极管的性能特性有哪些异同?

(3) 光敏传感器感应光照有一个滞后时间,即光敏传感器的响应时间,如何来测试光敏传感器的响应时间?

(4) 如何验证光照度与距离的平方成反比(把实验装置近似为点光源)?

附 录

1. FB815 光敏传感器光电特性实验仪相对光照度(lx)参考表

孔位(距离)/m	5(0.04)	6(0.054)	7(0.073)	8(0.088)	9(0.104)	10(0.12)	11(0.137)
光照度/lx	750	412	225	155	111	83	64
孔位(距离)/m	12(0.154)	13(0.170)	14(0.185)	15(0.202)	16(0.220)	17(0.239)	18(0.253)
光照度/lx	51	42	35	29	25	21	19

注:孔位(距离)是指白炽灯灯丝到硅光电池间距离。

2. 九孔实验板插孔距离

九孔实验板插孔距离如图 10-12 所示。

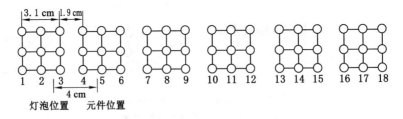

图 10-12 九孔实验板插孔距离

本章参考文献

[1] 钟丽云. 光电检测技术的发展及应用[J]. 激光杂志,2000,21(3):1.

[2] 雷玉堂. 光电检测技术[M]. 2 版. 北京:中国计量出版社,2009.

[3] 张志伟,曾光宇,张存林. 光电检测技术[M]. 4 版. 北京:清华大学出版
社,2018.

[4] 徐熙平,张宁. 光电检测技术及应用[M]. 2 版. 北京:机械工业出版社,2016.

[5] 郭培源,付扬. 光电检测技术与应用[M]. 2 版. 北京:北京航空航天大学出版
社,2011.

[6] 王晓曼,等. 光电检测与信息处理技术[M]. 北京:电子工业出版社,2013.

[7] 杨东,轩克辉,董雪峰. 光敏电阻的特性及应用研究[J]. 山东轻工业学院学
报(自然科学版),2013,27(2):49-52.

［8］刘栋,谢泉,房迪.光敏电阻的特性研究［J］.电子技术与软件工程,2016
　　　（20）:149-150.

［9］张玮,杨景发,闫其庚.硅光电池特性的实验研究［J］.实验技术与管理,
　　　2009,26（9）:42-46.

［10］周朕,卢佃清,史林兴.硅光电池特性研究［J］.实验室研究与探索,2011,30
　　　（11）:36-39.

［11］王丽君.浅析光电二极管与光电三极管特性的异同［J］.湖北广播电视大学
　　　学报,2012,32（8）:159-160.